ショーン・エリス＋ペニー・ジュノ 著　小牟田康彦 訳

狼の群れと暮らした男

THE MAN WHO LIVES with WOLVES

by Shaun Ellis with Penny Junor

築地書館

生後５日の赤ちゃんを抱く。　写真：ロジャー・クック

ヘレンに挨拶する生後８か月のシャイアンと著者　写真：リンダ・コウエン

18か月のシャイアンとナターと著者　写真：リンダ・コウエン

クームマーティン・パークの主要柵の中で毎日オオカミの話をしている著者
写真：ロジャー・クック

赤ちゃんのとき下顎をつぶされたヨーロッパオオカミのザーネスティ。身障者の子どもの心の扉を開いた。
写真：ロジャー・クック

10歳のエルー。オオカミの群れのメスボスで、2004年にヤナ、タマスカ、マッツイの母となり、さらにシャイアン、ナヌース、ナター、テハスを産んだ。　写真：ロジャー・クック

えさを食べているときのオオカミの群れ　写真：ロジャー・クック

群れの食事中、防衛的姿勢を取るマッツィ。両耳の位置が他のオオカミに離れろと指示している。　写真：ロジャー・クック

シャイアンが心配そうに見守っている。　写真：ロジャー・クック

生後３週間の赤ちゃんと著者
写真：ロジャー・クック

２匹の成体のオオカミが激突している瞬間にオメガの仲裁役をしているオオカミと著者
写真：ロジャー・クック

マッツィ、タマスカ、ヤナ。飼育下にあるが飼いならされてはいない。
写真：ロジャー・クック

2009年に突然死したシャドー
写真：ロジャー・クック

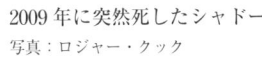

私のネイティブアメリカンの兄弟レビ・ホルトと。
写真：バーナード・ウォルトン

テハスと著者
写真：ロジャー・クック

私は本書を祖父ゴードン・エリスの霊に捧げたい。おじいちゃん、いろいろ丁寧に教えてくれてありがとう。私はどこへ行ってもおじいちゃんの知恵と知識を頼りにしています。私の兄弟レビのネズパース族に、人は忘れられたときに初めて死ぬのだ、と言われたことがあります。おじいちゃんは私の思い出のなかに永遠に生きています。

THE MAN WHO LIVES WITH WOLVES
by
Shaun Ellis with Penny Junor

Japanese translation rights arranged with Shaun Ellis c/o Jane Turnbull
c/o Aitken Alexander Associates Limited., London
through Tuttle-Mori Agency, Inc.,Tokyo

Translated by Yasuhiko Komuta
Published in Japan
by
Tsukiji-Shokan Publishing Co.,Ltd., Tokyo

著者のお断り

オオカミと暮らしているとき何より大事なことは、自分が生き続けることと群れを守ることである。何日かが何週間かにスリップし、何週間かがいつの間にか何年かになる。私たちが知っている時間はここでは意味をなさない。だから、私の日時に関する記憶が多少あいまいになっているとしたら前もって謝っておきたい。

私は日記をつけたことがないし、手紙を書く人間でもなく、何かに頼ることがなかった。今までの人生はほとんどをリュックサック一つで生きてきたので、自分のものと言えるものを持ったことがほとんどない。そんなわけで、私の生涯に起きたいろいろな出来事が実際はいつだったのか記憶を呼び起こすものが全くない。ある出来事が起きた年を間違っているかもしれないが、どうぞご容赦願いたい。みんな昨日の出来事のように思えるのだ。

マッツィ　写真：ロジャー・クック

序章——心の琴線に触れる

ロンドンの真北に、グレーターロンドンを取り巻く州の一つであるハートフォードシャーがあるが、私がそこの野生動物センターで手伝っていたときのことだった。ある日、一人の男が車椅子に男の子を乗せてオオカミの柵の外に現れたのだが、その車椅子は座席の前に四角の大きなトレーが付いた、ほとんどビクトリア朝風と思える旧式のものだった。あまりに場違いな様子なので私はすぐに興味を持った。一三か一四に見えた子どもは、重度の身体障害者であることは私には一目でわかったが、男が私に話しかけてきて、はるばる五百マイル（約八百㎞）も離れたスコットランドから息子を車に乗せて連れて来たのだと言った。彼は、ここでは一般のお客がオオカミと交流するのを許していると聞いたので、息子をオオカミに会わせたいと思ったのだ。

この男がそこまでして息子にオオカミを見せたいと思っていることに私は驚いた。その子がオオカミと会って何か得るものがあるようには見えなかった。彼は身動き一つせず、無言で虚空を見つめて座っており、私は、この子どもがオオカミの毛さえ撫《な》でることはできないのではないかと思った。いつもは、私はこの交流にかかわる仕事が好きだった。子どもたちはすでにある種の固定観念を持ってくる。オオカミが近づくと子どもたちは悲鳴をあげて後ろに下がる。それは彼らが読んだ童話や見た漫画映画から、オオカミはおばあちゃんを襲って食い、子豚の小屋をけちらかし、かわいい少女の喉を噛《か》みちぎる、悪賢くて凶暴な獣《けだもの》だと信じきっているからだ。私自身全く同じ恐怖心をもって育ってきた。実際は、オオカミは臆病《おくびょう》で、とても高度な社会的組織をもった知能の高い動物で、血に飢えた動物という印象は正しくないのだが、そのことを発見するまでに私は何年もかかった。私は、子どもたちがオオカミに手で触れオオカミの話を私から聞く間に、彼らの偏見と無知が次第に氷解するのを眺めるときほど満足感を味わうときはなかった。

私はこの点に関してはほとんど伝道者的情熱を持っていた。子どもたちがオオカミの被毛を手で触り、目をしっかり見つめれば、彼らは必ずオオカミに対する見方を変え、この世界でオオカミが本来もっていた場所を、いつか将来の世代がまたオオカミに返してあげる気持ちになるのではないかと思った。

その昔、オオカミと人間は共生しており、互いに尊敬し互いの生き方から学んでいた。残念なことだが、そんな時代は過ぎさり、私たちはそれだけ貧しくなった。人とオオカミが育てた自然界の本来のバランスが崩れ、人間も含めたいくつかの種が、歯止めのないまま放置され、本当の意味で病んでしまった。これはちょっと夢物語かもしれないが、私たちが自然界の傷を癒《い》やし、そしてそのバランスを取り戻すことにより、オオカミがもう一度森林の中を自由に歩き回れるようにすれば、人間社会が得るものは多いと私は信じている。オオカミが家族の一員に示す忠誠心や、子どもを教育し鍛えるやり方、自分自身を守る方法、また彼らが強力な殺傷手段を唯一使うのはどんなときなのか、などから私たちは多くを学べるはずだ。世界はまだその準備はできていないが、私の過去二〇年間の仕事がささやかながらその方向への道を切り開いたのではないかと思いたい。

子どもをオオカミに接触させるときはいつも、子どもが怖がらないようにすることが一番大事だった。私は両者の反応を注意深く観察しながら、交流中に必要以上に怖がらせないようにしなければならなかった。

ところでさきほどの男の子は口が利けなかった。彼の障害は身体的であると同時に明らかに精神的なもので、この子は自閉症なのではないかと私は疑った。何か危ない問題が起きるかもしれないとすぐわかったから、私は彼の父親に、これはとても大事なことだと説明しながら、この子がもうオオカミのそばにいたくないと思ったとき何か意思表示できますかと、できるだけ相手の気持ちを慮《おもんぱか》りながら質問した。「できないでしょう」と父親はそっけなく答えた。「今まで言葉を話したことがありませんし、どんなことにも全然反応したことがないのです。生まれてこのかた一度も感情を表したことがありません」

常識的に考えれば、悪いけど回れ右をして、子どもを連れてスコットランドに帰ってくれ、とこの男に言うべきだとわかっていた。しかし、なぜ引き受けたか理由を完全には説明できないが、何となくわかる気持ちもあって、私はやってみましょうと同意した。

柵の中にザーネスティという子オオカミがいたが、この子は生まれて二、三か月の間に私たちがずいぶんと手をかけ面倒をみたので、子どもたちに引き合わせるにはうってつけだった。母親が、生まれた直後の子どもの体の上に乗っかり転がったのでその子の下顎《したあご》の骨がつぶれていた。その事故のため、ザーネスティは人間の手で育てられ、人間が近くにいても他のオオカミたちのように神経質にならなかった。私はそいつが可愛くてしかたがなかった。ザーネスティは性格がとても素晴らしかったが、顔はミッキーマウスの漫画にでてくる犬のグーフィみたいだった。

私は、自分でも正気かと疑いながら、柵の中に入り、ザーネスティを抱えて出てきた。そのとき生後三か月ぐらいのこのオオカミはスパニエルほどの大きさで、元気がよくて体をくねらせたりもがいたりして、じっとしていなかった。私はこいつを手に抱えこんでいるのがせいいっぱいだった。私の腕から飛び出しそうな感じだったので、私はザーネスティを少年が座っている旧式の車椅子のトレーの上におろした。私は子オオカミをしっかりと両手で掴《つか》んでいたが、奇跡的なことが起こった。子オオカミが少年を見た瞬間にそいつはぴたりと動かなくなった。ザーネスティが少年の目を覗《のぞ》き込むと、両者が互いをじっと見つめた。それから、子オオカミは後ろ脚を腹の下にしまって座り込み、前足を前方に伸ばした。私は片手を放してみたが、すぐ他の手も放して大丈夫だとわかった。数瞬間後、子オオカミはまだ少年の目を覗き込みながら、体を前に乗り出し、少年の顔を舐《な》め始めた。私はびっくりしてそれを止めさせようかと思った。というのは、子オオカミは、大人のオオカミに対して、呑み込んだ餌《えさ》を吐き出してほしいとねだるときは口を咬《か》むので、ザーネスティがその針のように鋭利な歯で少年の口を噛むのではないかと恐れたからだ。しかし、ザーネスティは噛まなかった。そいつはただ、とてもやさしく、舐めただけだった。

その光景は衝撃的だった。少年を見ると、彼の右目から一筋の涙が湧《わ》き出で、それから頰《ほお》を静かに流れ落ちるのが見えた。こんなことは今まで起きたことはないはずだと思い、父親のほうに目を向けると、この大柄で屈強な行動力のあるスコットランド男は、目の前に繰り広げられているシーンを目撃しながら、頬から涙を流していた。子オオカミは、あっという間に、この一四年間人間がどんなに苦労してもなしえなかった形で、少年の心を揺さぶったのだ。

1 ― 特別なつながり

子どものころはよくあったことだが、私はある朝早くベッドから抜け出し、農場の犬たちが寝ている納屋の中に入り、彼らの間にもぐりこんでいた。やさしい祖父と祖母はその行動をとがめもせず許してくれていた。私は一人でいるほうが好きな子どもで、犬が一番の親友で兄弟と言ってもいい存在だった。その朝目を覚ますと、一番年長の犬が頭をドアの方に向け私の体を庇《かば》うように立っていた。私が身動きすると、犬は首をひねり私を見つめてだめだと言う顔をした。私は何か変だとすぐに気づいた。犬の口は開き、舌から唾液が滴り落ちていた。年下の犬たちは私のそばにまるまっていたが、立っている最年長のベスも本来はそこにいるはずだった。外で何か大騒ぎが起こっているのが聞こえると思ったら、祖父が私の名前を呼んでいた。私はせいぜい六歳か七歳だったろうが、このときの記憶はその後ずっと忘れられなかった。当時は全く意識しなかったが、それがその後の私の長い旅の始まりだった。

ベスが農夫の一人の手を噛《か》んだらしく、彼の腕は包帯代わりにハンカチで乱暴に巻かれていたが、薄い生地から血が滲《にじ》み出ていた。農夫はしきりに文句を言っていた。彼は、私の頭上の棚にのっているチェーンソーを取りに納屋の中に入ってきたのだが、彼は犬のことを見知っていたから特に呼びかけもせず、犬のほうに向かった。ベスは決して癖の悪い犬ではなかった。生まれてこのかたこの農場にいて、人を襲ったことなどなかった。農夫の怒りは収まらなかったが、祖父は賢く、ヒステリックな行いとは無縁の老人なので、この事態をすぐうまく収拾した。祖父は、祖父のその前の父親と同じく、一生涯田舎でいろいろな動物の近くで暮らしていたから、即座に何が原因かを理解した。農場の犬たちと私の関係は特別に近いものとなっており、最年長で一番勢力のある犬のベスは私のことを群れの仲間の一員、それも年下の家族と見るようになっていたのだ。例の農夫が納屋の中にずかずかと入ってきて、ベスや他の犬たちを目覚めさせたので、ベスは私に危険が及ぶと思い、彼が知っている唯一の方法で、つまりベスと同属の野生の犬たちが子どもを守るのと同じ方法で、私を守ろうとしたのだ。

祖父は安全を考えて、私が夜に納屋で泊まるのを禁止するときがきたと決めたが、犬は私の心の支えとして極めて大事な存在なので、私が飼う一匹だけを家の中に入れ一緒に寝てもいいと認めてくれた。

近隣の農家の犬が子どもを産んでおり、この事件があって間もなく、祖父は私をそこへ連れて行ってくれ、一胎《ひとはら》の子犬から一匹選ばせてくれた。当時家には車はなかった。祖父母はつましい暮らしの質素な人間だった。食べ物は大自然から採集したものが多かった。私たちは、猟でアナウサギやノウサギ、ハトやキジなどを仕留めたが、いつも節度を守って狩りをしなさいと教えられた。自然を尊重し、必要以上に捕らないこと、動物の個体数を脅かさないことを教わった。私は獲物を仕留めたときはいつも、体を縦に切り開き、内臓を取り出し、それを他の動物が漁《あさ》って食べるように生垣の茂みに捨てたものだ。アナウサギやノウサギを殺して皮をむき、鍋料理の調理をすることに気が咎《とが》めることはなかった。生き死には自然界の摂理であり、農場はまさしくそのような場所だった。

子犬を飼っている農家は隣人ではあったが、私たちの世界での「隣人」の定義は、一日で歩いて行ける人のことであった。私たちは朝食を早く済ませて出かけたが、まだ夜が白々と明けたばかりであった。寒い朝で、寒気に包まれた空気に私の吐く息が見えるほどだったので、私は暖かいコートを着てブーツを履いていた。肩にはポーチャーバッグを担いでいたが、中には祖母が作ってくれた冷えた紅茶と厚いチーズのサンドイッチが入っていた。私は遠距離を歩くのには慣れていた。祖父が近隣の農家にごきげん伺いに行ったり仕事の用事で出かけたりするときはよく一緒について行った。祖父と二人きりで過ごす時間のなんと楽しかったことか。農場の周りには一緒に遊ぶ子どもはいなかったし、テレビも、ビデオゲームも、今日の子どもたちが夢中になる楽しみは何一つなかった。どこからも何マイルも離れていたし、ただ私と祖父母と、犬と農家の動物がいるだけだった。ときたま─と当時の私には思えた─母がやってきたが、それもほんとにまれで、私の父のことが話題になることは一度もなかった。

でも、私は不幸ではなかった。祖父母が大好きだったし、寂しいなどと考えたことは一度もなかった。祖父と私は犬を連れてよく散歩に出たが、あまり遠くに行かないうちに祖父は立ち止まって何かしら面白いものを発見してくれた。それは生垣の中に捨てられた鳥の巣であったりした─そこに住む鳥たちのことすべて、どれだけの数の小鳥を産むかとか、彼らの縄張りがどれだけ広くなるかとかを話してくれた。祖父は巣を解体して巣がいかに巧妙に作られているかを私に見せてくれた。地上に割れた鳥の卵が落ちているのを見つけては、どうしてそこにあるのか、おそらく捕食動物が盗んで落としたのかもしれないと説明したり、木製の門柱に残されたフクロウのペリットを摘《つま》み上げては、それをバラバラにして、中から小さな骨の砕片が現れると、それはそのフクロウが夜のうちに餌《えさ》として食べたネズミやウサギなどげっ歯類の残骸《ざんがい》であると説明したりした。私に目をつむらせ、何が聞こえるか話してごらんと言ったりもした。私は目を閉じるまではただ静かだと思っていたが、しかし耳がきこえなくなるほどの雑音―鳥が歌ったりしゃべくりあったり、昆虫が足を擦り合わせていたり、小さな哺乳動物が走り回ったり、遠くでヒツジがメーメーと鳴いていたり、あるいは向こうの牧草地で牛が咳《せき》をしていたりすることまで―ありとあらゆる音と歌が聞こえるのだった。または、アナウサギの穴を見つけては営みの跡を調べたり、あるいはぬかるみの道に残るシカや他の動物の足跡を見分けたりした。祖父はすべての散歩を冒険に変え、すべての発見を心躍るものにした。私は祖父の話を聞くのが楽しかった。彼が豊かなノーフォーク訛《なま》りの発音でどの鳥がどのベリーを好むか、なぜキツネは食べられないし運べないほどの獲物を殺すのか説明するのを聞くのが好きだった。そしてときには、私が聞けば、祖父自身のこと、彼の子ども時代のこと、私と同じ年ごろの、冷蔵庫やトラクターや電気のような現代の文明の利器がないころ、大鎌で麦や草を刈り手で牛乳を搾っていた時代の、当時の生活がいかに違っていたかを話してくれた。

祖父は目的地に着くと、決して私を家の中に連れて行くことはしなかった。祖父がその時会いに来た人と話している間、私をすこし離れたところで犬たちと一緒に待たせるのだった。たまには何時間も行ったきりだったが、そんなときは祖父と友人はスタウト（香味の強い黒ビール）を一本か二本たしなんでいるのだったが、私はじっと待っていなさいと教えられていた。不平を言うなんて考えが心をよぎったことなど一度もなかった。私は祖父を心から尊敬していたし、祖父の権威を疑うことなど決してなく、祖父から承認されることほど楽しいことはなかった。それに、祖父がどんなに長い時間いなくても、必ず帰ってくることを知っていた。祖父は突如現れては言うのだった。「さあ、じゃ帰るかね」。それから祖父はその荒くれた大きな手の中に私の手をもぐらせるのだった。私たちは同じ道をたどり帰途につくのだが、新しいものをいくつか発見しては眺め、帰り道にそのことを話題にするのだった。私たちはある日まさしくそのような遠出をしながら私の子犬選びに出かけたのだった。祖父と農家の主人は久しく会わなかった友人同士のように温かく挨拶を交わして、私を庭に残して、母犬と子犬が飼われている犬小屋のある納屋の中に消えて行った。祖父は、「待ってなさい。長くはかからないよ」と言った。だから、子犬が見たくてうずうずしていたが、私は何の疑問もなく、手ごろな場所を見つけて座り待った。

突然突風が吹いて納屋のドアがきしむ音がしたかと思うと、大きな犬が隙間《すきま》から逃れ出て、耳を後ろに下げ、ひどく吠えながら私の方に向かって突進してきた。これは友情を示す挨拶ではないことぐらい知っていた。私はじっと座ったまま、両手を脇に置き、待った。恐ろしいという感覚はなかった。ベスと農場の犬たちもよく私をめがけて突進してきたが、彼らが群れでどんなに攻撃的に吠えているように聞こえても、私はいつも逃げなかった。すると彼らは一度鼻をつけて私の臭いを嗅《か》ぐと、もうなれなれしくなるのだった。今回の犬は、私のそばまで来ると唸《うな》りながら、首周りの毛を逆立て、歯をむき出しにしていた。私は動かなかった。その犬が私の脚、足首、手、頭の匂いをくんくん嗅ぐにまかせた。すぐに唸り声は止んだので、私は両手の手のひらを開いて差し出した。そこには私たちが歩きながら食べたチーズ・サンドイッチの臭いが残っていた。犬は手のひらを舐《な》め、温和な目で私の顔を見上げた。私が犬の顎の下の長い毛を撫《な》で始めると、犬は気持ちいいらしく、そこに座り、体を私の方に寄せてきて、絹のような体の他の部分も私にこすらせた。

納屋のドアが再びきしんで、祖父と農家の主人が出てくると、私のそばにいた犬が低く唸り、鋭く吠え、二人の大人に向かって行った。私はこの犬が子犬たちの母親だと思った。その後に続いたパニックから、母犬は訪問者たちを歓迎していないのだと私にはわかった。農家の主人は犬に向かって怒鳴った。「納屋に入れ、すぐだ！」。母犬は体を低めてこそこそと私のほうに戻ってきた。「坊や、動くんじゃないよ」と、主人は注意した。「動かなければ、噛まないからね」。しかし、主人は納屋に戻れと犬に叫びながら私の方に走ってきたので、この人が犬を全然信用していないことは私には明らかだった。その人が私のところに着くころには、母犬はおびえて震えている体を私の体に擦り寄せてきた。私は、じっとしていなさいという命令を聞き流し、犬にやさしく話しかけながらまた彼女を撫で始めていた。

「なんと驚いた。これを見てくれ」と、農家の主人は手に帽子を抱え、信じられないと言う顔で頭をかきながら言った。「こんなこと今まで見たことがない。この犬のそばに近づけた人間はいないんだ。こいつを飼っている理由はただ一つ、ヒツジの番がすごくうまいからだが、いつも知らない人には迷惑をかけてきたんだ」

「この子は犬の扱いにある種の才能があるといつもばあさんが言っていたな」と、祖父はまだ安全な距離を保ちながら言った。「この子は絶対犬の話がわかるのだ、とね」

私たちが一匹の子犬を選ぶために納屋の中に入る間に、農家の主人は母犬が静かにしているのが信じられなくて犬を閉じ込めた。子犬たちは麦俵で作られた塀の中に囲われていたが、メスが四匹、オスが一匹、全部で五匹の黒、茶、白の毛をした子犬で、ひとかたまりになってうずくまっていた。みんなグレイハウンドの雑種ラーチャーだったのでいい猟犬になるだろう。私は始めからメスが欲しかった。メスのほうがオスよりずっと自分の子どもを食わせていくのに適していると祖父から教わっていたので、私は自分の犬には自力で生きぬいてほしかったからだ。

長く横に張られた麻縄の先に、ウサギの肢《あし》が結びつけられており、それを農夫は子犬たちの前に吊るして、ウサギが驚いたときに出すような鳴き声をあげた。たちまち眠っていた子犬たちが耳をそばだて周りを見回した。彼らが届く高さにウサギの肢がぶらさがっているのを見つけると、彼らは飛び起きたが、案の定、最初に下に駆けつけたのはメスだった。しかもその中で二匹が速かった。私がこれだと選んだのはその二匹のうちの一匹だった。私がそいつを抱え上げ腕に抱くと、祖父が代金に大瓶入りの軽口ビールを二本渡したが、子犬がメチャクチャに私の顔を舐めているとき、農家の主人が言うのが聞こえた。「この少年の目は確かだ。わしもあいつを選んだだろう」

「さあ帰りな」と農家の主人は笑顔で言った。「大事にしなよ」

私は腕の中でもがくぬくぬくの子犬を抱いて、嬉しさを全身にみなぎらせ、「ご心配無用です」と言った。「ちゃんと面倒をみます」

私はこの子犬をウイスキーと名付けたが、その後一三年間彼女は片時も私のそばを離れなかった。

2―ノーフォークの田舎で過ごした子ども時代

イギリスの田舎は、どうみても子どもがオオカミに夢中になるような場所ではないし、私もすぐ好きになったわけでもないが、思い出せる限り私の人生はいろんな動物と共にあった。

ある夏の夕方、母が仕事から帰宅したときのことだった。母は一日中畑で人参とか他の野菜を取り出す仕事でくたくたに疲れていた。しかし、祖父が母に「あっちでお前の仕事が待っているよ」と言った。「ショーンがまたはりきっているよ」。ドアを開けると、母はびっくり仰天してのけぞった。カエルたちが飛び跳ね、ゲーゲーと鳴き、部屋のあらゆる場所にとまっていた。私は、午後いっぱいかけて、バケツを持って家と道路の先にある池を熱心に往復し、カエルを集めたので、部屋の中はカエルで賑《にぎ》やかだった。そのため、夕方にはまたバケツを持って往復しカエルを全部元のところに戻すことになった。

またあるとき夜の闇《やみ》に包まれた中、母が燃料を集めるため石炭小屋に入ったところ、黒いニワトリが五羽、羽をパタパタさせて鳴きだしたので悲鳴をあげたことがある。それは私が遠出の途中、野原で見つけたニワトリだったのだが、次の朝彼らを元の所につれて返す羽目になった。

それから、ノバリケンというカモがいるが、その卵が入った巣とそのカモをそっくり家に持ち帰ったことがある。母は怖がってカモに触ることができなかった――醜いバケモノと母は呼んでいた――ので、私がカモを腕に抱え、母が巣と卵を抱えて池に戻り、全部元どおりに葦《あし》の中に戻したことがある。お母さんには面倒をかけた。私はいつも何かしら生き物を家に持って帰りどこかに住まわせては、母に心臓麻痺《まひ》を起こさせていた。

私は田舎で育ったので自然の世界に魅せられていた。子どものころはお出かけや、ごちそうや、おもちゃに使う金がなかったので、生垣や、野原や、森が私の遊び場で、犬たちが遊び仲間だった。私は何時間もほっつき歩いた。茂みに鳥の巣を探したし、アナウサギがいつ子どもを産むか知っていたし、ノウサギが春になるとボクシングするのを観戦したし、どこにキツネの穴やアナグマの穴があるかを知っていた。飛んでいる鳥を見てフクロウだと見分けられたし、チョウゲンボウとハイタカの違いもわかった。一〇歳のころはロンドンの繁華街で道を横切ることや地下鉄を乗り継ぐことはできなかったろうが――正直言うと、四〇代になっても大都会ではいまだに不安である――私の家の周りの野生動物のことで知らないことはあまりなかった。

私の家はノーフォークの北部にあったが、そこはイングランドの最東端の海岸に接した最果ての州のなかでも最果ての地で、沼沢地とキジ猟と平らで肥沃な農地で有名だった。農地の地主はイングランドの中で最も富める人たちであるが、そこで働く人間は最も貧しい人たちである。私の家族は後者だった。みんな農場労働者で、生活は極めて質素、その日暮らしだった。食べるものを狩猟し、狩猟したものを食べた。家族の最年少メンバーである私の仕事は――金を稼ぐ労役につくには小さすぎたので—農場の犬たちと一緒に、食糧を得ることだった。犬は私の友達であったが、彼らは労働犬でもあった。ウイスキー以外は、犬は納屋の中で放し飼いだったが、私が彼らを甘やかすことは許されなかった。私たちの世界では、動物はみなそれぞれがある目的をもっていた。自分の食いぶちを自分で稼がない生き物に餌《えさ》を与える余裕はなかった—ウイスキーは優秀な猟犬だった。

私たちの隣人も同じような生活だった。田舎の人たちは思いやりはあるが感傷的ではなかった。私が八歳のとき、祖父と一緒に友達の狩猟管理人を訪ねたことがある。この人はまことに見事なラブラドール犬を飼っていた。それが彼の自慢であり喜びであった。その犬の被毛は光沢があり、かどばらない柔らかい口をしていた。卵でも何でも、回収しなければならないものは傷一つつけずに拾いあげることができた。完璧に訓練されており、主人の考えをすべて理解しているようだった。ある日、二人の息子が犬に納屋のネズミ捕りをさせたことを主人は知った。いままで彼があれほど辛抱強く訓練し、しつけた成果が一日で水泡に帰した。ラブラドールが初めてネズミに向かって行ったとき、ネズミに鼻づらを咬《か》まれ、そのショックのためそれ以後震えが止まらなくなった。その犬は使いものにならなくなった。そこで狩猟管理人は犬を射殺し、息子をなぐった。彼は犬の期待に応えられず、犬を息子たちから守ってあげられなかった。犬の被害を回復させることができないまま、ペットとして飼う余裕がないことを知っていた。私は戦慄《せんりつ》を覚えた。犬の死はあまりに無意味なように思えた。しかし、それが私の育った世界の現実だった。

私の祖父ゴードン・エリス—私の母の父—は、私が知っていることのすべてを教えてくれた。私が生まれたとき祖父は六七歳だったが、彼は祖母ローズと二人で私を育てた。私の母は同じ小屋に一緒に住んでいたが、母は全然そこにいないように子どものころは思えた。その結果、私は母よりはるかに祖父母のほうに親近感を感じた。

ノーフォークを出て何年後になるか、つい最近帰省して真実がわかったのだが、母は私たちの食費を稼ぐためいつも外に出ていただけだったのだ。朝は、しばしば夜明け前に起きて家を出、畑で働いていたのだ。わずかばかりの金のため、長く苦しい一日を腰が痛くなる苦役に耐えていたのだ。日雇い労働斡旋《あっせん》の手配師がやってきては母や村の女たちをかき集め、人手の欲しいどこかの農場に車で運んでいくのだった。ときには彼らは州の反対側の端まで一時間か二時間車で運ばれ、その季節時々の需要に応じて、えんどう豆や、ジャガイモや、小果実などを収穫するのだが、疲れてくたくたになるとその日の終わりに家まで送り届けられた。夕食が終わると母はすぐ眠るのだった。母が働かなくては給料がもらえないので私たちが困る。彼女はシングルマザーだったので他に道はなかった。

彼女の生活がいかに過酷だったか、子どもの私には理解できなかった。私のためどんなことをしてくれたかわからないが有難いとも思わなかった—それを今になって後悔している。私にわかっていたのは、母はそこにおらず、祖父母がいたということだった。祖父は私の英雄だった。彼は、優しく、利口で、素晴らしかったので、もし彼に真っ赤な石炭の上をまたいで歩いてくれと頼まれたら、私はなぜと聞くこともせずそうしただろう。祖父は細身だが筋骨たくましく、顔は日焼けしていた。手は何十年もの厳しい肉体労働でふしくれだって革のように堅かったが、心は本当の紳士で、私はこの人のそばにいるだけでいつも大満足だった。

祖父母には女が六人、男が五人、十一人の子どもがいた。ほとんどの人が、私が生まれた一九六四年一〇月十二日前に村を離れており、彼らに会ったことはなかった。何人かは田舎に残ったが、私の母にたいへんよく似た姉のリーニー以外は、誰にも会った記憶がない。私は未婚の母から生まれたので、それが家族に亀裂を生じさせたのだと思う。

私たちが住んでいた小屋は子どもの目にはすごく大きく見えたが、実際はとても粗末で、天井は低く、私がベッドで飛び跳ねようとするといつも頭を打った。それは地元の赤レンガで造られた典型的な小作人用の賃貸小屋で、狭い道から引っ込んだところで、背後に牧草地を望み、さらにその先に密林が見えた。夜になると私は窓を広く開けてベッドに寝て、夜の音を聞いた—そこには人工の音はほとんどなかった。何マイル四方にわたって幹線道路というか高速道路も鉄道線路もなかった。ときおり静寂を破る唯一の音は、州内の多くの空軍基地から飛び立つジェット機が上空を飛びさる音だった。空軍基地は今でも残っているが、ノーフォークは四〇年後の今にいたるもイングランドで最も過疎な州の一つであり、最も交通不便な辺境の一つである。

一九六〇年代には、そこは時間に忘れられた場所のようだった。イングランドの他のところが戦後の繁栄を謳歌《おうか》しているのに、グレートマッシンガムの村の人々は何世紀も前と変わらぬ暮らしをしていた。地域にはいくつかの農場があった。ほとんどは混合農業で、乳牛、ヒツジ、ブタ、食肉用牛と同時に穀物、野菜、果物を生産した。当時の土地は小さな区画に分割され、それぞれの境界が高くこんもりした生垣と森で囲まれており、それが最悪な北極圏の天候を防御し、そして野生の生物に格好の生息地を提供していた。そして、ほとんどの農場は春にキジのひなを孵化《ふか》させ冬の間に狩猟場を経営した。

冬は厳しかった。寒風が東はウラル山脈から北は北極海から吹いてきて、膨大な量の雪と氷をもたらした。生垣がほとんどの雪が舞い散るのを防いだが、ときには道路は完全に通行不能となり、何週間もあたり一面白一色で、村の池はスケートリンクに変わった。

当時は機械類は非常に少なかったが、私が大きくなるにつれてそれは変わった。大きな荷馬車用のシャイヤー馬はすでにトラクターに取って代わられていた——しかし、それもそんなに昔のことではなかった。私たちの農場の老馬たちは小屋の裏の牧草地で幸せな隠居生活を楽しんでいた。収穫農機具のコンバインや化学肥料はまだなかった。仕事は手仕事だった。農場主はそれぞれ独自に小作人を抱えており、彼らのほとんどは私たちと同じように、農場内の粗末な小屋に住んでいたが、収穫期になると労働者は群れをなして草をむしり、果実を摘み、梱包《こんぽう》するため農場から農場に回された。

祖父はウオード農場で働いていた。ウオードは村の一番大きな地主の一人で、祖父はその仕事がある間ずっと小屋に住んでいた。小屋のなかに下水設備はなく、熱い湯も暖房もなく、古びた鉄の窓枠は錆《さ》びて立て付けが悪かった。簡易便所は外にあった。思い出すと、日曜の夜は風呂の日で、古い銅製風呂桶が居間の火の前に持ち込まれ、石炭の上に掛けられた大きな銅の鍋で沸かした湯が注ぎこまれた。私たちは順番に風呂に入ったが、私は一番小さいので最後だった。

村には一度も村を離れたことがない人たちがいた。離れる理由もなかった。村は自給自足だった。肉屋もあり、祖父は自家菜園の野菜を持っていき肉と交換した。パン屋にはいつ行ってもおいしい焼きたてのパンがあった。乳製品店や雑貨食品を売っている店があり、散髪屋があり、小学校や、消防署や、パブが五軒、馬に蹄鉄《ていてつ》を打ち機械類の修理をする鍛冶屋《かじ》があった。完璧な農場コミュニティーだった。そして、皆が誰とも顔見知りで、したがって誰のことでも何でも知っているようなコミュニティーだった。

当時は観光客はおらず、サーカスが来たとき以外は、見知らぬ人が村を歩き回ることはなかった。収穫期にやってくるジプシーでさえ毎年毎年同じ人間が遠くから帰ってくるのだった。そして犯罪はなかった。私たちはみんな家のドアは空けたままで、誰でも近くを通りかかり顔を見せるときなど、ノックなどせずに家に入り込み、やかんをかけたりするのだった。それは真実のコミュニティーだった。考えられる最悪のことが発生するのは、誰かのニワトリが一羽いなくなって、村の警官のフィルに被害届を出したときだろう。フィルは何でも知っていた。彼はどこに犯人がいるかちゃんと知っており、黙ってそこへ踏み込んだ。次の日には、悲しむ被害者のもとに誰かから不思議にも二羽のニワトリが届けられるのだった。

シャーリーは、私の母だが、二四歳のとき、誰の支援も得ずに一人で育てなければならないことを知りつつ、私を産んだ。当時、しかもあの口うるさい村社会で婚外子を出産することはメチャクチャに勇気がいることだったが、彼女の両親は明らかに娘の気持ちを強く支持した。悲しいことに、私はその間の事情を知らない。彼女が、何かの理由で一緒になれない男と恋に落ちたのかどうか知らない。私が生きていることを私の父親が知っているのかどうかさえ私は知らない。ただ私が知っていることは、彼女は二度と他の伴侶を持ったことも、持ちたいと思ったこともないということだ。だから、私は誰が父親か知らない。四五年経った今日になっても、母はそのことを話そうとしない。

私の推測は、父はジプシーじゃないかということである——しかし、昔からジプシーの評判を落としている鋳掛屋《いかけや》や放浪者と混同してもらいたくない。私たちが知っているジプシーは素晴らしい人たちで、とても清潔で誠実なうえ、家族の連帯感が非常に強く厳格な道徳観をもっていた。彼らはこぎれいに塗られた伝統的な木製の幌《ほろ》馬車を馬にひかせ、仕事のあるところを求めてどこでも田舎のあちこちを旅していた。ケント州でホップと果物を摘み、ノーフォーク州で野菜と小果実を摘んだ。ときには村の共有緑地で馬に草を食《は》ませたが、ペダーズウェイと呼ばれた古代ローマの道路に隣接した村はずれの共有地の一角に永住の敷地を持っていた。

夏になると決まって私は彼らのところに行き一緒に遊んだ。農場の小作人たちがコンバインで刈り取り作業をしている間、私たちは犬を連れて出かけ、アナウサギを捕まえたものだ。彼らは何頭もの犬、大きなラーチャーを飼っていた。中でも一頭スクラフと呼ばれた犬がいたのを思い出す。こいつはウルフハウンドとの異種交配の大型犬で、自分が倒れるまでウサギを追い回した。

ペダーズウェイの少し先に、ぽつんと止まっている幌馬車があって、そこに病気を買うという評判のジプシーの老婦人がいた。彼女はよぼよぼのしわくちゃで、髪は長くて白い金のフープイヤリングをしていて、絵本に出てくる昔のジプシーのような格好だった。病気になった人は彼女に診てもらうのだった。それで病気が治ったかどうか私は知らないが、彼女の悪口を言う人は呪《のろ》いをかけられると言われていたから、治らなかったとしてもそう言う人はいなかったと思う。

私はジプシーたちと一緒にいるととても落ち着いた。そして母は何も言わなかったが、母はそのことを喜んでいたという印象を強く持っている。振り返ってみると、母は私を父の家族に紹介しようとしていたのかもしれない、と思えてならない。村の子どもたちがジプシーと交わるのは異常なことだった。彼らは村人からは決して好感を持たれず、店やパブではこれ見よがしに敬遠されていることを知らされた。仲間外れにされるのがどんな気分か私にはわかっていた。

私は孤独な子どもだった。私は十一歳になるまでグレートマッシンガムの小学校に通ったが、当時からの友達をあまり思い出せない。もっとも、教会のトチの木に棒切れを投げてトチの実を取ろうとしたら司祭に追い払われた記憶があるが、一人でやっていたという記憶はないので、仲間はずれの友達がいたのかもしれない。しかし、父親がいないので、私自身ちょっとはずれ者と見られていたのかもしれないと思う。友達が欲しいとは思わなかった。私にはウイスキーと農場の犬たちがいたし、彼らの方が同級生よりよほど付き合いやすかった。犬は喧嘩《けんか》をふっかけたり、いじめたり、嫌みなことを言ったりしない。

友達との付き合いの時間があったわけではないからいいのだが、学校が終わるといつも急いで家に帰らねばならなかった。炊事の火のための薪《まき》を切ったり、石炭を運びこんだり、動物に餌を与えたりしたが、収穫期とか農場の仕事を手伝わなければならないときは、続けて何週間も学校を休まされた。学校は私が欠席しても全然気にしないようだった—私はクラスのトップになる可能性はまずなかったし、農繁期に手伝いのため学校を休む子は私だけではなかった。先生たちは学業面で明らかに将来性のある子どもたちだけに集中しているようで、その他私たちのような生徒にはあまり見向きもしなかった。そこで、私は自分が気に入った学科だけを懸命に勉強した。それは美術を別にすると、動物関連のもの—生物とそのほかの科学—とスポーツだった。そんな科目では私は本当に成績が良く、サッカーとラグビーとクリケットのチームには必ず選ばれた。私はボールを扱うもの、運動競技は何でも好きだった。

私は釣りも好きだった。村には大きな池が三つありみんなそこで釣りをした。ある夏の日、その池の一つが干上がったので、私たちはバケツをもってきて魚を救い大急ぎで走り、生きているうちに他の池に移した。北ノーフォークには「ピット」と呼ばれていた小さな池が畑の真ん中に何十個もあり、高い雑木林がその周りを囲んでいた。それは私たちの地域に特徴的な珍しい風景だった。それがどうしてそんなところにできたのかについては諸説がある。ある人たちは、これは第二次世界大戦中にドイツの爆弾で出来た穴だと言った。いやそれは、何らかの鉱物を掘ったあとに残されたものだと言う人たちもいた。原因は何であれ、そこにはコイ、ローチ、カワカマス、ブリームなどの魚がいっぱいいて、私のような子どもたちに何時間もの楽しみを与えてくれた。

ときどきはもっと遠出をして釣ったこともあった。私たちが特に好きだったピットは、グレートマッシンガムから約四マイル（約六㎞）離れた、道路わきにある畑の中にあった。そこには金色の魚がいっぱいいたが、私たちが準備を整えると必ず、農場主が構内から飛び出して、怒鳴りながら畑を走り、私たちに向けて棍棒《こんぼう》を振り回すので、私たちは自転車に飛び乗り逃げるのだった。

私は緑色のチョッパーに乗っていたが、それは当時一番格好いい自転車だった。私の祖父がどこかのゴミ捨て場で拾ってきたのだと思う。ローラー車で踏みつぶされたような状態で全体が錆びていたが、祖父はそれを私のため修繕し、ペンキを塗り、新しいサドルを見つけてくれたので、私の宝物となった。

村に唯一欠けているのは外科医の施設だった。ボーデン先生が開業しているハープリー村までは二マイル半（約四㎞）歩いて行かなければならなかった。その道はよく知っていた。私はめったに病気にはならなかったが、よく怪我《けが》をして、高いところから転げおちたりサッカーやラグビーで強打されたときなどしょっちゅう傷口を縫い合わせなければならなかった。

医者はあまり好きではなかったが、歯医者は死ぬほど嫌いだった。生涯で歯医者にかかったのは一度きりで、それは私が十一歳のころ、約一二マイル（約一九㎞）離れたフェイクナムという町の開業医のところに検診のため行ったときである。先生は、奥歯を抜かないといけないと言って、部分麻酔はかけてくれたけれども、あんな痛さは今まで経験したことがない。先生は膝《ひざ》を私の胸に押し付けてその歯を必死に引き抜いた。あれは最も恐ろしい経験だった。耐えられなかった。臭《にお》いが嫌い、音が嫌い、注射が嫌いだったうえに、その激痛が我慢できなかった。二度とふたたび歯医者に近づくまいと誓ったとおり、その後近づいていない。プラス面があるとすれば、そのおかげで私は歯磨きをきちんとするようになり、それ以降私が失った歯は一本だけ、乱暴極まるオオカミたちに体当たりされたときに抜けた歯だけである。

他の病院はそう簡単に避けて通るわけにはいかない。十代の終わりごろ屋根から抜け落ち、手首を折ったし、自動車の運転を習い始めた直後フロントガラスから突き抜けたこともあるが、最初の入院は九歳のときだった。学校のジャングルジムで手を滑らして、堅い地面に叩きつけられ、肘《ひじ》が粉々に割れた。私はキングズリンの病院に担ぎ込まれ、幼児病棟に入れられ、腕を頭上に吊られたまま三週間つらい思いをした。隣のベッドにはダブルデッカーのバスから滑り落ち車輪の下敷になった少年がいた。

私は母が見舞いに来た記憶がないのだが、彼女の話では、三週間仕事に出るのを諦《あきら》め、毎朝早朝バスで一五マイル（約二四㎞）離れたキングズリンまで来て、夕方近くまでベッド際に座り、またバスに乗って帰宅したそうだ。

ある日、病棟の責任者の看護師長が母のところに来て言った。「三週間近くも毎日ここに通っているようですが、あなたが食べ物を持参したのを見たことがありません。今日はランチを食べていきなさい。台所にそのように手配しておきました」。看護師長は、母がこの期間仕事を離れていては手当が入ってきていないはずで、自分の食べ物を用意する余裕がないのだと、正しく推察したのだった。

しかし、私たちは家ではちゃんとした食事をしていた。祖母は料理がうまかった。日曜日は彼女がパンを焼く日で、なんともいい匂いが庭まで漂ってきた。その料理を作る前に彼女は家で飼っているニワトリの卵のほかによそから卵を買っていた。ある日曜日のこと、買っておいた卵が家じゅう探しても見つからず、とうとうパン焼きを諦めなければならなかった。その晩、祖父が家に入るなり言った。「おい、お前の卵を見つけたぞ。庭の先にいるニワトリに抱かせてあった」。私が祖母の卵を取り出し、孵化するかどうかみるため、すぐ卵を抱く癖のあるニワトリの下に置いていたのだった。

祖母はパンを焼きながらよく歌を歌ったが、さらに彼女がいつも花模様の青いドレスを着ていたのをどうしても忘れられない。いつもストーブに大きなシチュー鍋やキャセロール鍋がかかっており、祖父が庭で育てた野菜やどこかで撃ったかあるいは捕まえた何らかの獲物が料理されていた。私はすごく小さいころから猟銃の撃ち方を覚えていたし、いつでも包丁を使えた。獲物を殺したり皮を剝《む》いたり内臓を取り出すことにためらいはなかった。

八歳か九歳になるころには、私の仕事は家に食糧を持って帰ることだった。祖母は私に大きめにカットしたチーズのサンドイッチや、冷たいティーを作ってくれた―どういうわけか私たちは温かいティーを飲んだことがなかった―そして私に小型ナイフと一本の紐《ひも》と一〇ペンス硬貨―これは何のためかわからなかったが―を持たせ、これでお前は世界を征服できる準備ができたと言った。そして私は犬たちと外に出かけ、皆が食べるだけの獲物を捕るまで帰ってこなかった。

私は無差別に殺生はしなかった。祖父は動物のなかでどれを捕りどれを生かすか教えてくれていた。私は、赤ん坊を育てているメスのアナウサギは生かしておくことを知っていた。祖父は、五〇ヤード（約四五m）離れていても、調子の悪さと下腹に毛がないことで、彼の言う「乳臭いメスウサギ」を見分けられた。親が殺されれば地中にいる子ウサギは生きていけないことを祖父は知っていた。それで私は逆に殺さないと増えすぎる雄ウサギを狙うことを覚えた。

私の祖父の基本的な考え方は種の持続可能性と自然のバランスの維持だった。年若い農場主たちは、アナウサギが穀物をすごく荒らすのでそれを全部殺してしまおうとするが、祖父は彼らを守ろうとした。というのは、一つの種の数を劇的に減らせば、違う種が取って代わることを知っていたからだ。彼は、人間がよけいなことをしたときだけ問題が起きるのだ、とよく言っていた。

3―窓辺にオオカミが

小さいころ、夜ベッドに入り電気が消えると、私はベッドルームの窓の外にオオカミが出てくると信じ切っていた。それはおそらく垂れた木の枝がそう見えたのではないかと思う。もちろん大人になった今は、二階の窓を覗《のぞ》き込むほど背の高いオオカミがいるというのはどう考えてもばかげているが、子どものころは本当にそう信じていた。それですごく怖かった。毎晩、逃げようとして、体にかけた粗末な黒い毛布で頭を覆うのだが、もういなくなったかなと頭をだして覗き見る誘惑に勝てなかった。そしてまた恐ろしさを味わうのだった。見えたのは耳を立て左側を向いていたオオカミの頭だった。しかし朝になり朝日が差すとその痕跡はなかった。

小さいころ家の周りにいる動物についてはいろんなことを知っていた―同年代の子どもたちよりずっとたくさん知っていた―が、もっと広い外の世界の動物については何も知らなかった。テレビがなかったから野生動物の番組は見なかったし、そんなことに使う金はなかったから十代の後半になるまで動物園に行ったこともなかった。だから、大型の危険な野生動物について私が知っていたことは全部本や童話から得た知識だった。そして私がオオカミについて知っていることは、彼らは悪賢くて、邪悪で、凶暴で、命を奪うということだった。さらに私の祖母が聞かせてくれた物語が私の想像力を煽《あお》った。私がその恐怖を克服するまでにはそれから長い、長い時間がかかった。

他方、キツネも恐ろしいという評判だったが、私は彼らにはなじみが深く、恐ろしくなかった。ある晩、シャイヤーホースと呼ばれる年取った馬車馬たちが小屋の後ろの草原をどやどやとあちこち走り回る音にびっくりして目覚めたことがあった。満月が皓々《こうこう》と輝いていた。外はほとんど日中のような明るさだったので、私は着物をひっかけ、ウイスキーにはベッドの下に居るように言って、家を抜け出た。何が馬を騒がせているのだろうと思い、森の外れに向かって静かに進んだ。

私が目撃したものは魅惑の世界だった。馬は私が近づくころには静まり、ひづめのある馬の巨大な足の間で遊んでいるのは、四匹の子ギツネを連れたこの世にも美しい雌《め》ギツネだった。彼らは互いに飛びかかり走り回ることに夢中だったので私がいることには全く無頓着だった。そこで私は少し離れたところに座り、彼らの遊戯が展開されるのを眺めていた。

それは実に感動的な光景だった。いままでそんなに近くでキツネを見たことがなかった。それまでは、私が犬たちと一緒に出かけたとき、遠くから赤茶色の姿や、はっきりキツネとわかる白い尻尾《しっぽ》の先端が、身の危険を感じて藪《やぶ》の中に消えるのをちらっと見ただけだった。今は薄明かりの中で──私の環境ではなく彼らの環境下で──私は何か別世界の出来事を目撃している感じがした。

私は家に帰っても誰にも見たことを話さず、次の晩またそこへ帰った。案の定彼らはそこにいた。そこは彼らの遊び場で、彼らの巣が森の中のすぐ近くにあったのだろうと考えるしかない。今度も私は近くに座って眺めていたが、今度も彼らは私を無視し、そこにいさせてくれた。このことが何か月も続いたが、その間子ギツネがだんだん大きく強くなり、世界の中で果たすべき自分の役目の準備をしていた。

秘密の逢引のため私は毎晩出かけた——本能的に人間をすごく恐れる動物のなかで自分が受け入れられていることを発見することは陶酔的だった。時間が経つにつれて、彼らは私が座っている目の前で小さな半円形をつくり遊び始めた。彼らは神経質になっている素振りも見せず、私に対して全然注意を払っていないようだった。しかし、ある晩、私の背後でがさがさ音がして、四匹の子ギツネの中で一番むこうみずなキツネが私の座っている背後の藪の中でふざけ始めた。そのキツネは突然草原に飛び出し私の周りを駆けまわり、ふざけて仲間の子ギツネを不意打ちにした。私はもはや観察者ではなく、彼らの遊びの一部になっていたのだ。

その期間に私はキツネについてすごくたくさんのことを学んだ。雌ギツネが子どものために食べ物を運んでくるのを見ていた。キツネが遊びで殺しをするとか、ニワトリ小屋に入って食べきれないのに不必要に殺すというのは、作り話である。キツネはたいてい殺しの現場で見つかり驚いて逃げるから、不必要に殺していると私たちは思うのだ。キツネは見つからなければ、いっときに咥《くわ》えていけるのは一匹だけだから、小屋から持っていくニワトリは一羽だけで、殺したものを全部回収するまで何度も引き返すのだ。彼らはその日に家族が必要とする分だけ食べ、残りは地中に埋め、そこに残すのだ。一つも無駄にされない。私がそう言えるのは、彼らの行動を知り、母親がどんなに丁寧にしっかりと子どもの面倒を見て、同時に子どもに自分で生きるすべを教えているかを目撃したからだ。

六か月後、私を悲しみと恐怖で震えあがらせた光景を目撃した。犬たちと一緒に森の中を歩いていると、子ギツネの中で最も勇敢なあのキツネが、足を怪我《けが》して死んだまま木から吊《つ》るされているのに出くわした。おぞましい罠《わな》にかかり、長い時間をかけて死ぬまで苦しみ、片足で吊るされていた。この何か月か私が身近に観察し、あんなに神々しく、美しく、元気一杯だったこの生き物が、こんなひどい卑怯《ひきょう》な方法で命を奪われたという事実に、私はキツネたちに対し申し訳なさでいっぱいだった。私は吐き気がした。仕掛けを知っているというだけの理由で、どこかの無知な人間がこの生き生きとした若い命を奪ったことに私は無性に腹が立った。

それが私の運命を決定づけた瞬間だと、ネイティブアメリカンたちは言っていた。彼らによれば、人は、善かれ悪しかれ幼少時代に起きた経験の結果、動物と暮らす不文律の契約を非常に若い年齢で自然と交わす。振り返ってみれば、あの勇壮な若いキツネ―わが友―が、あの木から吊るされているのを見たときのショックで、同類の種である人間に対する嫌悪感と人間から距離を取りたいという欲望が生まれたことは疑いない。

キツネに対する私の愛着が村の人たちとの間に摩擦を生じさせた。キツネは、ひどい場合、生まれたばかりのヒツジを襲うから農場主たちは彼らを憎んだし、キジを襲うから狩猟管理人たちはキツネを毛嫌いした。だから、地元の狩猟家にはキツネの臭いを追ってどこにいってもよいという許可が与えられていたし、しかもそれは人気あるスポーツだった。その結果は反吐《へど》がでるようなものだった。

雌ギツネが穴に逃げ込んだのを、猟師が穴からおびき出し、ガスを注入し、子ギツネを殺した現場に私は何度も出くわした。毒ガスの臭いがまだあたりに漂っていた。犠牲になったのは私が何週間も観察し、子ギツネがだんだんたくましく大胆になっていた家族のこともときどきあった。みんな逃げるチャンスも与えられず、抹殺され、いなくなっていた――すべて、キツネは生かしておく価値がないという世評とわずかな人間だけが欲する娯楽のせいだった。

私の祖母がよく話してくれたことだが、ある春の日、小屋の大掃除のため前と後ろのドアを開けはなしていたら、一匹のキツネが庭からドアを通り、家を抜け、他のドアから出て行った。そのすぐ後で三〇何匹かの猟犬の一団が追いかけてきた。それはまさに津波が押し寄せるみたいで、臭いをかぎながらテーブルや椅子の上を飛び越え、家の中をメチャクチャにして出て行った。祖母は大事な陶器類を棚から出していたが、全部壊された。その後すぐピンクのコートに身を包み、馬に乗った狩猟家たちが通り過ぎようとしたので、祖母はどうしてくれるのだと尋ねると、彼らはただ帽子を脱いで会釈して駆け抜けていった。

私がキツネ狩りは残酷だと抗議しようとしても誰も耳を貸そうとしなかった。しかも、子どもが、失礼にならない言葉で大人と口論するのは困難だったが、キツネにニワトリ小屋に入ってほしくなければ、キツネ対策の柵を作ればいいだけだと私には思えた。人間が手を抜いてニワトリを守る十分な対策を講じないために、猟犬にキツネを殺させるのは全く不公平だと思えた。私がそのことを誰かに話そうとすると、言葉に気をつけろとたしなめられた。そう言われても、私はまだ子どもだったのだ。

それから何年もたって、私が主張したとおり、キツネ狩りはイングランドとウエールズでは禁止された。その前に続いた激しい議論の中で、私は狩猟がキツネに及ぼす影響の調査に関与した。狩猟賛成派は年取った病気のキツネしか捕っていないと主張したが、それは全く事実ではなかった。私は捕まったキツネを調べたが、その中には一八か月のキツネたち――動物として全盛期だ――の死骸があったが、この年では自分を守るだけの知恵がない。

もう一つの迷信は、先頭の犬がキツネに追いつき一咬《ひとか》みすれば全て完了するということだった。真実は、犬たちはキツネが疲れ切り、脳がゆだって膨張し、肺が血を流し、自分の血の中で溺《おぼ》れ死ぬまで追いかけるのだ。キツネは猟犬が追いつく前に死ぬことも多かった。なんとも恐ろしい死に方だった。

しかし、六〇年代には、誰も聞く耳を貸してくれない子どもだったので、私はあっという間に人をだますようになった。私は犬たちと出かけ、二、三匹のアナウサギやハトを捕まえて家に帰るまで、早朝から暮れるまで何時間も家を離れていたが、誰も何も聞かなかった。何日も費やしてキツネのことを研究し、何時間も座り、何時間も待機して観察した。そして、キツネと彼らの世界について私が見て経験し、かつ学んだすべての素晴らしいことを、私は自分の心に仕舞いこんだ。人間は信用できない。だから、私がどこでキツネの家族が遊んでいるのを観察したかを誰かに話したら、彼らはすぐ巣穴に駆けつけ、中のキツネを全部殺してしまうことを私は知っていた。私はいつの間にか、ネイティブアメリカンが荒野の番人と呼ぶ存在になっていた。

それは私にとって悲劇の時代の始まりだった。あれほど安全でしっかりしていた、あんなに幸せで愛に満ちた世界が崩れ始めたのだ。ある日学校から帰ってみると、祖父が脳卒中で倒れており、そのため体の片側が麻痺《まひ》してしまった。全く想像さえしないことだった。私に田舎の生活の知識を教え、家族に関するもろもろの意思決定をしていた祖父が、健康で強い以外の状態になるなど考えてもみなかった。私は祖父がそれ以外の姿になるなど想像できなかったし、そうなってほしくなかった。しかし、祖父は急に年を取り弱々しく見えだし、以前私たちが一緒にやったもろもろのことがもうできなくなっていた。彼の心が消えてしまったみたいだった。私が誰かを思い出すこともあったが、忘れてしまったこともあった。そして、かつては私が祖父に頼っていたことを、彼は今や他の人に頼るようになっていた。

祖父が二度目の重症の発作を起こしたのはそれから間もなくで、彼は家のソファーに寝たまま亡くなった。祖母は彼にジャケットを着せ、そばに座り、葬儀屋がきて彼を運び出すまでそこを動こうとしなかった。二人は結婚して六〇年以上になり、本当に仲が良く、お互いに深く愛していたので、祖父の死は祖母の心を激しく深く悲しませたものと思う。二人はどこに行くのも一緒、何をするのも一緒で、二人が言い争ったり、互いにきつい言葉を交わしたりしたことなどただの一度も聞いたことがない。祖母が店に買い物に出かけると、祖父は必ず迎えに行って一緒に歩いて帰るか、自転車で迎えに行った。

二人が笑い転げていたのを思い出す。洗濯日には祖母はいつも濡れたシーツを庭にだして手回しの脱水機で絞るのだった。祖母が洗濯物を入れ、祖父がハンドルを回すのだが、ある日祖父が何か祖母に言うと、それで祖母の笑いが止まらなくなりシーツをローラーにかけられなかった。

祖父が死んだとき私はまだ一三だった。祖父は八〇で、一生涯グレートマッシンガムで働いて暮らした。祖父は人気者だったから、葬儀が行われたセントメアリーズ教会は人で埋まったが、顔見知りばかりの中に、見慣れない家族が後ろの席に座っていた。葬式が終わると、彼らは祖母のところに来て、見慣れない男が、どうして自分たちが来たのかを説明した。彼によれば、もう何年も何年も前のこと、子どもだった彼と妹がおなかをすかしてどうすることもできなかったときに、祖父がパン屋の車の後ろから二人にパンを一個ずつ取り出し、ジャケットの中に仕舞いなさいと言ったのだそうだ。その恩人はもうこの地にいないのだが、そのときの親切が忘れられず、最後の挨拶に伺ったのだと彼は言った。

祖父は、教会の墓地の、私がよくトチの実を拾ったトチの木の陰に埋葬された。

祖父の死がすべてを変えた。住んでいた小屋は祖父の仕事のおかげだったので、私たちはそこを出なければならず、なぜだか説明されなかったが、家族がバラバラになった。私にとっては母代わりだった祖母は、長男とその家族が住んでいる所の近くの、ジュビリー・テラスにある公営住宅で独り住まいをすることになり、母と私はサマーウッド・エステイトが所有する、袋小路の奥にある小さな新築のバンガローに移った。私は惨めで腹が立ち、そのうえに悲しみに打ちひしがれていた。私はすべてを失ったように感じた。私の母は、私を可愛がったことも料理を作ってくれたこともない人だった。私と一緒に遊んでくれたり、散歩に連れ出したりしたこともないし、また私が生きていくうえで必要なことを教えてくれたこともない人だった。それはみんな祖父母がしてくれたことで、もうその二人ともいないのだ。私は母と一緒に住みたくなかったし、私が祖父を一番必要としているときに私を残して死んだ祖父を恨んだ。私は怖かった。祖父なしでどうやって生きていけばいいのかわからなかった。

四四歳のとき何十年ぶりかで帰郷し、祖父の墓所の墓石を見たとき初めて、祖母が祖父の死後さらに一三年生き続けたことを知った。祖母は祖父の死後数か月で亡くなったものと思っていた。私たちが引っ越したあと、祖母に再会した記憶はない。ただ思い出すことは、私が失ったことを思い出させることとすべてから逃れる必要があったことだけである。

私は母にとって扱いにくかったに違いない。私は怒りと悲しみを彼女にぶつけた。そのときはもう、グレートマッシンガムから約七マイル（約十一km）のところにあるリッチャムの中学校に通っていた。母は毎日仕事に出かけ、いつものように何時間も働いた。私は何事も自立し、彼女を私の人生から締め出した。私は、リッチャムの運送会社が運営する大きな二階建ての青いバスで学校に行き来した。このバスは同社の保有バスの中で最も古く、唯一のダブルデッカーだった。他の村の子どもたちは一階建てのバスで来ていたが、雪が降ると五フィート（約一・五m）かそれ以上に積もり、車やトラックは軒並み立ち往生したが、一台だけそれをしり目に雪道をかき分け進むバスがあった。困ったことに、それが私たちのバスだった。

母と会うことはめったになかった。学校から帰ってきたときや週末は、仕事があれば、私は、刈り入れや、梱包《こんぽう》作業や、トラクターの運転や、七面鳥の毛むしりや、ブタの去勢や、牛の出産手伝いや――とにかく何でもかんでも――やりに出かけた。そして仕事がなければ、愛犬ウイスキーと外出した。ときには何日も出かけたままで、納屋に泊まり、母がどんなに心配しているかなど気にもしなかった。半分世捨て人、半分野蛮人で野生の世界と一体になっていたが、そこがますます私が所属する世界――私が泣くことのできる唯一の場所――だと感じるようになった。

4──過ち多き青春時代

運動は好きだったので、学校の運動チームでは選手となって楽しんだが、それ以外私のリッチャム中学校での時間は取り立てて言うことはなかった。友達は何人かいたが、私の親友は喘息《ぜんそく》の発作で死んだ。ある朝、校長がクラスの全員を集めその知らせを告げた。そのとき私は、自分はすべてを失う運命ではないかと感じた。

私は校長先生の部屋に呼ばれる常習者だったから、何の資格も取らずに、法律で認められる一番早い時期に学校を卒業しても不思議ではなかった。そのとき私はやっと一六になったばかりだった。私は社会に出て生活費を稼ぐ必要があったし、家から離れたかった。私はまだ怒りが収まらず傷ついていたし、どうしても早く忘れたかった。だから農場で仕事を見つけないで、ウエスタン・アンド・ボールトン・ルーフィングという屋根ふき会社に入社した。仕事は重労働で、タイルを担いで一日中梯《はし》子《ご》を上がったり下りたりしたが、おかげで体は頑丈でたくましくなり、州内のあらゆる建設現場に行くことができた。ときには一か所に何か月とはいかなくても何週間もいることがあり、私はB&B（民宿／ベッド・アンド・ブレックファスト）やホステルに泊まり込み、週末だけ家に帰ったが、そのうち必ずしも家に帰る必要もなくなり、しばしば友達の家に泊まったりした。

私が最初の友達をつくり、社会生活（といってもたいていパブ中心のものだったが）を始めたのは仕事を通してだった。そのあたりにはいいパブが何軒もあり、三か月ごとに土曜の夜はフェイクナムの小さなコミュニティーセンターでディスコがあった。ここは必見の場所だった。ノーフォークの一流ＤＪが全部そこで演奏したので、人々は何マイルも離れたところから彼らを聞きにきた。素晴らしい音楽あり、酒あり、きれいな女の子あり（彼女らを外に連れ出しては壁に押し付けキッスした）、しょっちゅう喧嘩《けんか》あり――これすべて人生の醍醐味《だいごみ》だった。終わるとみんな勝手に家路につくのだった。

ある晩、霧がすごくて鼻の先の手も見えないほどだったが、友達の一人が道路はよく知っているから目をつぶっても大丈夫だと言った。私たちはみんな一五〇ＣＣの小さなモーターバイクに乗ってそいつのあとについて行った。私はいつものように誰かのバイクのうしろに乗っていたが、先頭がカーブでハンドルを切りそこねた。彼がまっすぐ深い排水溝に飛び込んだら、後から来た者も次々に飛び込んだが、誰も車の心棒が水につかるまで気がつかなかった。

フェイクナムはノーフォークのファッションの都だった。ディスコの日には、朝町に出かけ、必要な服を買い込み、二、三杯ビールを飲んで家に帰り、二時間ばかりサッカーをやって、新しい服に着替え、またフェイクナムに戻り、夕方早くにフィッシュ アンド チップスを食べ、またビールを飲みにクラウンに出かけ、それからランパントホースに繰り出すのだった。そこは、みんながディスコに夢中になるまでは乱暴狼藉《ろうぜき》の場所だった――喧嘩をしたければそこへ行けばよかった。

親友の一人がベニー・エルソンという名のかわら職人で、近くの村のウエゼナムに住んでいて、彼を通じて私は初めてのガールフレンド、ミシェル・ピアスと会った。ベニーは職場のほとんどの同僚と同じく私より年上で、ミシェルは彼の妻ジャクの姪《めい》だった。ある日、彼と私がまさに出かけようとしたときに彼女が彼の家を訪問してきて、私の名前を聞いた。

彼女はウエズナムに住んでいたので、そこにある「キツネと猟犬」というパブを私は頻繁に訪れ始めた。彼女は学校が終わるとやってきてバーのかげに隠れた。すると店主のスキフィが私に合図をしてくれて、私たちは一緒に森の中に出かけ、座って何時間もおしゃべりをした。私たちは互いに短い手紙を書き、私は彼女の犬を散歩に連れ出した。彼女は私が聞きたかったことを全部話してくれたが、それで人生が格別よくなったわけではなかった。彼女の父は女王のハト管理人の一人だった―私は彼のため庭にハト小屋を作ってあげた―が、ある日ミシェルを連れ出しに家に着くとみんながえらく興奮していると思ったら、女王がちょうど訪問したばかりだったのだ。

私は彼女に夢中になったが、彼女は私にはきれいすぎて、最終的には彼女は別な男のため私を捨てたので、私の心は傷ついた。二人ともすごく若かったのだが、何かがきっとあったはずで、もし私がもう少し強引に押していれば、あるいはもっとバカでなかったらどうなっていただろうかとときどき思う。

スキフィの本名はフレディ・スカーフで、変わった人物だった。私が一八の誕生日をパブで祝ったときも―すなわち何年も未成年飲酒を続けたあと―平然としていた、その後、私と二人の仲間が袋にいれて裏口からこっそり持ちこんだ猟の獲物をメニューに出しており、その代わりにいつもビールをただで飲ませてくれた。私は密猟を農場の仕事で知り合ったピートという男に教えられた。彼は結婚して家族がおり、彼のことはあまりよくは知らなかったが、ただ、彼はキジ撃ちの名人でそれを不法に捕る方法を知っており、それは彼の祖父から教えられたそうだ。

ピートには弟がおり、私たちは三人で外径〇・四一〇インチの古い二連式散弾銃（これが本物の密猟者の銃だ。いざというときは分解して隠せる）を持って出かけた。これは彼の家で代々引き継がれてきたものだった。発射するときはものすごい音をたて、煙がひどいので、これを発射するのに一番安全な日は、十一月五日の「焚火《たきび》の夜」で、このときは誰もが花火を打ち上げていた。

ピートは猟銃に消音装置を付けようとした。最初の試作品は銅パイプと整流装置で作ったが重くて持ち上げられなかった。改良版はかなりうまくできたのだが、それもあるときピートがすぐ頭上を飛ぶ鳥を撃とうとしたときまでだった。私たちが生垣を通り抜けながら登ってやっと射線の下に落ち着いたときにサイレンサーの取り付けが狂ったに違いない。そこで、ピートが引き金を引いたとき、炎が銃身から飛び出し、火のついたサイレンサーが空中に打ち上げられ、彼の額に真っ逆さまに落ちてきたので、彼は危うく気絶するところだった。

危険な仕事だった。何も空飛ぶサイレンサーのためばかりでなく、もし捕まれば、刑務所行きとなるところだった―実際、何度も危うい目にあった。ある晩、誰かの大きな手が私の背中の真ん中を掴み私を生垣の中に押し込もうとするのを感じた。私は悲鳴をあげるようなへまはしなかった。ピートと弟は私のそばで、顔を地面につけて腹ばいになっていた。私は数分間身動きもせずその場で伏せていた。音一つ聞こえなかった。そのとき、四つの長靴の輪郭が私の顔の五フィート（約一・五ｍ）も離れていない道を歩いて遠ざかるのが見えた―自分の縄張りを見張っている狩猟管理人たちだった。

きっと彼らに聞こえると思ったぐらい、私の心臓はどきどきしていた。私たちがやっと動いたのは四、五分経ってからだった。どうして管理人たちが来るのがわかったのかと私は彼らに聞いた。彼らは何でもわきまえていた。ピートの弟が、狩猟管理人たちのタバコの煙の臭いを嗅《か》ぎつけていたのだ。

鳥たちが放し飼いにされている区域は狩猟管理人たちが密猟者を待っているところなのでいつもそこは避けるように注意した――彼らは罠《わな》をしかけてパトロールしていた。そして、ピートは私に白いキジは絶対撃つなと教えてくれた。白キジは暗がりでもたしかに見つけやすいのだが、数を勘定しやすいので狩猟管理人たちが特別に飼育しているのだ。一羽でもいなくなると、密猟者がどこかにいるとわかりパトロールを強化するからだ、とピートは言った。

それで私たちは窪《くぼ》みを目指して畑を何マイルも歩き、それから下生えの間を這《は》って窪みの底についた。そこにはたいてい水が溜まっていたが、そこに伏せて身を隠していた。頭上の樹木を見上げると木の間隠れに、ねぐらについたキジたちが空を背景に見事な影絵を見せており、狙い撃ちして枝から落とすことができた。一番若造の私の仕事は、どこかに落ちた獲物を拾い上げ袋に仕舞うことだったが、たいていは水の中に落ちていた。ピートが撃ち方、彼の弟は懐中電灯をかざして落ちた場所探しだった。

私は新しい生活を楽しんでいたが、いつも何かが物足りなかった。私は周りの若者と同じで着飾って町へ出て面白く遊ぶのは好きだった――白いジーンズをはくと歌手ジョージ・マイケルに似ているとよく言われた――が、一方愛犬を連れて一人で出かけ林野を徘徊しながら、キツネを観察したり、鳥を見つけたり、その他野生の動物の痕跡を探したりする気持ちは決して衰えなかった。自分には仲間の連中と距離を置いている部分がいつもあった。

ある日、私はバスに乗り、セットフォードのすぐ外れにある地元の動物園に行った。今まで見たことのない動物をいろいろ見た。あまりに感激して子どもに帰ったみたいだった—それから、オオカミの柵のところに来てみると、かつて夜な夜な私を恐怖に陥れた獣《けもの》が私の立っているところから十フィート（約三m）以内のところにいた。

その中に、美しいクリーム色の毛をして、山吹色の可愛らしい目をしたオスですぐに私と目が合ったのがいた。私たちは互いを見つめあったが、その何秒間かの間に彼は私の魂に触れたと感じた。この崇高な動物は私のことを全て理解し、私の秘密を知っており、私の心の底の思いや恐れを読むことができ、あらゆる傷や痛みを見通しているかのように思った。彼は私のそんな傷を癒《い》やし私を再び回復させてくれる力があると感じた。それはめったにあり得ない魂の結びつきで、私は自分が人生で求めているものが目の前にあると悟った。

このオオカミはおそらく餌《えさ》を投げてくれるのではないかと言う期待で、観客の誰に対してもそのような目つきで見たのだろうが、誰もが私が感じたことを感じたり、あるいは私が見たことを見たと思ったりはしなかったはずだ。それはあるいは、この何年か私が犬やキツネと過ごし、彼らの世界に片足を踏み入れ、人間社会とどこかかみ合っていなかったからかもしれない。あるいは、もっと深い何かだったのかもしれない。それが何であれ、それが生涯続く契約の始まりだった。私がこの動物について聞いてきたことは全部嘘《うそ》で、彼と私は多くの共通点があり、ともに時代からずれた生き方をしていることがわかった。

私は農地に帰る必要があると思ったので、屋根ふきの仕事を辞め、大規模な商業狩猟を経営している農園でパートの狩猟管理人助手を探していたのでその仕事に応募した。灌木《かんぼく》や高木の生垣の中に戻れたのは良かったのだが、仕事は祖父が私に教えていたこととまるっきり反対の方向に進んでいた。殺すのは食べるためで、遊びで殺してはいかんと祖父に叩きこまれていた。この農園では、すごい数の鳥が生まれ、ひながうようよいて足の踏み場もないほどだった。狩猟といっても何の腕も必要はなかった―それは殺戮《さつりく》だった。鳥を撃つことより撃ちそこなうほうが難しかった。鳥は飛びあがろうとしなかった。どこかに飛ばすには空中に放り投げねばならなかった。

私はそこで一六か月我慢していたが、その後、ずっと小さい会社だがモートン農園が狩猟管理人補を探しているという話を聞いたのでそこに行ってみた。そこは私がそれまで何度も働いたことのある、故郷の村にある農場の一つで、仕事と同時に小さいがワンルームの小屋もついてくるので願ってもなかった。狩猟管理人の頭のモンティは熟練職人で、私は彼から多くのことを勉強できるとわかっていた。彼は私を仕込み、とても親切にしてくれた。彼は私をすごく信頼したが、恥ずかしいことに私はそれを悪用した。でも、それは仕事が間違っていたのだ。

彼は、キツネがひなの小鳥を捕まえないようにキツネを殺せと私に言いつけた。私は命令に従わず、キジやウサギを殺してキツネに食わせた。何か月も観察していたメスのキツネがいた。彼女は樹木限界線上に巣穴を作りそこで子ギツネを育てていたが、彼女が子ギツネを全部、五百ヤード（約四五〇m）も離れた道の向こうの、違う原野の別の樹木限界線上に作ったもう一つの巣穴に移すのを見た。何らかの理由で、彼女は最初の場所がもう安全ではないと思い込み、子ギツネの首根っこを一匹ずつ口で咬み、夜陰に隠れて、原野を越えて移動させていた。

私が捕まったのは四か月たってからだった。ある日モンティは証拠を見つけて私を問い詰めた。私は、彼をひどく失望させたと感じた。その話を密猟仲間のピートにすると、「キツネと一緒に逃げながら、同時に犬とキツネ狩りをすることはできないよ」と彼は言った。彼の言うとおりで、この事件で地元の人たちの間での私の人気は良くなるどころではなかった。彼らにとってキツネは害獣で、反対意見の私は軽蔑された。

私は仕事と家を失ったが、じきにまた建設業の仕事を見つけ、村に小さな小屋を借り、それまでしばらく付き合っていた女のスーとそこに引っ越した。互いに情熱的な愛があったとは思わないが、しばらくはうまくいき、たいした式もあげずに結婚した。そしてジェマという女の子を授かった。

その時期、私は熱心にキツネの勉強を始めた。私は、煉瓦《れんが》や瓦《かわら》でなく、動物の仕事がしたいことはわかっていたが、どうやって実現するのかがわからなかった。重労働だが家賃は払えたので、本を読み、夜と週末に森の中に出かけた。

ある晩、ドアをノックする者がおり、村の全員が私に反対しているのではないことを発見した。一人の女がコートの下に子ギツネを隠して立っており、私にあげると言った。子ギツネはせいぜい生後二週間経ったかどうかで、飢えて凍え死にしそうだったのを見つけたのだと言った。母親は恐らく殺されたのだろう。私は、子ギツネが自分で餌を取れるようになるまで預かってそれから野生の世界に戻そうと彼女に言った。

私はその子をバーニーと名付け、藁《わら》を内張りにした大きな排水パイプで小さな洞穴を作り、納屋の中に据え、私はそれ以前に母ギツネが子どもに教育するのを観察していたので、それを子ギツネに教え始めた。子ギツネが固形物を食べられる月齢になると、彼にネズミ、マウス、ウサギなどを与えた。私はそれらの皮を剥《む》き肉をミンチにして、母親が嚙《か》み砕き飲みこみ吐き出した餌を子どもに与えるような形の肉にした。そして次第に、餌の動物そのものやその皮に触れさせた。私はそれから自分の餌を守る方法をやって見せた—私は口を大きく開き、すばやくブーッツと下卑た声をだした（これは私が目撃した野生のキツネの声である）。子ギツネはそれをすぐ覚え、やがて私から自分の餌を守ろうとした。私は子ギツネたちが互いにふざけていたのを何度も何度も見ていたので、そうやって彼と遊んだ。彼を追いかけ、転がし、喧嘩のまねごとをした。

そうこうするうちに、もう彼を放してもよい準備ができたと決心したが、最初は何日か森の中で夜を一緒に過ごし、彼がいろいろな物音を聞き自分の立つ位置を判断し、自分で自分を防衛できるようになって初めて彼を放り出した。彼を放す瞬間が来たとき、私は今までの訓練が役に立つのかどうかわからなかった。彼は藪《やぶ》の中に突進し、一瞬振り返って私を見て、そして消えた。

その後何年間か彼の姿を何度も目撃したので、私が子どものころ長い時間座って、耳をすまし、観察し、学んだあの経験がこの若い生き物の命を救ったのだと確信したが、あのときの私の喜びはたとえようがない。

5——女王と国家のために

振り返ってみると、当時は何かの関連があるようには少しも思われなかったが、私の前半生の出来事は全て私とオオカミの将来に対する準備だったように思える。どのくらいたったころだったか、私は三人の連れとキングズリンにいた。一人が急に金がいりようになって、我々はこっそり（あまり自慢できる所業ではないが）車のラジオを盗みにかかっていたとき、警官が二人我々のほうに向かっているることに誰かが気づいた。私たちは、二人の警官に追いかけられながら、ハイストリートに飛び出し、客の中に紛れ込めるような店を必死になって探した。店仕舞いが早い日だったらしくどこも開いていなくて、ただ兵士募集事務所だけが、中の明かりをつけて客を招いていた。私たちは息を切らしハアハア言いながら、入隊のために来たと宣言した。その週はあまり希望者が来なかったらしく、事務所はもろ手をあげて私たちを歓迎し、軍隊生活のビデオを見せるため、すぐ奥の部屋に案内した。完璧だ。

私たちはビデオの内容にすっかり感心し、それから次の七年間、軍隊が私の人生になった。私たちはその日の午後申し込んだが、結局入隊したのは私だけだった。それまで軍に入ることを考えたことはなかったし、警察から逃れようとしていなかったら、おそらく入っていなかっただろう。しかし、軍のことを知れば知るほど、それは私にとって願ってもないキャリアだと思えてきた。

スーとの関係は終わりかけていた。私はあまりに放埓《ほうらつ》で、あまりに怒りっぽく、あまりに支離滅裂だった。私は二二歳で、とにかくノーフォークから出たかった。そこには私を引きとめるものは何一つ残っていないと思った。私は野外生活が好きだったし、肉体的な労働は苦にならなかったし、子どものころから規律には慣れていたし、文句なしに命令に従うことは得意だった。そういう資質は祖父から学んでいたことだったし、それはすべて優れた兵士になるための必須の条件だった。何回かあった面接の一つで、なぜ軍隊に入りたいのかと聞かれたので、車のラジオ事件のことを話した。面接官はおそらく私が冗談を言っていると思ったようだった。

私は約八週間基礎訓練のためウリッジ兵器庫に送られたが、三人いた訓練官のうち二人は英国砲兵隊の第二九コマンド連隊から派遣されていた。指揮官はジョン・モーガンという名前で、特殊部隊に選抜された経験があったがテストの最終段階で怪我《けが》をした男だった。彼は屈強で、公平でバランスがとれており、沈着冷静、人生でどんな問題に直面しようが対処できる男で、こんな男とは面倒を起こしたくないタイプだった。もし私が自分の人生におけるロールモデルで尊敬できた人物―私の祖父に似た英雄―をあげよと言われたら、彼はその中の一人だろう。

彼の同僚は、耳（ラグ）が大きいのでラグジー・ウイリアムズと呼ばれていた男と、コーベットという名の背の低い男がいたが、彼はコメディアンにちなんでロニーと呼ばれていた。コーベットは人間ダイナモだった。この男はじっとしていられなかった―彼は眠っていても腕立て側転や腕立て伏せをやっていたはずだと思う。訓練官たちはベルゲン・ランと称して、軍靴を履《は》き装備一式を抱え、リュックサックの中に最大六〇ポンド（約二七kg）のものを入れて背負わせ、我々を四マイル（約六・四km）、五マイル（約八km）、あるいは六マイル（九・七km）走らせる訓練に交互に連れ出した。これは通常の訓練の上に実施される。我々の体力を増強するために考案されたものだった。これは残酷そのもので、私はジョン・モーガンの順番であればいいと祈ったものだ。というのは、彼は私と同じように急がば回れタイプだったから。あとの二人には徹底的にいじめられた。

どの部隊に配属されたいかを選択する筆記試験はよくできた。兵士がヘリコプターから懸垂下降したり、雪の中を歩いたりスキーをしたりする写真を見て、ジョン・モーガンとラグジー・ウイリアムズとも話をしたうえで、私は英国砲兵隊の第二九コマンド連隊を希望した。当時同連隊の基地はプリマスの南約三マイル（四・八km）の南岸にある海軍兵舎、エイチエムエス・ドレークだった。連隊の通常の兵舎はプリマスの中心にある美しい一七世紀の建物、ロイヤル・シターデル（英国軍城塞）の中にあった。この建物は一七世紀のオランダとの戦いで敵兵を寄せ付けないため造られた七〇フィート（二一m）の防壁を誇っている。同城塞は以後何百年か英国の最も重要な防衛線となっていたが、私が一九八六年に着任したときは、建物は改修中で、二九名の人員すべてが近くの近代的施設（一八八〇年代の建設）に移動していた。

第二九コマンドは近距離支援の砲兵連隊で、英国海兵隊の第三コマンド旅団を支援する重火器師団の一部だった。素人言葉で言えば、海兵隊が海岸に上陸すると、私たちは近くにいて砲撃するのだが、二つの大きな世界の中の無人島に住んでいるような気がした。海軍でもないし、陸軍でもなく、どちらからも特に好かれていなかった。私たちは、海兵隊がいくところどこでもいつでもついて行った。第三コマンド旅団は過酷な温度と条件の中で—凍土の原野やジャングルや砂漠—行動することを専門としていたから、そういう場所と条件が私たちの訓練するところだった。導入訓練はデボン州のリンプストンに近い英国海兵隊コマンド訓練センターで行われた。それは今まで経験したことのない過酷なものだった—屋根職人として何年もタイルを何枚も担《かつ》いで梯子《はしご》を上下した私にして、だ。とにかく休みがなかった。一日中、走り、腕立て伏せをやり、起き上がり腹筋体操をやり、懸垂をやった—筋力とスタミナの訓練だった。これに比べればラグジーとロニーとのランニングは子どもの遊びみたいだった。

それは容赦なかった。来る日も来る日も私たちの肉体は限界まで痛めつけられた。ときどき、日に三度もテストがあった。私たちは疲れ果て、燃え尽きて、肉体的にも精神的にも疲労困憊《こんぱい》を超えていた。夜風呂に入ると、もう二度と歩けないのではないかと感じたものだ—しかも、明日が来るまで時間がたっぷりありはしない。しかし、これもすべてある目的のため実施されたことだった。コマンドとして私たちには劣悪な地形を切り進む肉体的能力が必要とされるだけでなく、いったん上陸したら戦って己を守りぬく精神的なスタミナをも持たねばならなかった。もしそれに耐えられなければ、部隊にとっては役にたたないのだ。

そして私たちが肉体を限界まで酷使していないときでも、地図の解読、極端な天候条件での生き残り訓練、軍事戦術の学習コース、装備の手入れ管理、形勢判断、「陸、海、空から」の夜間敵地侵入の準備—これが軍のモットーだった—をしていた。

訓練中は、私たちは階級がわからない黒いベレーをかぶっていたから、ハット（帽子）と呼ばれていた。ハットとは一般兵士がかぶるクラップ（訳注：うんこ）・ハットの略称だった。待望のグリーン・ベレーを勝ち取るための最終テストはダートムア横断の三〇マイル（約四八㎞）徒歩苦行で、これを八時間以内に走破しなければならなかった。これは完全装備で走ることと歩くことの組み合わせだった。この時点での落伍率は四〇～四五パーセントだった。今まで私たちが実施したどんなことより困難だったが、私たちのチームは時間通りに到着した。英雄を迎えるファンファーレも祝勝式もなかった。教官たちは最終地点で私たちを待っており、私たちが倒れんばかりによたよた辿《たど》り着くと、彼らは私たちに向かってグリーン・ベレーを放ってよこした。私は、疲れ切って、凍えそうな寒さの中、無蓋のトラックの後ろに乗り基地に帰る道すがら、そのベレーの布に触った感触とそれを固く両手で握りしめた感激を今でも思い出すことができる―それは信じられない誇りの感覚だった。それは、私がそれまでに成し遂げた何ものにも勝る達成感だった。

私たちの名誉の月桂冠に休息はなかった。それは単なる始まりだった。私たちは一年のうち八か月半か九か月は基地を離れていたが、その間の訓練と派遣された場所は驚くべきものだった。私は野外生活は知っていると思っていたが、ノーフォークの荒野に出ることと、摂氏マイナス二〇度にもなる真冬のノルウエーの凍土の原野にいることとは全く違った。そこでは自分の身をどう守るか知らなければ、人は死んでしまう。私は生き延びるすべを全て学んだ。私は、どうしたら体温を維持できるか、食べ物も単に飢えを満足させたり気持ちを落ち着かせたりするものではなく、いかに体が消化できるものを食べて健康を保持するかのすべを学んだ。私は凍った湖のどこをどのように渡るかを、そして環境をいかに自分のためになるように利用するかを学んだ。そのような状況では、雪の中に避難の穴を掘るという単純なことだけで零下の温度から摂氏二度までの中で生き延びることが可能だ。私は、そんな穴を一番短い時間に最もエネルギーを消耗しないで、どこにどうやって掘ればよいかを学んだ。

そんな温度のもとで長距離を徒歩で踏破しようとしている場合は、先導者は決して長い間その任にあってはいけない。彼はだいたい五百メートルぐらい先導したら、速度を緩め後ろに下がり、列の次の人がさらに五百メートル先頭に立つなど順番に交代する。その訳は、深い雪の中で道筋を切り開いていくことは誰かの足跡に従って進むことよりよほど疲れるからだし、さらにいったん目的地に着いたら戦闘が始まるという前提で、すべての兵士が等しく体力を温存している必要があるからだった。

私は人間がどうやってこのことを発見したのかいつも不思議に思っていたが、何年もあとになって中央アイダホの山中で野生のオオカミと暮らして初めて、オオカミが雪の中で全く同じ方法を使っているのを知った。しばらくするとリーダーが離れて隊列の後尾につくのだが、これは狩猟のときすべてのオオカミが十分なエネルギーを残してすばやく戦闘につけるようにするためだった。これは私の想像だが、北アメリカとグリーンランドの原住民イヌイットがまずオオカミから習い、私たち特殊部隊が彼らの地域で訓練するときにその知恵を部隊に教えたのではないかと思う。

私が軍隊で覚えたことで、オオカミの群れの中にいたとき役に立たなかったことは何もないが、生き残り技術の多くはオオカミたちも使っていた。戦闘では、不意に先手を打て、知悉《ちしつ》した環境で敵と戦え（何故なら戦況支配の確率が自分に有利に働くから）、と教わった。敵地で一人で十二人と戦えば勝つチャンスはないが、その十二人を知りぬいた環境で迎え撃てば、生き延びるチャンスはずっと高まる。

オオカミが全くそのとおりのことを実行しているのをのちに私は発見した。彼らは敵を襲う前には常に勝算があがるように必ず状況を変える。三匹のオオカミが七百～八百ポンド（約三二〇～三六〇kg）のクマをうまく仕留めたのを目撃したことがあるが、オオカミは最後に襲撃するまでは、真っ暗闇になるまで待つだけで終始形勢を有利に導いた。オオカミは夜行性の動物だからはっきり見えるが、クマは基本的には昼行性の動物で暗闇では不利だった。

私の部隊はアフガニスタンやイラクには行かなかった。唯一の戦闘活動は北アイルランドだったが、国連の「心の支援」プログラムには何度も参加した。特にキプロスにいたときのことを思い出すが、島のギリシャ側とトルコ側の間に国連が緩衝地帯を管理していた。私はある日トルコ側に食糧を届けに行った。私が運転手で同僚が一人いたが、着いてみると、私たちには手を出す余地がなかった。地元のボスの手下たちが割り込んできて私たちの食糧を配り始めた―トラブルがあると暴力沙汰《ざた》だった。私はこのプログラム全体について冷ややかな感想を持った。私たちがやっていることは、金持ちをさらに金持ちに貧乏人をさらに貧乏にしているように私には思えた。

私がそこに立ったまま待っていると、年老いた女性が石畳の小道を苦労しながら木製のカートを押してトラックのほうに近付いてくるのが見えた。顔は皺《しわ》と苦労の跡が目立ち、女性の多くがそうであったように、黒い服を着ていた。手下らは彼女には目もくれないので、私は黙って彼女のカートに食糧を積み込み、六百か七百メートル先だったと思うが、坂道を押して彼女の小屋まで上がった。彼女は何かつぶやきながら私の後を歩いてきた。私はトルコ語は一言もわからないし、彼女は英語を一言もしゃべれなかったが、彼女の玄関先まで着くと、彼女は私の手を取り感謝した。それから、彼女が全く信じられない行動を取った。彼女はカートの中に手を伸ばし、大事なリンゴを一個にぎり、私にそれを取れと言ってきかなかった。私は食べ物はたくさんあるから必要ないと説明しようとするのだが、彼女は聞き入れようとしなかった。私は胸にぐっときた。私は日にしっかり三度の食事をしているが、この女性は何にも食べ物がないはずだ。彼女の物惜しみしない精神に頭が下がる思いだった。彼女の文化と育ちが、親切な行動に対して恩返しをしないことを許さなかったのだ。私は、慈善事業に何百万と寄付する億万長者に十分な敬意は表するが、生死の分かれ目になるかもしれない果物の一つを他人にあげようとする彼女の心延《こころば》えに勝るものはない。

私が軍隊生活を愛する理由はたくさんあったが、そのような瞬間も間違いなくその一つだった。一人っ子だったので、仲間意識を味わえたことも好きだった。野外でのアクションマン的ライフスタイルが気に入ったし、軍隊が象徴する全てを信じた。軍隊は心から私に合っていた。私は日課と規律に落ち着きを感じた。下士官仲間と一緒にいると家族の絆《きずな》を感じた。生涯の仕事としてそこにいることを夢見た。難しさで名だたるSAS（陸軍特殊空挺部隊）やSBS（海兵隊特殊船艇部隊）に入ろうとさえした。

通常は、陸軍にいればSASに応募でき、海軍にいればSBSに志願できることになっていたが、政府は試験的に他部隊志願の許可を始めていた。私はその試験に参加することを申し出た。SBS訓練は厳しかったが、私はそれからウエールズに行き、SAS訓練を受けたが、それは殺人的な厳しさだった。私は第一段階は通過したが、SASの基地があるヘレフォードには行けなかった。がっかりしたが、初日だけでも通過したのは慰めだった。志願した一五〇名のうち、夕暮れまでに四〇名は脱落した。彼らの疲労困憊した体がブレコン烽火《ほうか》の砂岩の丘にヒツジの糞《ふん》のように横たわっていた。

私は明らかに特殊部隊に入隊する運命ではなかったようだが、同時に軍隊で長期勤務する運命でもない結果になった。それは、有難いことに私が生涯かけて追求する真の仕事の見習いとなったからだった。

6—すぐそばで肌を寄せ合って

セットフォード近くの動物園での、あの大きなクリーム色のオオカミとの異様な出会いからずっと、子どものころあれほど私の想像力を食い物にしてきたこの生き物に会いたい、もっと知りたいと思っていた。私は博物学の本を読み始めたが、すると、何年もの間キツネの観察で私が学んでいたことがオオカミについてもたくさん当てはまることを知った。キツネは明らかに不当な噂《うわさ》のために残虐に組織的に迫害されていた。人類はオオカミについてはさらに一歩進んで彼らを世界のほとんどの地域から絶滅させてしまった。私が子どものころにオオカミについて聞かされた悪い話はみんな、彼らの小さな赤毛の同類たちについて聞かされてきた嘘《うそ》と同じように信頼できないのではないかと疑い始めた。

かつてオオカミはどこにもいた。昔、地球上に分布している広さではオオカミは人間にしか後れをとっていなかった。そして人間が狩猟採集で生きていたころ、人間はオオカミと同じ獲物を狩り、互いに隣り合ってじょうずに生き、互いに恩恵を受けていた。オオカミは強力な狩猟仲間として尊敬され、不思議な魔力を持つものとされた。北米のネイティブアメリカンは、今でも彼らの祖先の魂がオオカミに姿を変えて生き延びていると信じている。彼らは、オオカミ（といっても今日では犬だが）

がそこにいないと条約を締結しない。人間の子どもに授乳しているオオカミの伝説が何世紀にもわたり無数に残っている。ローマを建設した双子の兄弟ロムルスとレムスは、テベレ川を籠《かご》に入って流されているところをメスオオカミに救助され養育されたと伝えられている。

しかし、人間が徐々に狩猟採集生活から農業生活に進化して、オオカミが人間の家畜を捕食するようになったとき、オオカミはすぐに英雄から敵役に変わった。彼らは悪魔と見なされ、迫害され、撃たれ、多くの場所で絶滅させられた。彼らは、絶滅の危機に瀕《ひん》しているにもかかわらず、いまだに世界のあるところでは狩猟対象とされており、オオカミは月の光によって狩りをし、ゆりかごから赤ん坊を奪い、橇《そり》の後ろからロシアの農夫を引き裂く残忍な生き物だと広く恐れられている。

私は動物園で会ったあのオオカミに対しきわめて強烈で奇妙な同情心を感じていたので、私の本能と、社会の弱者にわが身を重ねるという習癖だけを頼りに、どうしても真実を発見し、この動物を擁護するためにできるだけのことをしようという気持ちを抑えることができなかった。

それは急速に私の執念になった。プリマスの近くのスパークウエル村にダートムア野生動物パークがあるが、そこにオオカミの群れが飼われていることを発見し、何はともあれそこへ出かけ、飼育係たちとしゃべった。私は連隊の休日にはいつも繰り返しそこへ通い、ときに人手不足のおりは手伝いを申し出た。パークの所有者でその真ん中の堂々たる家に住んでいたエリス・ドーと知り合いになって、私はまもなくクリスマスや常勤の飼育係が休みを取る他の休暇シーズンには代わりに仕事をしたいと申し出るようになった。邸宅のそでに常勤の飼育係たちが住んでいるアパートがあり、私はそこに寝泊まりできた。軍の休暇で友人や同僚が家族に会いに帰省するといつも、私はスパークウエルに出かけた。ノーフォークには十年以上帰っていなかった。オオカミが私の家族だと感じた。

パークは丘の中腹で背後にダートムア国立公園があり、広さは約三〇エーカー（約十二万二千㎡）だった。オオカミの区画は丘の頂上にあり、周囲をフェンスで囲われていた。小さな区画で六匹のオオカミにせいぜい一エーカー（約四千㎡）程度の広さで、高さ六フィート（約一・八ｍ）ある頑丈な鉄条網で囲われ、飼育係が出入りするときにオオカミが間違って逃げ出さないように二重の扉が作られていた。区画は狭かったが、一帯に木が茂っていた。木が一番密集している後ろのほうの陰に土の盛り上がったところがあり、オオカミたちはそこに地下の洞穴を掘っていた。他にはゲートの近くに防空シェルターみたいに見える低い四角の小屋と、もう一つさらに小さな平屋根の建造物があり、オオカミたちは昼間そこで寝そべるのを楽しんでいるようだった。飼育係たちは何日おきかに動物の死骸をオオカミに与えていた。それ以外に彼らが人間と接触するのは、オオカミのどれかが獣医の治療を受けるときだけだった。飼育係は間違っても金網の中に長い間いる習慣はもちろんなかったし、夜間は誰もオオカミには近づかなかった。パークは夕暮れ前に閉まり、飼育係たちは非番になった。

柵の中に入る者は皆長柄の棒で武装するのが慣例だった。大型の肉食動物の場合は万が一にそなえてそれが決まりだったが、オオカミは絶対に危害を加えるそぶりはしなかった。むしろ逆に彼らは私たちから危害を加えられるのではないかと思っている風だった。誰かが彼らの近くに行くと彼らはパニックに陥った。柵の一番奥にさっと逃げ出したり、地下の洞穴に隠れたりして、私たちがいなくなると餌のそばに出てきた。私には、彼らが人間を見たらすぐ襲う凶暴な動物には見えなかった。

私はすぐに好奇心に抗しきれなくなった。私は彼らの近くに寄り、もっとこの動物を知りたいと思い、柵の中で静かに座り始めた。キツネがそうだったように、いつかオオカミが興味を持って近づき私を調べ始めるのではないかと期待して、数週間、何時間も何時間も座り続けた。彼らは来なかった。それで私は間違ったことをしていることに気づいた。私は、人間が得意な日中に、彼らの領域を犯していたのだ。キツネのときのように、私が状況を逆転させ、彼らが有利な夜間に彼らに近づいたらどうなるだろうと、考えた。そうしたら、この動物たちの実態をもっと正確に理解できるだろうか？

私は軍隊で学んだ心理戦を逆用した。私はオオカミが有利な立場にいて私が不利な立場にいると思わせたかった。同僚たちは、日中でも私が柵の中に座っていたいと言ったら仰天していたが、こんど私が夜間に中に入りたいと言ったとき、気が狂ったのではないかと彼らは思った。しかし、私がすでに昵懇《じっこん》な間柄になっていた園長のエリス・ドーはさすがで私の実験を許してくれた。

今考えても、私はオオカミに何をしてほしいと思っていたのか、何故あんな方法でしゃにむに彼らを知ろうと思ったのかわからない。あるいは、それは子ども時代の幽霊を葬るための、自己発見の旅だったのかもしれない。あるいはそれは、オオカミが、一緒に育った犬たちのことを私に思い出させ、彼らに感じた癒《い》やしの気持ちと安心感を—祖父が亡くなってから満足に実感していなかったことだが—いくらかでもオオカミから得られると期待していたのかもしれない。あるいは、私が単なる変わり者だったのかもしれない。はっきりしていることは、あんなにきれいな動物が人間との接触ですごいストレスを感じていることが私には悲しかったことで、彼らが私を知ってくれれば、囚《とら》われの彼らの生活を何らかの形ですこしでも住みやすくできるのではないかと念じていたことだ。

空に新月がかかったある晩、私は古びたトラックスーツを着込み、両手に勇気を握りしめ、柵の中に入り、背後の扉をロックした。怖かった、本当に怖かった。私の知る限り、今までこんなことをやった人はいなかった―それに飼育下のオオカミに関する事故はたくさんあった。ここのオオカミたちがどんな反応を見せるか、隠れてしまうかあるいは私を噛《か》み刻むか、知る由もなかった。しかし、私は知らねばならなかった。私は暗闇に包まれた中、折れて落ちた枝や地中から突き出ている木の根っこに躓《つまず》きながら、頂上の土手まで辿《たど》り着き、座り込み、あてもなくただ待った。目はほとんど見えなかったが、パークの夜行性の動物たちが活動準備を始めているので夜は奇妙な音で満ちていた。しかし私はすぐにリラックスした。オオカミたちは陰に隠れたままで、私が心配する理由はなかった。私は夜の闇に安らぎを覚え始めた。子どものころ私は暗闇や森の音が好きだった。それは、ノーフォークで粗い黒毛布にくるまってベッドに寝ている私を落ち着かせたが、いまここでも私を落ち着かせ始めた。

一週間半、毎晩私は柵の中に入った。私は以前の原野での経験から匂いの大事さを知っていたので、同じ着物を着ていたが、当時は食事も大事だということをまだ知らなかった。私は普通の人間の食べ物を食べていたが、だんだん理解が深まるにつれ、食を変えなければならないことを発見した。最初の三日の夜は同じ場所に座った。オオカミたちは距離を取っていたが、彼らが少しずつ好奇心を持ち始めていることがわかった。次の晩、私は起き上がって夜のうちに柵の中の別の場所に移動した。オオカミたちは恐れたかのようにたちどころに逃げ散ったが、二匹の狼が私が座っていた場所に出かけ、私の匂いを調べ、その上に放尿、すなわち匂いづけをし始めたのが見えた。それから彼らは安全な距離をおいた地点に落ち着いたが、私は観察されていることを知っていた。それがあと三、四日続いた。

彼らは興味は持ったが、近づいて私に直面する勇気はなかった。

　次の晩、ルーベンという一匹のオオカミ（今になればこれがベータのオオカミだったとわかる）が、勇敢にも私のそばにやってきて、私の体の周りを嗅ぎ、空中を嗅ぎ始めた。彼は私に触りはしなかった―ただチェックしているだけだった。彼はこの行動を二晩続けた。次の晩私は柵の一番高い地点の土手の上で膝を立て両脚を前に投げ出し上半身を起こして座っていた。同じオオカミがやってきて、その前の二晩と全く同じ行動を取った。私の匂いを嗅ぎ、空中を嗅ぎ、脚を嗅ぎ、それから突然予告なしに私に突っ込んできて、あっという間に門歯で私の膝の肉片を激しく咬《か》みとった。すごく痛かった。

　私はその場に竦《すく》んだ。どうしてよいかわからなかった。もし私が立ち上がって走ったら、群れが一緒に私を追い私を倒すだろうか？　もし彼に反抗したら、彼はもっと攻撃的になるだろうか？　しかし、私は全くどうすればいいかわからず、そこに座ったまま、ああ、これでおしまいだ、やられた、と考えていた。

　しかし、オオカミは後退した、そして私の反応を測るかのように、「どうした？」という目で見ながらそこに立っていた。それから彼は向きを変え暗闇に消えたが、彼を次に見たのは翌日の晩で、彼はまた来て全く同じことをした。次の二週間彼はその行動を毎晩繰り返した。そのころには私の膝は青黒くなっていた。違う方の膝を咬むこともあり、向こうずねを軽く咬むこともあったが、いつも同じ手順だった。近づいてきて、匂いを嗅ぎ、それから突っ込み、闇に消えた。時には一晩にそれを二度、三度やることもあった。

私は彼が何をしているのかわからなかったが、その行動のあと攻撃的なそぶりは見せなかったし、仲間のオオカミを呼んで加勢しろとけしかけていないので、私は彼が本気で私に危害を加えるつもりでないことはわかっていた。その気になれば、一平方インチ当たり千五百ポンド（約六八〇kg）の圧力を加えられるその上下顎骨《がっこつ》で、私の膝の皿などあっという間に食いちぎることができるのだ。しかし、彼はそうしないことを選択したので、私は毎晩その儀式を受けることにした。私が彼の攻撃で見せた精いっぱいのことは、オオカミの小さなキスマークのような、私の膝と脚についた細い傷の線を見せることだった。そんなときには私は全然反発しなかったが、これが私の命を救ったことを後で知った。

あとで理解するようになったのだが、オオカミが最初にすることは、新入りが信頼できるかどうかを見極めることである。どうやってそれを見極めるかというと、咬まれたことに新入りがどう反応するかを見るのである。群れに加わる新入りのオオカミは自分の一番攻撃されやすい喉をすぐ差し出して喧嘩に来たのではないことを示すが、受け入れ側のオオカミは脅威がないと納得するまで新入りに圧力を加える。もし私が力ずくで抵抗したり悲鳴をあげたりしていたら、たちまち一巻の終わりだったかもしれない。

二週間の咬みが終わると、ルーベンは私の体全体に匂いづけをし始めた。最初に私の足を、彼の顔の側面、歯、耳の後ろ、首周りの毛、そして尻尾でなすりつけた。それから彼は同じことを私の両脚にしたが、決して咬まずただなすりつけるだけだった。この動作のときに私が立ち上がって動くと、彼は軽く咬み、後退し、そして私が反抗しなければ──私はしなかった──彼はまた来て私の体になすりつけ始めるのだった。彼がやっていることはテストだということを私は理解した。それが群れの中のベータの役目だった。つまり、仲間を守るため、ドアに立って用心棒の役目をし、好ましからざる奴や脅しをかける個体が中に入らないように用心するのだ。私は受け入れてもいいと彼を満足させたらしい。というのは、四、五週間たつと、彼は群れの仲間を私のところに連れてき始めたからだ。

後で発見したのだが、これが、一匹オオカミが確立された群れに入ろうとするときに繰り返される手順である。私に会いに来たのは皆位の高いオオカミで、最初は私に触らなかった。彼らはルーベンの背後にただ立って、彼がゆっくり私の体を軽く咬みながら周りを回るのを観察し匂いを嗅いだ。ルーベンは私の頭の後ろを咬んだときは、他の部分を咬むときほど乱暴ではなかったが、それでも後でかさぶたになる出血があるほどの強さはあった。一度か二度、私は体を後ろに動かし彼にこすりつけようとしたことがあるが、ちょっとでも動くと、どんなに微妙でも突如でも、私は咬まれた。彼は私をおとなしくさせるために咬むのだが、それは私が彼らの世界で生きていけることを証明するためだった。その世界ではいくつかの咬み合いがコミュニケーションの大事な要素である。

私は匂いが大事なことは知っていたが、私が違う衣服を着たり、洗濯したり、違う食物を食べたりすると、ベータのオスオオカミがまた私を咬み始める。そしてそれは、新しい匂いがあっても、それが彼の行動に対し私が違った反応をするとか、私の気持ちが変わったことを意味するのではないと確信するまで続くのだった。他の高位のオオカミたちも同じことをしたが、彼は柵の中のすべてのオオカミにその行動をさせたわけではない。群れの下位のオオカミたちは上位のオオカミの決定に疑問をさしはさまない。彼らは歩兵である――彼らの任務は重要だが、考えることは彼らの仕事ではない。

7―倫理性の問題

この動物たちがすすんで私に体をなすりつけるまで私を信頼したことに、そしてこのような形で信じられない達成感がもたらされたことに、私はいたく感激した。それは私がそれまで築いてきたどんな人間関係より重要なことだった。私は毎日が早く終わってくれればいいと思い、彼らのところに行って一緒に過ごすことを心待ちにするようになっていた。そして夜はしだいに長い時間を彼らのそばで過ごした。私がこのオオカミ家族の中にいることを許され、ささやかながら彼らの仲間になりつつあるという感覚を味わえるとは何たる特権であろうか。あんなに長い間私にとって恐ろしかった動物が、今はいなくてはならない存在になり始めていた。私は彼らと一緒にいたかった。しかし、彼らは私のことをどう思っているのだろう?　私をどんな動物だと思っているのだろう?　私が到着すると彼らはいつも好奇心いっぱいだったが、私が出ていくときはどう思っただろうか?　寂しいと思っただろうか?　私は彼らに人間の価値観、人間の感情を当てはめて考えていたが、それは彼らにはないものだと悟るようになった。私は自分の人間世界を消去できるようにならねばならなかった。

しばらくすると、私が昼間に柵の中に入ると、彼らは私を歓迎し、夜と同じようにテストし始めたが、これは彼らが私を認識し受容していることの確かな印だった。彼らが私に門歯咬みをしたり互いにちょっとしたふれあいの行動をしたりしたので、これを他の飼育係たちも気づき始めた。彼らの反応と驚いた顔を眺め、それまでオオカミを長柄の棒で遠ざけていた彼らがこの動物たちについて考えを変え始めているのを見るのは、なんとも気持ちがよかった。少しずつ昼と夜が合体し、気がつくと一週間が過ぎていたが、私がオオカミから離れる唯一の時間は食べ物のため抜け出すときだけだった。一度寝袋を持ち込んだことがあったが、これは間違いだった。オオカミたちはそれを粉々に噛《か》み砕いてしまった。彼らには私の衣服は許せたがその他はだめだった。実際私にはそれ以外に必要なものは何もなかった。私が横になって寝ると、彼らは私と一緒に休むので、彼らの体温のぬくもりで私は温かかった。私は自分が達成したことの興奮を抑えておくことが難しかった。

しかしながら、私はいつでも気を抜いていたわけではなかった。何が起こるかわからなかったし、さきほどはうまく対話できたからといって次もそうだという保証はないことは知っていた。柵の中に入るときはいつも、次はどんなことになるだろうと緊張していた。私は彼らの互いの行動―取っ組み合い、ふざけ合い、唸《うな》り声をあげ、咬みつきあう姿―をじっと見て、私に同じことをされたらお手上げだとわかっていた。私の皮膚は彼らほど頑丈ではない。彼ら自身がいつも相互に繰り返している乱暴な扱いで、厚い毛皮に包まれていない私に接してきたら、私は単に痛いだけでなく致命的な傷を受けるだろう。私の体は彼らとは全く違うのだということを認識してくれるだろうか？　彼らがコミュニケーションで最も頻繁に使う体の部位は首と喉であるが、そこはまた一番手厚く守られた場所でもあった。私の喉は一番攻撃に弱い場所の一つだった。彼らが仲間のオオカミに加えている咬みかたをよく目撃していたが、そんな咬みかたを一つもらったら私はそれでおしまいだろう。

しかし、危険だという感覚は恐ろしくもあるが魅惑的でもあった。それは、枕に半分顔を隠しながらホラー映画を見るようなもので、見たくないが消したくはなく、覗《のぞ》き見ることを抑えきれないようなものだ。私がオオカミと一緒にいることで得られる興奮と喜びはその危険を上回っていた。私は彼らと一緒にいるのが心地よかった。彼らが相互に尊敬をもって交流することに、明らかに群れを支配している地位の序列に、あるオオカミが一線を踏み外したり長老や上位者が餌《えさ》を食べる前に出しゃばったりした場合の制裁の仕方に、私は感心した。当時ははっきり表現できなかったが、私が最も感心したのは彼らの所属意識だった。ここにいるのは、この地上で最も恐れられかつ畏敬されている動物の一つの群れであるが、その彼らが私を群れの仲間に受け入れたのだ。厳しい編入試験を課され、命からがらのテストを受け、幸運と本能のおかげで私は合格したのだ。

しかし、いつまでも自己満足に浸っていることは許されなかった。ある晩、一日の労働でくたくたになって柵の中に入り、眠りに落ちた。大きなイビキをかきながら大の字になって寝ていたら、何の前触れもなくルーベンが飛んできて、四足を揃《そろ》えて胸の上に飛び乗った。胸に一二〇ポンド（五四kg）以上の体重を乗せられては目が覚めないはずがない。ルーベンは体に飛び乗るとすぐ飛び降り、私に問いかけるような目で立っていたが、境界線の周りを巡《めぐ》り、匂いづけを始めた。彼はついてきなさいというように何度も私を振り返ったが、私は彼を無視しまた眠り込む過ちを犯した。気がついたときは後の祭りだったが、そのとき彼は私に彼の匂いを識別することを教えようとしたのだった。これは大事な教練だったのだ。というのは彼の仕事はアルファオオカミのペアの面倒を見ることで、それには仕留めた獲物に関する掟《おきて》が含まれていた。彼の匂いが付いた食物はすべてそのペアのために温存される。

アルファは意思決定者で彼らがいないと群れにはリーダーがいなくなるから、彼らが一番重要なメンバーである。だから、彼らが生き残ることが何より優先される。食べ物が少ないときは、彼らがまず食べ、彼らしか食べないこともある。他のメンバーは、子オオカミさえも、空腹になり、必要なら餓死する。だから、群れの他のメンバーはベータの匂いのついたものに手を付ける馬鹿なまねはしない。そんなわけで、私は痛い目にあいながら勉強することになった。

狩猟期になると地元の猟友会が鳥を届ける習わしがあって、ある日オオカミの柵に彼らがカモを三羽届けてくれた。当時まだ私はオオカミが食べる食べ物の種類とか彼らが何を大事にしているかをあまり知らなかった。冬の何か月かは寒く地上に雪が積もると、脂の乗った太ったカモは位の高いオオカミにとって貴重な食料源となる。アルファのペアが最初二羽のカモを取ったので、私は食べたくはなかったのだが、自分の分け前を守ったほうがよいと考え、ベータがその周りに彼の匂いをまき散らしていたのを知らずに、三羽目を取り上げた。

あっという間に、私は地上に叩きつけられた。ルーベンが約十メートル先から猛烈な勢いで私に突進してきたので、私はまるで汽車にはねられたかのようだった。カモは空中にあがり、私は仰向けに横たわったままだったが、彼が私の顔を上下の顎骨の中にはさみ締め付ける間、私は全く息ができなかった。彼はその間唸り続けたが、腹の底から脅すような唸りで、彼の唇の周りには唾が溜まり始めていた。押さえつけられた頬骨が折れるのがわかった。枯れ枝が押しつぶされるような音だった。私は観念した、これまでだ、と―間違いなく殺される、と思いつつ瞬間どうしようと考えた。しかしすごい力で地面に押さえつけられていたので私の選択肢は限られていた。そこで、彼に教わっていたことをやることにした。私を殺すつもりなら、彼が持っている武器を使えば、もう私は死んでいるはずだとわかったから、彼を尊敬し信頼することだ。彼は私に掟を教えていたのだ。そこで、私は頭を傾け喉を見せようとした。これが攻撃に弱い信頼スポットだと教わっていたから、そのとおりにした。するど彼はまだ唸りながら顔から喉に締め付けを移動させた。彼はあと何秒か万力のように私を締め付けていたが、それから私を解放し、歯をむき出しにしてまだ唸りながら、後ろに下がった。

もし私が、いろんな信号を正しく読んで、何に注目すべきかを知っていたら、第一にあのカモを取り上げることは絶対しなかっただろう。彼の行動があんなにテンションの高い怒りや唸りに高まっていくのに注目したはずで、そしていざというときに使われる彼の武器に私は気づいたはずだ。彼の耳の姿勢を見れば、私にカモに近付くなという警告を与えながら、彼が遠くからあのカモを守っているのだということを見抜けただろう。彼が自分の所有物を見張っていることを私に知らせるため、彼の耳は飛び立つ飛行機の両翼のように水平だったはずだ。

それは私の人生観を完全に変えた経験だった。私はあの柵から出ながら、この地球で非道な怪物とはいったい誰だろうと考えた。人間はオオカミに冷酷な殺人鬼の汚名を着せたが、本当の強さの源は武器をもちながらそれを使わないことにある。人間があのような殺人能力を手にしたら、どれだけの人がそれを使わないだけの抑制力をもっただろうか。

私は軍隊にいた七年間、人間が人間に対し残酷になれる訓練をしたが、次第にそれに嫌悪感を持つようになった。もし私が宗教心のある人間だったら、私が犯した罪に対し、そして私の種が犯した罪に対して、多くの退役軍人がそうであるように、教会で許しを乞うたであろう。私はその代わりに、オオカミたちに近づき、彼らに精神的な絆《きずな》としか説明しようがないものを感じたのだった。動物園のあのオオカミが私の魂の中を覗き込み、子ども時代の私に染みついていた悲しみを見抜いたのだ。これらのオオカミが私の苦悩や恥を感じとったのだろう、ある意味で私は彼らが私の罪の償いの鍵だと思った。

軍隊に関して私が気にいったことはいっぱいある。そのおかげで世界中を回れた。困難への挑戦も好きだったし、精鋭部隊の一員であることも愛した。重兵器を思うように扱えるのは気分が高揚したが、現代の戦争はあまりに現実とかけ離れているので、私は何のために戦っているのかほとんどの場合知らなかった。私は次第に幻滅を感じるようになった。私は子どものころからしかるべき理由のためにだけ殺生をし、殺した動物に敬意を払い、地球上におけるその立場を尊重するように教わってきた。兵隊のときは、その他の目的で殺し合いをする組織の一部だったから、それには意欲がわかなかった。

私に最後通牒《つうちょう》を突きつけたのは北アイルランドだったが、そこで私は何度か治安巡回をした。そこはまるで交戦地帯のようだった。ある日軍服を着て町を歩いているとせいぜい五、六歳にしかならない子どもたちから身を守らねばならなかったことを思い出す。彼らは罵声《ばせい》を浴びせ、割れた煉瓦《れんが》や手につかめるものを手当たりしだい放り投げた。彼らがそんなことをするのは、両親や祖父母がそうしているのを見たことがあるからに違いないが、彼らの目にはすさまじい憎しみが宿っていた。そうした子どもたちは家にいてレゴで遊んだり、人形の着せ替えをやったり、セサミストリートを見ているべき子どもたちだ。今日の煉瓦が明日の爆弾になりうるのだから、その街路以外のどこかにいるべきなのだ。

私は北アイルランドの人たちを殺害したかどうか知らない。私は戦闘中に発砲したし、そのとき死んだ人がでたが、殺したのは私が撃った弾かどうか全然わからないだろうし、わかろうとも思わない。そんな行動の中にいたことが不愉快でならない。そんな戦いをしたのは正しい戦闘ではなかったし、それを心で整理するのは大変だった。軍隊に駐留してもらいたくない人たちは私たちに感謝しなかったし、私たちにいてほしくない人たちはあまりに激しく私たちを嫌ったから、私たちがしたことは火に油を注ぐだけだった。もっと良い方法があるはずだったが、はたせるかな、最後は、何年も後になってからだが、彼らはその方法を見つけた。彼らは話し合ったのだ。

オオカミの観察を続けた短い間に彼らの攻撃と人間のそれとの間には明確な違いがあることがわかったが、かつて何百年か前には、ほとんど違いがなかったのではないかと思う。オオカミは殺戮《さつりく》の力をもっておりいつでもそれを使えると示すが、どうしようもないときにしかそれを行使しない。彼らは家族を守るためと、家族が冬を越せるだけの食糧源を確保するためには徹底的に戦う。他のオオカミの群れは宿敵だが、彼らはライバルをも尊重し、ライバルの行動ゆえに彼らを大事にする。私たち人間は敵の価値を認めない。現代戦争においては、私たちは敵の顔を見る必要さえない――私たちはボタンを押せば敵を殺せるし、戦闘に参加している我々のほとんどはなぜ敵が敵になっているのか知らない。殺戮は見当違いで必要ない――そして倫理的にきわめて問題がある。私はもうたくさんだった。

8 ── 新生活への切符

オオカミが私を虜《とりこ》にし、私の精神は混乱した。仲間の人間に対しては軽蔑《けいべつ》しか感じなくなり、私を彼らの世界に受け入れてくれたオオカミたちに対しては敬愛の念しか抱かなかった。彼らの世界こそ私が留《とど》まりたいところだった。そこは人間世界より安全で、規律正しかったので、私はそこへの所属意識のほうが強かった。

それで、軍隊を辞めると間もなく、気がつけば私はアメリカ行きの飛行機に乗っていた。どう考えても常軌を逸した行動だった。私は今まで会ったこともない人に会うために出かけようとしていたのだが、目的は、誰一人知人もいない国で私にはその参加資格もないあるプログラムで働くためだった。私は持ち物すべてを売って切符を手に入れていた。会いたい人は噂《うわさ》に聞いただけのレビ・ホルトという名前のネイティブアメリカンでネズパース族の男だった。彼はアイダホ州のウインチェスター近くにある部族の土地で「オオカミ教育研究センター」を運営しており、そこでオオカミの群れを柵に囲い人々にオオカミのことを教え、部族の人間に彼らの文化とつながる機会を与えていた。彼はまた野生のオオカミをロッキー山脈に再導入するという賛否両論のあるプログラムも運営していた。それを運営しているのは高度な専門知識のある生物学者たちで、私はといえば中学校レベルの木工技術の知識しかなかった。

ことの発端は、ジムとジャミー・ダッチャーというアメリカ人の夫妻を撮ったドキュメンタリー『オオカミと生きる』をテレビで見たことだった。彼らは飼育下にあるオオカミの群れとアイダホで六年間生活していた。この映画には心を奪われた。夫妻は私自身がやってきたことを全て実行しており、群れの構造、上下関係、彼らにとっての家族の大切さに関して私と同じ結論を出していた。私たちはまさに同時並行的な生活を送っているかのようだった。六年経ってオオカミを収容する許可が切れたので、夫妻はオオカミの新しい家を見つけなければならなかった。そこで救いの手を差し伸べたのがネズパース族、特にレビ・ホルトだった。

レビには会ったことはなく電話で話しただけだったが、海を渡ってアイダホに行き勉強したいと告げた。それは結構だけどこれは科学的なプロジェクトであなたはその資格がないから、データを正しく記録し野外で生物学者の支援ができるとわかるまで、実習訓練の期間が必要になるだろう、と彼は言った。それから彼はその費用として私がびっくりして声をだした金額を言った。数千ドルだった。レビは電話の向こうの私の反応について、「どうしたのですか?」と聞いた。

「私は持ち物を全部売りました」と言った。「それでも飛行機代がやっとです」

「じゃ、どうするんですか?」

「あなたのところには飼育下のオオカミの群れがいて、彼らをお客さんに、オオカミのことを教える使者として利用していると聞いたのですが。私は野生動物園で飼育下のオオカミを扱った経験があります。そのお手伝いをさせてもらえれば見習い期間の学費を稼げると思います」

「一日の仕事の時間は長いですよ」彼は言った。「どうやって勉強するんです？」

「昼間働いて、夜勉強するということでどうでしょう？」

「ちょっと待ってください」と彼は言った。「確認しますが、あなたはここへ来たいのですね、そして一日中働いて、見習い期間の間ずっと夜勉強する、と言うのですか？」

「そうです」

彼は同僚と相談するため離れていったが、その間通じなかった電話の時間が何時間にも思えた。

「オーケーだ」と彼は言った。「切符を買ったら来てくれ。君の仕事を見てみよう」。あとでわかったことだが、うまくいく見込みがほとんどないのに、しかも寝床はテントしかないと言う約束でも、どうしても来たいという頭の変なイギリス人を連中は大笑いしたそうだが、私の馬鹿さ加減が彼らの気持ちを動かしたのだ。

一週間後に私は飛行機に乗ったが、白状すると恐ろしかった。どんなことになるのか見当もつかなかった。私は車や装飾品や何本かのナイフや家具と衣服のほとんどを売却して、運賃を何とかかき集めた。失敗すれば、帰るところがないのだった。

私がアイダホ州の南西にある州都ボイシに飛行機で到着したら、リックと言う名の背の高いテキサス人が迎えにきていた。彼はレビがやっているオオカミ教育研究センターでボランティアをしているキャシーと結婚していた。その晩は彼らのところに泊まり、翌朝彼女がウインチェスターまで車で送ってくれることになっていた。彼らの家でとても心温まる夕食のあと一夜を過ごし、キャシーと私と、帰路の連れにキャシーが連れてきた友達と、夜が明けると居留地に向けて出発した。リックは子どもの面倒をみるため後に残った。だいたいそこまで二五〇マイル（約四百㎞）の距離で、出るときはやや風を伴った雪だったがすぐにひどい暴風雪になった。途中何度か止まりスノーチェーンを付けたり、道路が開けて雪がなくなるとチェーンを外したりしたが、ロッキー山脈にかかると雪が深くなっていたのでチェーンは付けっぱなしだった。いよいよオオカミの土地―岩だらけの地形、ロッジポール松の森、雪をかぶった山々―に入った。道路を走る車はほとんどが伐木《ばつぼく》搬出業に関係するものだった。大型ローリーが材木を載せて後先に行き違った。日中のほとんどは車の中だったが、車を運転しながらキャシーがセンターで行われている仕事やオオカミを山に帰す再導入プロジェクトの進捗を説明してくれた。

このプロジェクトは、絶滅の危機にある種を保護する責任がある米国魚類・野生動物庁が一九八〇年にオオカミの保存計画を提案して以来、何年もの間大きな政治問題となっていた。オオカミは一九七八年に四八州において絶滅危惧種と正式に認定されていた。この計画は北西モンタナ州、中央アイダホ州、およびイエローストーン国立公園にオオカミを再導入しようというものだったが、オオカミを野生の状態で放てば家畜が殺されると心配する農民団が中心になった法廷闘争で何度も何度も棚上げにされてきた。最終的には、激しい論争の末、一九九四年に、内務省長官が同計画を承認したので、オオカミを放出したあとは各州の機関がオオカミを管理することになったのだが、三州とも協力を拒否した。最後に、アイダホではネズパース族が管理計画を提出し、一五年間すったもんだのあげく、一九九五年の一月に、カナダのシンリンオオカミ一五匹がロッキー山脈の国有林約千三百万エーカー

（訳注：約五万三千㎢で九州の約一・四倍の広さ）に放たれた。二年後さらに二〇匹が放出された。彼らは順調に生育しており、生物学者たちはすでに、あと七年もかからないうちにオオカミを絶滅危惧種のリストから外すことができるだろうと予測している。

私たちは暗くなるちょっと前にセンターに到着したが、全員が出迎えてくれた。はるばるイングランドからやってきた変人を一目見たかったのだと思う。そこはウインチェスターという町の郊外で風の強い道を車で約半時間の距離だった。周りはどこも息をのむほど美しいところで、巨大なポンデローサマツとベイマツの巨木の森の中に山道が通っていた。目玉はワシと湖の魚をねらう野鳥たちのほか観光客が訪れる大きな湖だった。夏にはその湖はカヌーや水上スポーツの場となり、冬にはアイススケートとアイスフィッシングができた。この小さな町の人口は三百人足らずで、施設は食堂、パブ、食糧品店、ガソリンスタンドが各一軒あるだけで、私たちは毎週必要品の仕込みにそこへ出かけ、シャワーを浴び衣類を洗濯した。

キャンプには水道も電気もなかった。飲み水は外から運んできて炊事は全部プロパンガスが使われていた。生物学者の一人が私を案内してくれた。居住区は個人個人のティピー（テント小屋）がいくつかと、トイレになる小さなティピーが一つ、主な居住区から離れたところに大きなティピーが一つあり、それが炊事場と食堂で、そこにはいつも大きなポットにコーヒーが用意されていた。そこが切り離されていたのは、クマがしょっちゅう食べ物を求めて森から出てくるからで、食べ残しは埋めるかクマに取られないように高いところに吊るさねばならなかった。ティピーは年功序列で並べられ、キャンプの中心にあるのが最も権威ある人用だった。これ以上は離されようもないところに一つティピーがあるのに気がついた。まさに森の縁《ふち》に建っていた。屋根には穴があいており、テントの横一面と外れかかったドアには苔が生えていた。こんなひどいところに住む人間は哀れだな、と私は内心思った。そしたら案の定、哀れな人間は私だった。

ティピーは半永久製だった。それぞれに木製の床と地面から三フィートの高さに木製の高架ベッドと、この地の気温では欠かせない薪《まき》燃料のストーブがあった。その晩、私は自分のテントに座り明日会えるオオカミに耳をすまして火に薪をくべた。私は一文なしだった。有り金すべてを飛行運賃のため使わねばならなかったので、ちゃんとした荷物は何もなかったから、友達の寸足らずの寝袋を借りてきていた。枕もなかったし、他のティピーに備わっているような生活必需品もなかったが、体を横にすると私の不安は消え、腹の底から明るい希望が湧《わ》いてきた。これこそ私が探し求めてきたものに違いないと感じた。

ゆっくり眠るにはあまりに興奮しており寝心地も悪かったので、次の朝、誰よりも先に起きた。私は軍隊のブーツを履き、あまり重ね着をせず、夜明けの寒気の中に踏み出した。零下一五度ぐらいだっただろう。私はサバイバル知識により貧弱な衣服でもしのげると考えた。その極意は自分の体温を知り、持てる着物全部を着込む誘惑を退けることである。もし運動をして汗をかけば、すべてが湿りそれから氷のように冷たくなる。太陽がソーツース連山の上に昇り始めると、私は周囲の景色の美しさを堪能することができた。雪はさわやかに足元二、三フィートの深さに積もり、木々の頂に重くのしかかっていた。木々は頭上百フィート（約三〇ｍ）以上もそびえる巨大な幹をもつなんとも見事な樹木で、かすかにバニラの香りを放っていた。あまりにも静寂で針一本落ちても聞こえるほどだった。

私は天国に到着したのだった。

オオカミの柵はキャンプの中心にあり、一般大衆がオオカミを見に来て、彼らのことやネズパース族の歴史と文化を学べる観光センターの近くだった。そこはこの地域の大きな観光名所の一つであり、同時にこの動物に対して多くの人が抱いている恐れと偏見を払拭するのに大いに役立っていた。そこには十一匹のシンリンオオカミが飼育されており、四八エーカー（約一九万㎡）の森に放し飼いになっていた。柵は二重に囲われており、二つの柵の間に通路があった。早朝その通路の中を歩き回り、柵に裂け目はないか、吹き寄せられた雪が凍ってオオカミが塀を超えて逃げ出すほどに地面を高くしていないかを調べるのが私の仕事になった。

スパークウエルの小さな柵にいた後だから、こちらのオオカミたちがこんなに広い敷地を歩き回るのは見ていて気持ちが良かった。もっとも、その後何度かの訪問時の観察でこちらのオオカミでさえも、私がかつて小さな柵で見たことのある行動上の諸症状（私はその原因をいつも環境の狭苦しさに帰していたのだが）を呈していることがわかった。表面的には、ここのオオカミたちは自然が意図した全てを享受していたが、それでも彼らは互いに共同生活するのが困難になり始めていた。空間の広さが一番大事な要素ではないというのは価値ある教訓だった。欠けているものは何か、それはライバルの群れだということを私は理解するようになっていた。ちょうど人間が共通の敵に直面して団結するように、オオカミもそうである。生きることが楽すぎて、食べ物が十分あり目の前に危険がないと、彼らは群れの中で互いに歯向かい始める。

早朝のパトロールから帰ると、私は炊事テントに入り、日誌に必要事項を記載し、異常な出来事を記録するのだった。それから私は熱いコーヒーをマグに注ぐか、誰も起きていないと、ポットに朝の最初のコーヒーをたてるのだった。コーヒーは私たちが支給された唯一のものだった。みんな個人で食糧品を買い料理したが、コーヒーは一日中飲めたので、最初の三週間、私はブラックコーヒーとウインチェスターの食糧店でとても安く買えることを発見したジュージューユービー（甘いジェリーキャンデー）を主食にした。約二時間歩いてそこへよく出かけ、一度に三ポンド（約一・四kg）買ったが、それでわずか数セントしかせず、翌週いっぱい私を持ちこたえさせた。このキャンデーは当然砂糖だらけで、瞬時に気分はハイになるがその後は極端に落ち込んだ。零度以下の気温で一八時間働いているとき、これで生きていくには理想的な食事ではなかったが、それ以外に買うお金はなかったし、ジュージューユービーでさえ買えなくなるのは時間の問題だとわかっていた。

私たちの人数は全部で十二人いたが、ほとんどが部族の人間だった。常時、常任の動物マネジャーが一人、センターのマネジャーが二人、生物学者が二人か三人、学生が五、六人いた。彼らは大学の卒業生か、卒業のための履修科目を終了しなければならない学生で、だいたい三か月滞在していた。学問的には私は誰よりもずっと遅れていたので、一生に一度の機会を与えられたのだということは知っていた。いつ解雇されるかわからない恐怖の中で生きており、そうならないうちにできるだけ多くを学ぼうと必死だった。学ぶことは山ほどあった。ネイティブアメリカンは何世紀にもわたってオオカミにつき添って生活し、彼らを敵あるいは下等生物としてではなく兄弟姉妹そして教師として見ているので、そんな彼らの中で暮らせるのは信じられない特権だった。

レビ・ホルトは私にとって願ってもない存在だった。彼の年齢は推定が難しいが、五〇代だったと思われ、いかにもインディアンの酋長という風貌だった。顔には皺《しわ》が刻まれ、顔の縁を覆う漆黒の髪は二つ編みに束ねられ腰まで垂れ下がっていた。彼は全てを知っているが何も漏らさない人間という風格があった。ときたま特別な事情があって部族の正装をしたが、普段は他の人たち同様ジーンズ、Tシャツ、セーター、アノラックを着ていた。彼らネズパース族が居留地でどんな生活をしているか、映画の西部劇などを見て想像していたロマンチックな映像は、たちまち打ち砕かれた。色塗りのティピーも、アパルーサ馬も、腰布もなく、背景に草を食《は》むバファローもいなかった。ティピーに住んでいるのはセンターの私たちで、居留地では彼らはきわめて貧しい生活をしており、彼らの住んでいる住居はどうしようもなく貧弱で、安っぽいアメリカ風の衣服を着て、おんぼろの車に乗り、どうにかこうにか生計を立てていた。彼らに昔の面影はなかったが、彼らの命を支えている自然の力と常に触れ合って生きているので、この土地と河川—環境—に偉大な尊敬の念を抱いていた。彼らは河川の水を飲み、土地とそこに自由に生きる動物から食物を得た。

私はいままで、どんな苦境にいるときでもいつでも笑える人間に会ったことはない。彼らにとっては、毎日が奇跡で始まり奇跡で終わるので、たとえ短い時間でも私がその中にいることは驚異的なことだった。彼らは家族と、祖先と、そして身の回りの自然界と実に深くつながっていた。彼らは白人がこの地上をいかに粗末にしているか、なぜ集約農業と農薬散布で地表を毒し、河川を汚染し、森林を破壊し、自然の微妙なバランスを崩しているのか理解できなかった。彼らが土地を所有したいと思うのは、そこを清め、将来の世代にいかにしてその土地の上で、土地と共に、そして土地のために生きるかを教えるためだった。ある晩町で、フランス人が制作したドキュメンタリーを見たことを思いだす。その中で近隣の農家の一人が、ネズパース族に彼らの土地を返すべきだと思うかと聞かれた。彼の意見は、これは政府の意見でもあると農家の人たちは思っているのだが、「ノー」だった。ネズパース族は戦いに敗れ、土地を失ったのだ、彼らはそれに甘んじなければならない、というものだった。

私が、どうしたらいいのだ、私たちにどんな支援ができるのかと聞いたら、レビの弟が言った。「実は我々に必要なのは、ネズパースのため立ち上がるもう一人のメシアだ。問題は部族長が多すぎて、インディアンが少なすぎることだ」。皆は笑い転げた。

ある日、長老たちがある会合に私を呼んでアドバイスを求めた。議会の若い議員が訪問することになっていた。下院をある重要な法案が通過しようとしていて、同議員はそれに対してネズパース族の支援を得ようとしているのだと彼らは当然ながら想像した。相談を受けることは大いなる名誉であるので、私は若干ためらったが本当のことを言おうと決心した。私は、用心したほうがよい、あの人たちはよくできもしないことを約束し、結局守らない、彼らの話は話半分だ、と言った。彼らは焚火《たきび》の周りに座り、煙草《たばこ》を吸い手を温めながら私の話にときどき頷《うなず》いていたが、私が言うことにあまり興味を示さなかった。じゃなぜ私の話を聞きたかったのだろう？　私はちょっとがっかりし落ち込んで座を離れたが、議員が到着してみると、私の懸念が立証されたようだった。彼らは議員の身なりにだまされて、お世辞を言っているように見えた。彼の衣服に触り、靴に感心し、背中を叩いていた。まさに小説を読むようで、貧しい裸足の野蛮人が白人に圧倒され感激していた。彼らは議員を最も大切な場所のすべてに案内し、一番大事な人たちすべてを紹介した。おまけに、彼らは議員に部族の名前を与えたのだが、これは外部の人間に彼らが与える最大の名誉だった。それは「歩く鷲《わし》」で、私にはどんな名前より貴く思えたが、実は議員の体はくだらないものばかりをまとって飛びあがれない、という意味だとあとで知った。彼らはだまされたどころか、この男の正体をたちどころに見抜き、彼らのゲームで遊んだのだ。

　私たち西洋人はあまりにまじめすぎる、コヨーテ療法に期待すべきだと彼らはよく小言を言った。コヨーテはいたずら好きのトリックスターで、私たちに恥ずかしい思いをさせそして笑わせる、死者と生者の道を歩く妖精のガイドである。彼らは、かつて居留地に来た白人の話を私に聞かせてくれた。彼は「自分発見の旅」でそこを訪れ、自分のふさいだ気持ちを明るくしてもらうため利口なインディアンから答えを見つけだそうと思っていた。彼はきまじめな若者でたいへんな心配事をかかえていた。部族の長老の一人が、青年に三日間森の中に入り、フン、すなわちシカ、クマ、ピューマ、コヨーテ、キツネ、オオカミの排泄物を見つけなさい、と命じた。青年はたくさん集めて帰ってくると、こんどは長老がそれを水と混ぜてペーストにしなさいと言った。その作業にさらに二日かかった。それで五日目になったが、夏の暑さでフンの臭いとハエが我慢できなくなった。次に長老が言った、棒切れで砂の中に自分を囲む円を描き、棒で作った溝に青年が作ったペーストを流し込みなさい。そして最後に長老が言った、その円の中に座って、コヨーテがやってきて次にどうしろと言うか、それまで待ちなさい。何時間か経って青年は自分のやってきたことの意味が見え始めた。彼は三日かけて他人の糞《くそ》を集めそのど真ん中に座っているのだ——ようやく青年はその状況のアイロニーに気づいた。彼は、座ったまま笑い転げ、心配事から解放された。

ネズパースは祖先が生きたとおりに生きていると言えば間違いだろう。彼らはやみくもに祖先の生き方を踏襲しているのではなく、古き良き習慣を全部捨てたりはしていないのだ。シャーマンは今でも集団生活の精神的安寧の大事な部分になっており、皆一週間に数度は汗かき小屋（スウェット・ロッジ）に行き祈り、創造主と霊の世界とつながり、癒やされ不浄から清められる。シャーマンが儀式を先導し、彼を誘導する過去の部族の人間や動物の霊を呼び出していた。薬や幻覚剤は使われていなかったが、あまりに暑いので同じ効果があると私は思った。

こうした汗かき小屋は、ドーム型で通常柳（曲がるが折れないので愛の木とされている）でできており、外側が動物の皮と毛布で覆われている。どの小屋にも中心からちょっと外れたところに真っ赤に焼けた石が置かれた火口があり、これが心臓を表しているのだが、そこにときどき薬草水をかけて暑さを煽《あお》った。これはサウナの乾燥熱で、これで汗びっしょりになった。小屋は閉所恐怖症になりそうなぐらい狭く、立っていられる高さはなく、中に十一人か十二人がぎっしり座ればいっぱいになった。小屋は子宮に似せられていることになっており、暗く温かで、小さな入り口はどこから祈りを聞きたいかにより東か西に向いていた。子宮に戻ることを象徴するため裸で後ろ向きに入り、場合によっては五時間かそれ以上そこに入ったままで、話し合ったり、祈りをささげたり、精霊と自然界の要素と聖なる力に感謝を述べるのだ。最終的にそこを出るときは、肉体も精神も生まれ変わっていた。

それは私にとって最も驚嘆すべき経験だった。思い起こせば、私はそこに座りながら、部族の長老たちが重大な問題について語り合っていることは知りながら、集中しなければいけないと思いながら、あまりにハイな気分で集中できなかった。しかし、メッセージは通常のルートをスキップし私の長期の記憶脳にじかに飛び込んだかのようだった。その晩、私は交わされた会話の夢をみた。翌朝目覚めたときはすべてを思い出すことができた。

9―ばれてしまった

センターに到着して約三週間後、寒いので体を温めるためもう一杯のブラックコーヒーを飲もうと料理場のテントに入ったら、忙しく料理をしていた生物学者の一人が私の方に向き直って言った。

「君は全然食べないのか?」

「もちろん食べますよ」と私は嘘《うそ》をついた。「ただ皆さんと違った時間に食べているのです」。出て行こうとしたら、何でもお見通しのインディアン、レビがドアの所に腕を組んで立ち、「君の言っていることが聞こえたが、本当のことじゃないね」とでも言いたそうな表情を顔に浮かべていた。

二週間後に私はジューージューービーを買い出しにウインチェスターの雑貨屋に出かけるまで、そのことをそれ以上考えなかった。茶色の紙袋に三ポンドのキャンデーを抱えて振り返ると、またレビが二、三メートル離れて前と同じように腕を組み、同じ表情を浮かべて立っていた。「違った時間に食べるのだよね?」

しまった、ばれてしまった、と私は思った。最初の飛行機で帰される。

「キャンプに帰ったら、事務所に来てくれ」と彼は言った。

長い山道をとぼとぼと登った―自分の運命を考える時間が十分にあった―が、頂上に着くと結論は出ていた。両手をあげてすまなかったと言わざるを得ない。荷物をまとめ一言も弁解せず出て行こう、ただルイストンの小さな飛行場まで送ってほしいと頼むだけだ。イングランドでどんなことが待っているか、それは誰にもわからない。しかし、四週間近く、人生で最高の時間が過ごせたし、資格もなく自費で生活できなかったわりには、四週間は予想より長い時間だった。

レビは心から私を引きとめた。「生物学者たちと話してみたのだが」と彼は言った。「君がオオカミまわりでやっていることをみんな気に入っているし、役に立っているそうだ。だから、少しだが手当をあげるつもりだが、君にお金をあげるのではない。店の支払いを見てあげよう。そしたら君は毎週町に下りて、ちゃんとした食糧を買いテントに貯蔵しておき、他の人と同じように食事ができるだろう」

私は本当に嬉しかった。彼がその魔法のような言葉を言い終わったときは私の運命は百八〇度転回していたのだ。どんなに少しであれ、私に収入があるのだ。尊敬する人たちの間で、住む所もあり、大好きな仕事ができるのだ。そして再びちゃんとした食事ができるのだ。望んでもない条件だった。そして私はさらにあと五か月も滞在することになった。振り返ってみると、私がジェリーキャンデーで命をつないでまで、この人たちのそばで生活しながら勉強するため苦労をいとわなかったという事実が、私とレビおよびセンターの生物学者たちとの人間関係を固めるのに大いに貢献したのだと思う。到着した学生たちがちょっとでも楽をしようとするのをみると、彼らが次のように言うのを一度ならず聞いた。「あの人を見ろ。彼は無一物だ。最低限の物資で生活し、一日中働き、夜は勉強している」。

しかし、私は艱難辛苦《かんなんしんく》には慣れていたのだ。子どものころは納屋の床で寝るのに慣れていたし、アイダホの生活は—軍用リュックサックだけで、着替える衣服もなく枕もそれ以外の寝具もなかったが—過去何度も取り返そうと努力したあの幸せな時代に私を連れ帰したのだ。今が快適だった。ここが我が家のようだった。

私は敷地の外縁をパトロールし、フェンスをチェックし、朝食を食べるとその日の仕事が待っていた。それは、キャンプのストーブ用の薪《まき》を拾い、オオカミの餌《えさ》にするため届け出のあった農場や路上での事故死による動物の死骸をトラックで収集し、オオカミの健康を監視し、新規の学生が到着する前にティピーを準備し、道路の除雪をし、キャンプ回りの保守作業一般をすることなどだった。観光客センターがオープンになると、観光ツアーにグループを案内したり、説明やプレゼンテーションを行ったり、土産《みやげ》や小冊子を売るため店の手伝いをしなければならないこともあった。たまには生物学者と一緒に、森林に再導入されたオオカミの動静を探るため遠出をすることもあった。オオカミには電子タグが付けられているのであの広大な地域でも見つけることはできたので、彼らの行動を研究できた—そしてオオカミが家畜に近づきすぎていると、農家に警告したりできた。こんな遠出ではしばしばキャンプを張ることがあったが、いつも真夜中だったので温度が急激に下がると、きちんとした装備ともっと暖かい靴下を持ってアイダホに来ればよかったと後悔した。唯一の救命手段は軍隊でのサバイバル訓練だった。

日中の予定が終わると、夜間の勉強が始まった。インターンシップは飼育下にあるオオカミの福利健康と安全からオオカミの行動とコミュニケーション、さらにはフィールド生物学まですべてをカバーしており、それにはデータ収集と記録取りが含まれていた。私は本を読み、地図を勉強し、部族の長老の講話を聴いた。私はよく出かけて二つのフェンスの間に座り、中の動物たちのことをよく知り彼らのたてる音に耳をすませ、彼らのコミュニケーションや行動を観察した。私は鼻で嗅いだもの、耳で聞いたこと、目で見たことすべてから学びながら、群れの中の一匹一匹のオオカミのことがわかるようになり、彼らの私に対する信頼を築き上げた。

飼育されたオオカミたちはたいへん社会的な環境で育てられてきたので人間にはよく慣れていた――彼らはオオカミ一般にとっての代表だった――から、彼らのいる柵の中に入っていくのは大きな挑戦ではなかった。生物学者たちは頻繁にそうしていたし、彼らは私にもオオカミのまわりでは同様の行動をとるようすすめた。オオカミと決して交わってはいけないと彼らは言った。絶対にオオカミの目をじっと見てはいけないし、体を彼らより下に下げてはいけない。どうしても必要なときに限り触ってもいいが、それも肩とか首の周りだけだ。私がちょっとでも弱さを見せたら、オオカミが支配的な立場になると、学者たちは言った。

キャンプの三週目が終わると、私は日中柵の中に入り生物学者に言いつけられることをすべてやるようになり、オオカミの近くにいても彼らにも私にも何の問題も起こさないほど信頼されていることを学者たちに証明した。しかし、私にはこれがオオカミだという感じがしなかった。彼らはオオカミの影のようだった――あまりに家畜化され人間に命令され、脅かされていた。もし私が夜、オオカミと最下層の仲間として彼らの中に入り――スパークウエルでやっていたように――彼らに本当のオオカミとしてふるまわせ、私を支配させたらどうなるだろう、と私は考えた。

六週間後、私はマネジャーたちを説得して実験させてもらうことになり、ある晩、私は頑丈な鉄門の文字合わせ鍵をゼロ四桁に合わせ、柵の中に侵入した。誰もが私は狂っていると思った。最下層のメンバーとしてオオカミの群れの仲間入りをしようなどとは聞いたことがなかった―それは彼らが信じているすべて逆のことだった―が、真実は、私はオオカミから彼らの世界について教えてほしかったのであり、その逆ではなかった。私は彼らの一員になりたかったので、もし私が彼らを支配しようとしたら、その願いは絶対叶《かな》わないだろう。生物学者にはそのことは絶対理解できなかっただろう。彼らはオオカミを学問の対象として研究し、しかも遠くから研究した。彼らは高性能双眼鏡のレンズを通してオオカミの行動を観察し、観察したことを人間の行動の理解に基づいて解釈しようとした。

私は飼育されたオオカミたちとそれまで過ごした限られた時間から、ものごとはめったに見た目どおりではなく、本当にオオカミの生態を理解したければ彼らの中に入って住まなければだめだと知っていた。そのとき初めて、もしオオカミの視線で考えることができれば、野生のオオカミが公園の境界を超えて家畜を襲う（生物学者を含めて誰でもいつか起こりえると危惧していた）ことを防ぐ手立てを講じることができるだろう。

誰にもそのそぶりは見せなかったが、私は緊張していた。ここのオオカミたちが自分の領域で自分の得意な時間にどんな反応を私に示すか想像できなかった。私は軍の特殊部隊の訓練と全く反することをしようとしていた。彼らは十一匹いて私は一人で、しかも私の人間の目は暗闇では役に立たなかった。私が決定的に不利だった。もっと怖いことは実は後で起きるのだが、最初の晩あの柵の中に入るのは怖かった。私は石に躓《つまず》き、池に落ち、雪の上で滑り、転びどおしで、自分がどこにいるかオオカミがどこなのかまたどうしたら彼らとコミュニケーションできるかわからなかった。それはちょうどモスクワの赤の広場の真ん中に座らされ、英語を一言も話さない人間に囲まれ誰もがけげんそうに私を見つめている感じだった。

しかし、それからパニックは徐々に収まった。私の心の霧が晴れ、私はオオカミが私に危害を加えようとしているという考えを捨てた。次の晩私はまた柵の中に入ったが、月が出ており満天に星が輝いていた。雪の反射で昼間のように明るく、雑木や道が見分けられ、今度はあまり躓いたり転んだりせずに柵の中を歩き回れた。オオカミたちは近づかず、私は座って夜の音に耳をすました。ハイイロフクロウが鳴き、はぐれコヨーテが吠え、やけに近くで不気味なハイイロクマが唸《うな》るのが聞こえた。しかし子どものころ森林の雑音と共にいつも幸せな気分で寝込んでいたので、違いはあっても、不思議に心落ち着くものがあった。

私は毎晩出かけたが、その後の経過は私がイギリスで経験したのと似ていた。オオカミは私に興味を持ったが最初は距離を保ちながら、しだいに近づき最終的には私に歯咬《か》みでテストし始めた。彼らは私の手や腕を口で咬み、それから長い間柵の後方に退却するのだった。私は慣れてくると道がよりはっきりし、暗闇でも動き回るのがだいぶ楽になったので、ときには彼らの後をついていった。私が歩き回るときだけでなく彼らが徘徊するときでも、記憶が大きな役割を果たした。不測の事態が発生したり、木が倒れ道をふさいだりすると、彼らでもいつも見えるとは限らなかったが、私は完全にまごついた。

このオオカミの群れは大きかったが、みんな健康状態もよく、十一匹の中でそれぞれに序列があり、見たところどれかが追い出されなければならない兆候はなかった。彼らは互いに必要だから群れとして群れ、つまり家族を形成するのであって好き好んで群れているのではない。もしオオカミを食糧が不足した飼育環境におけば、そしてその縄張りを侵す恐れのあるライバルのオオカミがいなければ、群れはつがいのペアだけに縮小されるかもしれない。そのペアは遺伝子的に生き残れるようにプログラムされており、補給される食糧が不足すると他のオオカミはライバルと見なされる。ペアは仲間につっかかり、彼らと戦い、食糧を与えない。そして野生の環境下ではそうしたオオカミは散り、自分が必要とされる他の群れに加わる。飼育環境下ではその排除役を彼らは飼育係に依存するが、さもなければそのうち死んでしまう。

月日が経つにつれ、彼らは私を家族の一員として受け入れ、彼らの世界について私に教えようとしているなと感じた。それは次のように言っているようだった。「まだ一緒にいるのなら、我々のあげる違った声や、家族全員の違った匂いや、身の安全のため毎晩かかさず決めている縄張りの境界を教えてあげる。ここがお前の寝るところ、ここが俺の寝るところで、問題があるときはあいつのところに行きなさい、俺のところに来るんじゃないよ、このメスとは絶対ふれあってはいけない、こっちに来ていいときは俺が教える、あいつのところにはいつ行ってもいいし、あいつの毛づくろいをしてもいいし、ふざけて喧嘩《けんか》しているときはあいつの体を咬みついてかさぶたを外してもいいが、もし俺にそんなことをしたら、俺はお前の顔を咬んでそんなことはできないぞとすぐお前に教えてあげる」。

彼らがこのような掟《おきて》を明確にするために使っているボディランゲージがだんだんはっきりしてきたので、私はミスを犯すことが少なくなってきたが、間違ったときには、彼らが仲間をしつけるときのように私も罰された。

私は生涯オオカミやネズパース族と一緒に山の中で暮らしても幸せだったろうが、九か月が過ぎたころ辛い別れをしなければならないときが来たと感じた。私はインターンシップを終わっていたし、生計を立てなければならなかった。レビは私の食糧代は払ってくれていたが、収入源がなく、銀行の預金口座の残金が底をつき始めていた。イギリスに帰るしか他に手がなかった。私は家庭と思っていたもの、家族と思っていた人たち―とオオカミたち―と別れるのはとても悲しかったが、でもまた帰ってくるとわかっていた。

今では自分の人生をどうしたいか私には明確なビジョンがあった。オオカミたちが彼らの世界を私に教えてくれていたし、それがどんなに貴重なものかを私は知った。誰かがオオカミに我々の世界のことを教え、仲立ちをしなければ、彼らを野生の世界に返してもそれは長続きしないだろう。私がその誰かになるのだ。

10——どうにか生計を立てる

私はヒースロー空港に着くとすぐプリマスに向かい、私がアイダホに飛び立つ直前に始まっていたある人との関係がよりを戻せるかどうか知ろうと思った。ジャネット・ウイリアムズとは、私が軍隊にいたころあるパブで出会った。彼女の友達がプリマスの私の友達とつき合っていた関係で知り合ったのだが、私たちは何年か仲の良い友達でいたあと同棲《どうせい》を始めた。一緒に住み始めるとすぐ私はアメリカに出かけてしまったのだが、ジャンはとても辛抱強く待っていてくれたので、彼女にまた会えるのは最高だった。

そこから私はスパークウエルのダートムア野生動物パークに出かけた。園長のエリスに頼んでちゃんとした仕事をさせてもらい、ここにいるオオカミの家族のために、私がアイダホで学んだことのいくらかでも役立てる機会を与えてもらいたいと願っていた。エリスは私に再会して喜んでいるようで、先般の別れ以来私がやってきた仕事にたいへん興味をもってくれた。観光シーズンは終わりに近づいていたが、夏場はずっと人手不足だったようで大型の肉食哺乳類の面倒を見る人間をほしがっていた。私の部屋担当する動物にはオオカミの他にライオンやトラが含まれており、仕事は食住つきだった。私の部屋は以前に他の飼育係たちといたことがある家のそでにあり、食事が含まれていた。

申し分ない条件だったが、ただ一つ、エリスは観光客のない冬場はどの飼育係にも給与を払う余裕がなかった。だから、私は雨露をしのぐ場所はあり大好きなオオカミたちと暮らすことはできたが、使える金がほとんどなかった。しかしどんな雲も裏には光が差しているもので、良い点は夏が巡ってくると、滞った支払いがいっぺんにもらえるのだった。エリスのことは誰もがほめていたわけではないが、彼は私にはよくしてくれて、私は彼をたいへんに尊敬していた。彼はパーク内の動物たちについては深く気を配っており、野生動物パークを所有することに伴う煩雑な官僚的手続きを軽蔑《けいべつ》していた。

彼は六〇年代から野生動物パークを経営しているが、彼の経営方針を縛る新しい規則や通達、健康安全面の規制にイライラしていた。彼のやりかたは伝統的でないところがあったが、彼なりに動物の面倒をみて何年もうまくいっていた。たとえば、彼のところにはきわめて残忍な老バイソンがいたが、彼はバイソンが住んでいる小屋に夜乗りつけたりした。彼はどんな動物も怖がらず、ああしろ、こうしろというおせっかい焼きに腹をたてた。監査官がときどき来るのだが、エリスは彼らをしかりつけるので、彼らが来ることがわかっているときは、エリスはどこかに行ってもらわなくてはならなかった。

私は彼を崇拝していたけれど、彼がトラを移動させる方法にはどんなに進歩的な考えの動物園の経営者でさえも驚いて腰を抜かしただろう。トラには柵が二つあり、一つは昼間の運動用でもう一つは夜間用だったが、二つの柵は動物園の中を挟んでだいたい三百ヤード（約二七〇ｍ）離れており、その間にはサルとオオカミとアライグマがいた。ところでトラはすごく餌《えさ》が好きな動物で、私たちが一つの柵から他の柵へトラを移動させる方法はこうだった。一人の調教師に大きな肉片を抱えさせて夜の柵から運動用の柵に向けて全速力で走らせ、もう一人の調教師がトラの首輪に長い鎖を付けてそれをしっかり抑えながら後を追うのだった。鎖を握っている調教師はトラの後から素人のマラソン選手みたいに地上を走りながらトラの速度を抑えようとするのだが、うまくいくかどうかは鎖の端にかかる彼自身の体重しだいだった。もし餌を運んでいる調教師が柵に着く前にトラが追いつけば、トラは九百ポンド（約四一〇kg）の体で調教師に飛びかかり、調教師をなぎ倒し、彼の上に座ったまま肉を食べるだろう。私もときたま調教師の一人になることがあった。トラは餌を食べてしまえば、パークには行ってみたいところがたくさんあるから運動用の柵に入る興味はなくなり、そうなれば我々はお手上げだった。

それだけでもひどかったが、エリスが孫と出かけて警察から中古の機動隊用の盾をわんさと買ってきて、トラを移動させるときにこの後ろに隠れろと言われたとき、さすがに私たちはいい加減にしてくれと言った。

今度戻ってみると、オオカミの群れは悲しいほどに小さくなっていた。以前私が彼らと暮らしていたときは、六匹いたのだが、みんなだいたい同じ年ごろだった――これは当時の飼育された群れに共通の問題だった――ので、彼らは寿命の最終段階に近づきつつあった。今は、三匹しかいなかった――アルファのオスのザックとラッキーとダコタだけだった。ダコタは借りているメスで、私が到着するとまもなく元いた所に返された。ラッキーは死んだ。私はラッキーの命の最後の一週間半を彼女と過ごし、必死に彼女の延命をはかった。彼女は私の膝に頭を乗せ、私は彼女の口に小さな水滴を落とし続けたが、最後は静かに逝ってしまった。

ザックはとうとう一匹になってしまったので、私は彼の相手になるため彼のところに行くことにし、他のオオカミが見つかるまで約六か月一緒にいた。昼間いつもの仕事を終えると夜ザックの柵に入り彼と寝た。そこに行くといつも彼は私の脚と足に体をなすりつける儀式を一通り行い、それから私の頭に顔を寄せるのだが、気をつけていないと、私の背後に回り、頭の後ろを歯咬《か》みするので、血が出ることがしばしばだった。彼は私をテストしているのだった。つまり、ザックが私の背後に忍びより私の頭の後部を歯咬みすることができるなら、敵のオオカミもできるだろう。ということは、私は群れを守る責任を果たせないことを意味するのだった。

ダコタが里帰りする前、彼女はパークで撮影されたテレビ番組のスターだった。その番組は『動物たちと話す』と呼ばれ、シャーロット・ウーレンブルック博士が案内役だった。このシリーズ番組の中で、シャーロットが吠えると、オオカミすなわちダコタがそれに応えて吠えた。これはもちろん全部スーパーインポーズされたものだったが、ダコタの飼育係として彼女に演技させるのは私の仕事だった。しかし、彼女はどうしてもシャーロットの遠吠えに応えようとしなかった。唯一彼女の口を開けさせたのはライオンの咆哮《ほうこう》だった。それで私はライオンの柵に走っていき、ダコタが吠えるようにライオンを扇動して一声吼《ほ》えさせた。それが私のテレビとの出会いだった。

それはまた、何年後かに私の人生で大きな役割を果たすことになるロングリート・サファリパークのオオカミたちとの出会いでもあった。テレビ番組の大部分はここで撮られた。ロングリートは英国で、いやおそらく世界でも、最も尊敬された自然動物園である。私はそれまで何度も観光客としてそこへ行ったことはあったが、専門家として行ったのは今回が初めてだった。オオカミは飼育はされていたが、人間とは全然接触しなかったからスパークウエルのオオカミよりはるかに野生的だった。観光客は車の中から彼らを見、飼育係もおおむね車から彼らを管理した。私はいつかここへ帰ってきたいと願った。

スパークウエルにいたころ、パークがひまな冬場に三か月かそこら休みを取り、カナダを訪問したことがある。軍にいたときアルバータのウェインライト郊外に駐屯したことがあるのでカナダには一度行ったことがあった。当時、コヨーテを見たいと思っていたが、瞬間的にチラッと見ただけだった。コヨーテは人目を避けるので有名である。今回は、コヨーテの移動ルートを探ろうとする研究チームの一員だった。家禽《かきん》への被害が出ており、これは彼らの伝統的な通路が人間の進出によって塞《ふさ》がれたためではないかと心配されていた。私たちの仕事はボランティアだったが、いろいろな場所で十二日間ずつ夜間監視を続け、彼らの居所や移動ルートを明らかにしようとするものだった。私は三か月滞在し、夜な夜な座りこみ、目を見張り耳を傾け、ネイティブアメリカンがいたずら好きな妖精、トリックスターと呼ぶこの生き物を見ようと頑張った。しかし、私が三か月で見たコヨーテは道路でひき殺された三匹の死骸だけだった。生きた実物を見ることはできなかった。

しかし皮肉なことに、彼らコヨーテたちは私を見ていたのである。成果を上げられないままある場所で観察を終えたとき、一人のネイティブアメリカンが、私ともう一人（一緒に観察を続けていた他のボランティア）を、私たちが寒い夜に露出した岩場で寝ずの番を続けていた地点の反対側に連れていった。私たちが観察のため座っていた所から五〇フィート（約一五ｍ）も離れていない泥の中に、彼らの小さな足跡がきれいに残っていた。ワイリー・コヨーテ（訳注：アニメのキャラクター）と彼の仲間たちは私たちをずっと観察していたのだ—そして間違いなく、腹を抱えて大笑いしていたことだろう。居留地の私の友人たちはこの話を聞いたら喜んだだろう。

このカナダ旅行に私はアイダホへの郷愁をかきたてられ、もう一度ネイティブアメリカンの兄弟たちに会いたくてたまらなくなった。私はレビに電話して行ってもいいかと尋ねた。彼が私に給料を払えないことはわかっていたが、それはどうでもよかった。どうしてもそこへ行きたかった。エリスが採用しているいい加減な冬場の給与システムのおかげで、彼から最後にもらった給料は、ほぼ一年間分のサラリーで手つかずのままだった。私は他にプリマスのそこここのナイトクラブで用心棒のアルバイトを何度かやっていたので、もう一度飛行機に乗る金は十分にあった。

今回は、雪の中を延々と走らなくてすむように、地元の飛行場のルイストン向けに飛んだ。空間の感触、大空、森林にそびえる巨木、湖、山々、ブーツの下で軋《きし》む硬く深い雪のもとへ戻ってきた気分は最高だった。清澄ですがすがしい山の空気の匂いとこの夢のような魔法の世界を共有する動物たちの声に私は歓喜した。荒れ果てた昔のティピーでも、そこに戻れたことはなつかしかった。

レビはいつも表情を読むのは難しいのだが私の顔を見て喜んでいるように見えた。しかし、彼と生物学者二人を除いて、私が見知っている人は誰もいなかった。彼らは、いつもイギリス人はアルコール濃度の高いビールを飲むと言って私をからかっていたから、英国ビールを一瓶買ってきたのに残念だった。しかし、新しい連中には飲みやすかったらしく、まもなく新しいスタッフとも友達になれた。

仕事は変わっていなかったので、私はすぐに昔のリズムに戻れた。私は全く水を得た魚のような自分自身になれた。ネイティブアメリカンには特別に引きつけるものがあり、私はイギリスに帰っているときでも私の一部はここソーツース山脈の麓に残っていたのではないかと感じた。再び長老たちの物語を座って聞いたり、蒸し風呂のように暑い汗かき小屋に入りこの世界と完全な融和を身に感じながら数時間座っていたりするのは喜びだった。

唯一本当の変化は、全く想像もしなかったが、オオカミたちに起きていた。私が前にここにいたときは、彼らはすごくバランスが取れていたが、今回はささいなことで餌をめぐった喧嘩《けんか》が頻発していた。群れの序列が変化し、今までと違って群れの規律がなくなっていた。彼らが私を覚えているとは期待しなかったし、実際覚えていないと思うが、再び彼らの仲間に入ることは許してくれた。オオカミの柵に入るとき、私はいつも同じ儀式を受けねばならなかった——何時間前に別れたばかりのオオカミの場合でも私は最高位のメンバーたちに敬意を払い、彼らが私の体のまわりで転がり匂いづけをし、私をテストするままにさせた。これは、オオカミが群れをいっときでも離れると全てのオオカミにすることである。彼らは互いに挨拶をし、その挨拶と体を低める姿勢をとおして彼らは群れの中の序列を確立する。

私は野外生物学者補の肩書をもらったが、飼育している群れの面倒を見る他に、私の仕事は野生のオオカミの動きをモニターする生物学者と一緒に遠出をすることだった。レビは、一九九五年にカナダオオカミが放たれるずっと前から、ロッキーにはすでに野生オオカミがいたと主張していた。彼らはカナダとモンタナとアイダホの中を走っている昔の移動ルートを通って帰ってきたのだと彼は信じていたので、これが本当かどうか私たちは実証しようとしていた。あらゆる兆候はそれが本当だと示していた。再導入されたオオカミはカナダを出る前に電子タグを付けられていたが、彼らは「ハード放出」をされており、つまり檻《おり》が車から降ろされ、ドアを開けたままであとは人間の介入はなかった。彼らはペアで運ばれてきたが、たちまち違う方向に別れていった。ということはこの地域に他のオオカミがいて、それと子育てができるかもしれないことを知っていたのだ。

全部で三五匹のオオカミが放たれたが、このプロジェクト全体が議論をはらんだものだった。農場主や家畜飼育業者は、オオカミが彼らの家畜を襲うのではないかと恐れ、最後の段階になって法的措置を取ったが、彼らの中止命令の要請を裁判官は却下したので、放出は実行された。地元の学童たちはオオカミに名前をつけたいと希望していたが、それも猛烈な反対にあった。親たちの心配は、オオカミに名前をつければオオカミは人にやさしいと思い、子どもたちはたまたま見たオオカミに近づくのではないかということだった。そこで、オオカミにはB2M、B3F、B4F、B5Mなどの番号が付けられた。Mはメールでオス、Fはフィーメールでメスを表す。一九九八年までに同地区のオオカミの数は一二一匹に増えていたので、やはりレビの主張が正しく、もといた数は一五匹以上だったことを示唆していた。

オオカミを追跡する一番いい時期は、地上に雪があり彼らの移動を追いやすい冬だった。オオカミは、他のほとんどの動物と同じで、自分の縄張りだと印をつけた地域を出ずに、その中を動き回る傾向がある。だから、雪の中でいろいろな群れの縄張りを確認しておけば、他のときでも彼らを発見することは難しくなかった。またしてもこんな雪中調査で私の命を長らえさせたのは軍隊の訓練—食物の発見の仕方、寒さから身を守る方法、過熱や脱水症状の防止方法—だった。極寒の温度下で人が死ぬのは、寒さより体温関連の状況が原因の場合が多い。

四季は目を見張る素晴らしさで、私が今まで滞在したことのあるどこより季節の違いが鮮明だった。私の子ども時代は一年の季節の移り変わりを楽しみ、季節ごとの生垣や昼の明かりや温度の変化を楽しんだものだが、ここで私は幼少時代に戻ったようだった。ロッキー山脈の色彩の見事さは群を抜いていた—絶景の一語に尽きた。秋になると木々の葉がどうしてこんなに鮮烈な色になるのか、レビはかつてそれにまつわる話をしてくれた。彼がその話を思い出したのは、私たちが森林の奥深い所にいた日だった。私たちは、ちょうど私が祖父としていたように、よく二人で歩いたが、レビはところどころで立ち止まり跪《ひざまず》き動物のフンや足跡を調べた。

彼が屈《かが》みこんでいるとき、四〇メートルも離れていないところに巨大なクマがいるのを発見した。

「クマだ！」と私は叫んだ。

「知っている」とレビは落ち着いて言った。「もう二〇分も見張られているよ」

私は驚きの声を隠すことができなかった。「でも、クマだよ。飛び乗れる車がないし、二人だけだよ」

クマは馬の速度で走れるし、ほとんどの木に登れる。レビは私に落ち着きなさいと言った—彼の民族はクマと親睦を結んでおり恐れることは何もないと。昔々、（私が必死に逃避ルートを探し始めたときに）レビは話し続けた、三人の猟師に追われたクマがいた。背中に傷を負ったクマは山を駆け上がり、これ以上先は行けないという一番の高みに来たが、猟師たちが追いついてきた。逃げ場所がどこにもないので、クマは山から飛び降り、空中を走り続けた—そして猟師たちも続いた。今日彼らは星座の中に大熊座として見ることができるが、毎年秋が来て暗闇が落ちると、そのクマがさかさまに走ると言われ、背中の傷から滴り落ちる血が地上の木の葉を真紅に染めるのだ。

森林には潜在的に危険な動物がいっぱいいた。その年、一人の女学生が運動のため一日に二回ジョギングをしていた。毎朝毎晩、町に向かって三マイル（約五千m）か四マイル（約七千m）通りを走っていた。ある日、私は生物学者の一人とオオカミの餌を集めていたとき、新しく積もった雪に彼女の足跡があるのに気づいた。彼女の足跡のあとに一マイル（約千六百m）ばかり巨大な猫の足跡がくっついていた。これはクーガーの足跡で、クーガーは明らかに女学生の毎日のルーティーンに気がつき、彼女に気づかれないように、キャンプの一五〇メートル近くまであとをつけていた。

おそらく、それ以前にも彼女をつけていたはずだ—このクーガーたちは被食者を襲う前に何日間か観察する。女学生は三週間同じ道を通っていたが、その後ジョギングはしなくなった。

危険は特に野生動物だけからとは限らなかった。毎週私たちはウインチェスターに出てシャワーを浴びビールをちょっとひっかけていたが、ある晩パブでカラオケ大会があった。カラオケは英国でも盛ん—ビールを浴びるほど飲んだ後の余興で飲めば飲むほど歌がうまくなる—で、私も気分転換だと思い、飛び入りでやらせてくれと申し出た。知らなかったが、アイダホではカラオケをものすごく真面目に考えていて、歌い手はセミプロでその晩は地区選手権大会だった。それで私はマイクの前に出て、ビートルズの「イエスタデイ」の替え歌を「レプロシー（ハンセン病）」と改題して歌った。「……私はもう昔の自分の半人前……」、これは中隊の若者たちには大いに受けたものだったが、その晩はほとんどリンチを受ける寸前で命からがら逃げ出さざるを得なかった。

私は決して大酒のみではなかったが、センターの調教師の一人が大酒のみで、外出の夜はしこたま聞こし召してパブから千鳥足で帰ってくることが多かった。彼のティピーはオオカミの柵の近くで、彼の通り道はちょうど柵の境界に沿っていた。土曜の夜になり彼がアルコールの臭いをプンプンさせながら千鳥足でオオカミの場所を通り過ぎるとオオカミが凶暴になる、ということにあるときから私たちは気づいた。オオカミたちは彼をよく知っているのだが、被食者に飛びかかるように、フェンスに飛びかかり、フェンスから飛び跳ね、餌を狙ったときの狂気で前後に走り回るのだった。彼らを混乱させているのはこの男の吐く息のアルコールの臭《にお》いだろうと私たちは考えた。というのは、オオカミは人間には通常攻撃的にならないし、まして彼らを調教する人間にはそんなことはないからだ。

私たちはいくつか実験をした。私たちは彼の体をアルコール漬けにし、オオカミたちのそばをまっすぐ歩いてもらったら、オオカミは眉毛一本動かさなかった。それから周囲にはアルコールの臭いはどこにもない状態で、彼は全く正気だったのだけれどあたかも酔っているかのようによろよろぶれながら歩いてもらったら、オオカミたちは猛り狂った。

何が起きているのか探ってみるため私たちは彼のビデオを撮ったのだが、そのとき一人の生物学者が、オオカミがバイソンの群れの中で獲物を狙っているシーンを撮ったビデオを見せてくれた。子どものバイソンの一頭が怪我《けが》をしていたが、その子バイソンの映像とよろめいている調教師の映像を並べて映してみたら、オオカミの動きのパターンが全く同じだということが理解できた。オオカミはアルコールに反応しているのではなかった。彼らはよろめいている調教師を被食者と見ているのだった。

だから、もし彼らが彼を掴《つか》むことができたら、彼を仕留めていた可能性はある。彼がそのあとこの群れと仕事ができるだろうかという深刻な問題が残った。

11 ——荒野の呼び声

ここのオオカミは生まれたときから囚《とら》われの身であったが、本能は寸分も失っていなかった。彼らと一緒に柵内にいるということは、常に困難な課題に直面することを意味し、しかもそれは予測できないことだったので、私は一瞬たりとも油断できると感じたことはなかった。それでも、野生のオオカミは彼らとどう違うのか、果たして今まで人間に会ったこともないオオカミの群れに私は受け入れられるだろうかという思いに取り憑《つ》かれ始めた。受け入れられれば無上の悦楽だろう。私はまたレビの理論（この地域にはすでに古代からのルートを使っているオオカミがいるはずで、そのルートは発見できるかもしれないというもの）が正しいかどうか証明したくてうずうずしてきた。

キャンプの生物学者たちは私の計画に断じて反対だと言い、頭から敵対的になる学者もいた。科学的に反対する根拠はあるがそれは別としても、私の理論と信念は間違っており、それは自殺行為だ、と彼らは考えた。彼らにとって、私は外国から来たそれこそ一匹オオカミで科学者の資格もない――そう言われればその意見に反論するのは難しかった。私がしたいと思ったことはあらゆる科学的原則に反した。生物学者として彼らは観察はしているがそのもの自体に触れてはおらず、きめ細かく定義された方法論に従っていた。しかし、私は科学者ではないし、彼らと違って失ってこまる名声もなかった。私は成功しなかったらどうなるだろうという恐れがなかった。失うものが何もなく得るものは全てだった。

彼らが心配していることは他にもあった。私のためにオオカミに何らかの変化が生じ、彼らが人間を恐れなくなり、積極的に人間に—そして農場や町村にも—近づくのではないかという心配だった。この心配を杞憂《きゆう》だとしりぞけるのは簡単ではなかったが、私の希望は、オオカミが幼児を学校に連れて行く母に出会う前に（というのは、それは結果として悪い初体験になる可能性があるから）、私は彼らに人間のことを教えられるのではないかということだった。

私がまずオオカミを発見できるか、発見しても彼らのそばに行けるという保証はなかったし、そうした中で私が殺される可能性のほうが高かった、がしかし、私はやってみる決意を固めていた。しかし、最後の決断はレビがした。彼はあのとおりの男で、私に止めろとは言わなかった。インディアンの何人かは—レビさえも—ひそかに私のしようとしていることにかすかな羨ましさを感じていたのだと私は思う。彼らも許されるなら森林の中に飛び込んでいきたかっただろうが、彼らには家族や仕事やいろいろな責任があった。

私は万全の準備を整えていた。体調は文句なし、数か月前からランニングとウオーキングをやり、ウエイトリフティングを続けていた。いくつかの地図を調べ、本を読み、部族の長老にオオカミの話を聞いていた。そしてイギリスを発つ前に役に立つ装具もかき集めていた。過激なスポーツの実践者向けの店に出かけ、私が欲しいものを説明した。店は無料で何点か試しに使わせてくれた。手に入れたものは、たとえば、通気性があり洗濯の必要がないソックス三足、下着代わりに着る寒気の中で温かく熱暑の中で涼しい一種のセカンドスキンなどで、他に買ったものは丈夫なウオーキングブーツとオールインワンで脇の下に通気性のパネルがついて防水性と言われているキルト風のジャンプスーツだった。その他に持っている物は、ジーンズと重ね着二枚、手袋、帽子だった。

寝袋や雨露の避難具は持参しなかった。料理もするつもりはなかった。できるだけ一匹オオカミみたいになりたかったので、火器は論外だったし、寝袋は荷物になるだけだった。リュックサックは持っていったが、それには水のボトル、水清浄錠剤、ナイフ、罠《わな》を作るための針金と紐《ひも》、誰かに居場所を知らせる必要がある場合の火炎信号装置、方位磁石、地図、ノートとペン、それに食糧が見つからなかった場合のすごく塩辛いビーフジャーキーを入れた。

ある秋の日の朝、太陽が上がるとすぐ私はキャンプを出発して、サーモンリバーに沿った古い踏み分け道を歩き始めた。ここは一八七七年、伝説的なジョーゼフ首長がアメリカ騎兵隊からの追跡を逃れるためネズパース族を率いて通った道だが、彼の逃避行はモンタナで投降して終わった。この事件はアメリカ史の中で最も秀逸な軍事撤退の一つとして認められた。七百名のインディアン部族を率いて（そのうち兵士は二百人たらずだった）、彼は二千人のアメリカ兵と戦ったので、部族の中では人道主義者で和睦者だと尊敬されている。長老たちは彼のことおよび部族の歴史を、そして彼らの土地がいかに計画的に白人に奪われたかをえんえんと話してくれた。ジョーゼフは死の床の父に対して、自分の父と母の遺骨を抱くこの土地を売るような条約には決して署名しないと約束していた。「父の墓を守れない奴は野生の動物より劣る」と彼は言ったと伝えられているが、最終的にはこれ以上の流血を見るより、父との約束を破ったほうがよいという結論を出したのだった。

この道は観光客が夏場に使う道でもあった。景色は抜群で、木々の葉の色は燦然《さんぜん》と輝いていたが、この道を踏破することはみかけほど穏やかではないと私は知っていた。この地勢で生き抜くためには知っている限りのサバイバル技術を全て応用しなければならないだろうし、何より常に幸運が必要だろう。ロッキーは美しいが手厳しく、しかも広大な面積にわたっていた。私はあらゆる忠告に反して未知の世界に踏み出していたが、果たしてどこまでいつまで耐えられるか自信はなかった。ある高度になると夜間の温度は危険なレベルまで下がった。もし寒さが――あるいはオオカミが――私を殺さなかったとしても、怒ったクマやその他の捕食動物にやられる可能性は常にあった。私はクマに関する基礎的な対処法は学んでいたが、それでもクマは怖かった。生物学者たちは鉄砲、無線、電話の携帯と十二時間ごとの接触場所の設定を勧めたが、それでは目的は達せられないだろう。私が人間と接触する機会が多すぎてはオオカミは怖がって近寄らないだろう。私は成功のチャンスを最大限確保しておきたかった。それはすなわち他の人ならおそらく取らないだろうリスクを取ることを意味していた。私は人間が知っているあらゆる安全規則に反する行動を取っていたが、ともかく私はいつでも自分流で、皆と違う道を行く人間だった。

私の不安はやがて消え、今までの訓練が頭をもたげ、すぐさま生きながらえることに集中できた、と言いたい。しかし、そう言えば嘘《うそ》になるだろう。最初の二、三週間はショック状態で、ここを何とか生きて脱出できたらたいへんな幸運だろうと確信していた。そのころの私は、ちょうど新しい環境に置かれた動物がためらいがちに周囲を手さぐりしているみたいに、ほとんど動かなかった。私は、いわばモノポリーゲームの「無罪放免」のお助けカードと思える安全策にしがみついていた。私はレビと接触ポイントについては合意しており、そこに私のリュックサックを残し、彼かキャンプの誰かが二日おきに車で登坂し私が大丈夫なことを確かめることになっていた。それから互いに伝言を残す手段としてノートを使った。帰りたくなったらいつでも私はそこで待てばよかった。その道は雪が降ったら通行不可能になるが、必要なときは探索・救助ヘリコプターが使えるようになっていたし、キャンプのチームは万事を心得ていた。もちろん、私がクマや他の動物に襲われたら、どんな緊急避難計画も役にはたたなかっただろう。

そんな最初の何週間かは、私は接触ポイントから一五マイルか二〇マイル（約二四㎞か三二㎞）以上遠くには出歩かなかった。オオカミをどうしても見つけたいという決心と、恐怖でコチコチに固くなっているが、さりとて自殺的な行動はしたくないという誠に人間的な心理の間に心は引き裂かれていた。捕食動物が怖かったので暗くなったら動く気がしなかったし、最初の四日は木の上で寝た、といっても寝たとはとても言えなかった。私はあらゆる音に耳を澄まし、ときたまうとうとしていたが、四日目の晩に木から落ちたので、初めて五日目の夜地上で眠り始めた。私が木から落下した高さはせいぜい一五フィート（約四・五ｍ）以下だったのだが、もう一度落ちて怪我《けが》をしたら、寒さか飢えのためおそらくいずれ死ぬだろうと思い直した。インディアンはいかなる戦士も名誉ある死を望む、と彼らはよく言っていたが、私が死んだら、オオカミと住んだ唯一の人間で木から落ちて死んだ男と言われるだろうと想像した。

しだいに私は自信がわいてきて、一日一日行動範囲を広げ始めた。私は地上のフンと足跡を調べ、この未開の土地を私と共有している動物の種類を確定した。それから、私は勇気を奮い起こして夜起きていることにした。まだ十分な睡眠は取れていなかったが、睡眠のパターンを変えた。私は主として昼間にうたたねや仮眠を取り始めた。捕食動物の注意を引くようなパターンを固定しないようにするのが大事だと思った。私は針金と紐とたわむ木の枝で原始的な罠を作り、動物が毎日通っていると調べておいたけもの道に仕掛けた。私の用意したビーフジャーキーが切れる前に最初のアナウサギを捕まえた。私はそいつの皮を剥《む》き、ハラワタを出し、脚の部分だけ食べた。前にもウサギは生で食べたことがあった――臭《にお》いの強い肉だった。しかし、ウサギの他の部分を食べるのは本当に腹が減った――後でそうなったが――ときだけで、内臓を食べるのは餓死しそうになったときだけだった。他に鳥や齧《げっ》歯《し》類や、その他リスなどの小さな哺乳類を捕った。私は一人なので、オジカなどを狙って枝角で刺されたりどこか怪我をしたりするリスクは冒せなかったから、ウサギ以上に大きなものは狙わなかった。怪我をしたら、狩猟ができなくなり、食べ物がなくなれば私は死んでしまうだろうからだった。

獲物を殺すのは苦手ではなかった。特殊部隊の訓練で私たちは一人ひとり柔らかくて毛のふさふさしたアナウサギを渡され午後いっぱい面倒を見させられた。四時間か五時間後、それが次の食事だ、ウサギを殺せと命じられた。屈強の荒くれ男たちが震え上がったので、殺しはみんな私がやらざるをえなかった。ここでの唯一の問題は私より先に他の捕食動物が獲物を見つける可能性があることだった。私はオオカミのように量でなく質重視の食事をしていて、生肉を一回食べればエネルギーはゆっくり解放され一日半から二日は体がもった。ときどきそれを補うためにナッツやベリーを食べたが、何でも腹いっぱい食べる前にかならず毒見をした。

週の数が重なってくるにつれ、私の日常にはルーティーンが出来上がったうえに、居心地の良い居場所を見つけた。シカ、アナグマ、フクロウの声が聞こえ、それにオオカミやコヨーテが短い叫び声をあげていたが、四週間の間は生きた生物は何一つ見なかった。私は水を得た魚のようになり——ただ一人で自然と向かい合い自分の知恵だけで生き——息をのむような絶景に囲まれオオカミを追っていた。それは自動車教習所の生徒と同じで、試験に受かると突然一人で車を路上に走らせる自由を持ったみたいだった。私はだんだん生意気になり、向かうところ敵なしで、あたかもここに一生住めるような感じになってきた。

それから、私は最初の現実の壁にぶつかった。天気が変わり、四日間猛烈な吹雪が荒れ狂った。何も動かず、動物はじっと静止したままで、私の食糧源は枯渇した。悪天候が来ると自然は活動を停止しじっと耐え忍ぶのだと思い知った。私も同じことをするしかなかった。私は常緑樹の茂みの下に避難したが、退屈で気が滅入った。それまでは日常のルーティーンで気が晴れていた。腹が減り心身ともに壊れかけ始めた。そのとき、軍隊の経験が頭をもたげ、前向きに考え続けることが命をつなぐのだと訓練で教わったことを思い出した。どんな状況にいようと、どんなに絶望的に見えても、急いで選択肢を探さなければいけない——どうやって腹を膨らませるか、自分を守るために、あるいは傷の手当てに何を利用できるか。気持ちを強くもたねば、死あるのみだ。オオカミが同じだ。彼らは決して諦《あきら》めない、決して自分をみじめだと思わない。彼らは致命傷を負っても走り続ける。だから私は何よりオオカミのようでありたかった。ほとんどの人間は愛玩動物を自分に似せようとしたがる。わたしは自分が大好きな動物のようになりたいといつも思った。

やっとオオカミの最初の足跡を見つけたのは二か月半たったときだった。諦めかけていたとき、私は回りに柔らかい泥の土手がある小さな水たまりの穴に出くわしたが、その泥の中に大きな一匹のオオカミの足跡があった。その瞬間は興奮したが同時に落ち着かなかった。他の動物の痕跡は見つからなかったので、これははぐれオオカミに違いないと見当をつけた。その晩はそこに留《とど》まることにして、日が陰ると私は吠えた。これでただちにどこかの捕食動物に私の居場所を知らせたのだから、それは考えられないほど勇敢—とんま—なことだった。百害あって一利なし。全然反応はなかった。がっかりしたがそう驚きもしなかった。その晩は一睡もしなかった。木の下に横になり、森のあらゆる生物が出す唸《うな》り声、鳴き声、呼び声などを聞きながら、向こう見ずにも危険な状態に身を置いていることを意識していた。

次の三週間私は何も見ず何も聞かなかった。私はとても落ち込みいったいここで何をしているのだといぶかり始めた。枝がポキッと折れる音が聞こえると何だろうと心配するような毎日でなく、気を抜いてゆっくり眠れるような気楽さと普通の生活が恋しくなった。もうそんな贅沢《ぜいたく》を三か月以上味わっていなかった。

そんなとき、ある晩の夜中に、オオカミの声を初めて聞いた。それは低音だったので、おそらくベータ格のオスで、はぐれオオカミというよりたぶん群れから離れたところにいるオオカミだろうと推測した。樹木限界線に沿ってやってきていたが正確な距離を言うのは困難だった。四分の三マイル（約千二百m）ぐらいの距離かなと推測した。吠え返してみたくなったが考え直した。もし私が吠えたら、移動しなければならないだろう—前回のように無防備にじっとしているわけにはいかない—が、暗がりの中を転げまわりたくなかった。

　さらに三週間が何事もなく過ぎた——足跡もない音もない——ところが突然、ある昼下がり、小道を歩いていると、私の目の前約一五〇メートルのところを一匹の大きな黒オオカミが道を横切った。そいつはわずかの間立ち止まり、差すような黄色い目で私をまともに見て、それから森に消えた。そいつがオスかメスか、また再導入計画で放たれたオオカミのどれかの風貌に合っているかどうか見極める時間がなかった。あっという間だったので、私は本当にオオカミを見たのだろうかあるいは想像の産物だったのだろうかと、呆然と立ち尽くしていた。

　私は本当に興奮した。これまでこの冒険について心の中で何度も頭をもたげていた疑いが消えた。落ち込んだ気持ちが消えた。あの瞬間以降私の考えることはあのオオカミにどれだけ近づけるかだけだった。それが人間の干渉を全く受けずにこの地域で生まれ育った本物の野生のオオカミだとわかったらどうしよう？　しかし、その可能性については敢えてほとんど考えなかった。私に対するあいつの反応からみると、明らかに人間に慣れていないし、人間の近くで気を許していない。どうしたらよいだろう？　餌《えさ》をどこかに放っておこうかと考えたが、それでオオカミの注意は引くかもしれないが、同時に他の捕食動物もこの地域に呼び寄せるだろう。勇気を奮い起こしてあいつとコミュニケーションを取るべきだろうか？　もしはぐれ一匹オオカミなら、反応してくるかもしれない。根拠は、そいつとつがいのペアになれないとしても、一匹でいるより二匹でいるほうが常に安全だと考えられるからだ。しかし、私からの呼びかけは私の居場所を他のオオカミにも教えることになるだろう。私はすべての選択肢の優劣を検討した。こいつは前に吠えるのを聞いたあのオオカミだろうか？　泥の中に足跡を見たやつだろうか？　この地域で私は一匹以上のオオカミがいる証拠を見たことはなかった。

私はリスクを取らねばならない—ここに来たのはそのためだ、過去四か月はそのためにあったのだ。もし私がリスクのレベルを次の段階に上げるためには—それは今までとは全く違う段階だが——まず私のルーティーンを変えなければならないだろう。安全ゾーンから抜け出なければならないだろう。夜じっと座っているわけにはいかないだろう。私は昼間眠り夜暗がりの中を動き回らざるをえないだろうが、それは全く気が進まない選択だった。

生き延びるためであれ、レクリエーションであれ、慈善事業であれ、この環境で何かをするためには、勇気がいるのだ。それはすなわち、私たち人間が一番恐れる、暗闇、森林、オオカミ、クマ、そしてあらゆる自然の危険すべてに身をさらすことである。ネイティブアメリカンはさすがにえらい。彼らは昔八歳か九歳になると子どもをよく一人で森の中に五日間送り込んだが、今日でもそうしている人もいる。それは大人でも感じるが子ども特有の恐れを取り除くための儀式であった。彼らは、レビがクマと折り合いをつけた方法で自然世界と折り合いをつけたのだ。レビはクマを恐れなかったし、クマも彼を恐れなかった。

生存適合性が、すべての生物の生存にとっての鍵である。いかなる捕食動物も別の生存適合な捕食動物を襲うリスクは冒さない。なぜなら襲う過程で自分が怪我をする可能性があるからで、いかなる動物も怪我をしたり弱みを見せたりした瞬間に死んだのも同然である。

あの最初の夜は恐ろしかった。私がやろうとしていることは危険なことだ、飼育下のオオカミたちと過ごしたあの夜のどれより危険なことだ、と知っていた。私の眼は暗闇で見えるようには作られていないから、もし私が躓《つまず》いたり倒れたりしたら、捕食動物はあっという間に私を襲うだろう。水の中でサメと水泳をするようなもので、サメにはあらゆるアドバンテージがあるが、私には一つもない。私はせいぜい六マイル（約一〇㎞）か七マイル（約十一㎞）以上遠くまでは行かなかったが、私がどんなに音を立てないように努力しても、一歩あるくごとに自分の位置を知らせていることを知っていたので、一歩前進するごとに立ち止まり、耳を澄ました。月は出ていなかったが、月がなくても結構目が利くことに驚いた。しかしみんな灰色がかって見えた。私は周囲をざっと目視してから動いたが、これが大事だった。私の体の感覚はすべて研ぎ澄まされた。いくつかの匂いを嗅ぐために深呼吸をした。周りにいる生き物の音と匂いが風によりもたらされた。これは今までやったことのないことだった。彼らの背伸びやため息などすべて聞こえたし、ときには自分の心臓の鼓動―すごく速く動いていた―まで聞こえた。

クマは何しろ突然出てくるから私は一番怖かった。クマは人間と接触して以来、彼らの行動パターンに変化が生じ、森の中を昼だけでなく夜もぶらつくようになった。ピクニックをする人やキャンプを張る人を経験してから、彼らは人間を食物の供給者と見なすようになり、人間のあとをついて行けば何か食べ物がもらえるのではないかと思うようになった。それが私のいたキャンプの周りにクマがいた理由である。彼らは俊敏で小回りが利くので、もし不注意にクマを驚かしたり、母親と子グマの間に入ったりしたら、たちまち一巻の終わりである。私がクマへの恐怖に打ち勝つまでには長い年月がかかったが、今でもクマに対する私の第一反応は敬意ではなく恐怖である。

これが私の最後となるかもしれないと思ったあの夜は、何の事故もなく過ぎた。明け方日の光が朝を告げたとき私は傷もなく生きており、両手をあげて朝を歓迎することができた。気分は高揚していた。学校では試験にみんな落ちたかもしれない、社会でいろいろ失敗はしたかもしれないが、突然そんなことは問題でなくなった。私がロッキー山脈の原野の中で、地上で一番危険な哺乳動物たちの中でこの一晩で達成したことは、私が三〇年間人間の中に住み達成したことよりはるかに大きかった。私はその朝感じた興奮をとても抑えきれなかった。生きていることは素晴らしかった──私はもう絶対に自分を劣等だと思うことはないだろう。

12 — 持久戦

しかしそれはたった一晩だけだった。次の日の日中は休もうとしたがあまりに興奮しすぎていたので、その晩はその任に耐えられずじっとしていた。そして三日目の晩にもう一度出かけた。もしオオカミが遠吠えしてきたら私はどうしただろうか、わからない。それに応えて私も吠え、森にひそむすべての捕食動物に私の居場所を教えることになっただろうか。私は、オオカミのオスかメスが私を呼ぶのを待てばいいのだと自分に言い聞かせたが、それはただの言い訳だったと思う。私はまだすごく怖がっていた。

例のオオカミに会った道から約一八マイル（約二九㎞）離れたところに、安全で居心地の良い休息所を見つけていた。森の空き地で背後に大きな岩があり、目のすぐ前の一帯は視界が利いたので、一度に何時間も寝られるぜいたくは望むべくもなかったが、短い間ならちょこちょこ寝ても比較的安全だった。毎晩オオカミを探しに出かけたのはそこからだった。オオカミの縄張りはだいたい卵形をしているので、私は卵形の円形に歩き、時間が経つにつれてますます自信を深め、生きて朝日の光が差すのを迎え続けた。私の五感は研ぎ澄まされてきた。視力は暗闇では役に立ちそうになかったが、他のすべてがそれを補った。松の葉が一本落ちても聞こえたし、私の周りにはいろいろな動物がいて、彼らは自分たちの世界を動きまわっている私を観察していたのだが、私は私で彼らが動くのを見なくても彼らの匂いを嗅ぎ取れた。

ただ一つ私が見ることも聞くことも匂いを嗅ぐこともなかった動物はオオカミだった。彼か彼女か、どこかに消えてしまったかのようだった。しばらくして、私はリュックサックを置いてきた接触場所に戻って、私宛の知らせがあるかどうかチェックし、私の近況をレビやその他の人たちに知らせることにした。私はどうしようもない絶望感を感じていた。最初の目撃と森の中での夜の探索を無事に生き延びたときはあれほど気分が高揚していたのに、今はそれまでになく落ち込んでいた。私の情緒は激しく上下しておりそれをどうすることもできなかった。すぐそこまでやってきているのだがまだはるか遠くにいた。このオオカミが本当に野生なのかどうか、彼または彼女を再び見ることがあるのかどうか、私にはまだわからなかった。この企画全体に関して再び執拗な疑いを持ち始めた。リュックサックのところには私への知らせはなかったが、その周りの足跡からレビか誰かキャンプの者がそこに来ていたことはわかった。そこで私のほうから手紙を書き、オオカミを見たことを知らせ、ビーフジャーキーをまた取りだし、食べ残したものはポケットに入れ、やってきた方角へ戻った。

もう一匹のオオカミを見るまでにたっぷり四週間はたっていたに違いないが、見たのはあるいは前と同じオオカミかもしれない。それは早朝のことで私は空き地の木の下の風下で休んでいた。風下にいるのは、どんな生き物でも私の視界に入る前に匂いを嗅ぎつけられるため、私はその方向を好んだ。私は一日が進むごとにだんだん野生の動物みたいになっていた。おそらく体も動物臭くなっていただろう。もう何か月も衣服を変えていないし、ときたま川で顔、股《また》、脇の下に水をかける程度しかしていなかった。髪に櫛《くし》は入れていないし、ひげは剃っていなかった。

次に見たオオカミは大きくて黒色をしており樹木限界線から踏み出してまっすぐ私の方に向かった。そいつは立ち止まり、三〇秒か四〇秒静かに私を見つめ、それから右の方に向きを変え森の中に消えた。私を恐れているようには見えなかったので、ある期間私を観察しており、どういう理由かとうとう姿を見せようと決心したのだと私は思わざるをえなかった。

次の一か月間、私はそいつを二、三日おきに見たり見なかったりした。全く予期していないときにもどんな状況のときにでもそいつは現れた。私が森の中を歩いているとき休憩のため座り、周囲の音に耳を傾けていると、突然空き地の中に現れていたり、あるいは私が罠《わな》を仕掛けていたり、食べていたり、川辺から水をくんでいるとき、ふと振り向くと、二つの大きな山吹色の目が私を見つめていた。きっと私の後をつけてきており、私がそいつを見かける以上に私を見ているのだという感触を持った。私は決して言葉を発しなかった――オオカミが私を人間と思ってほしくなかったし、人間は無害だと思わせたくなかった。私が考えていた計画は、森を去るときはオオカミに怖い思いをさせ、人間に対する印象を生涯否定的なものにすることだった。しかしそれは後のことだった。ただ今は、私を信頼してほしかったので、私はそいつを見かけるたびに、身を低く伏せたり、横になり肘で体を支えたりして、私は敵対する意志がないことを知らせた。

それからさらに二週間後、私たちの逢引は新しい段階に移った。早朝だったが、魅惑的な遠吠えを聞いたとき私は半分眠っていた。今回は今まで聞いた吠え方でなく何か問いかけているような響きを持っていた。どうしよう？　応えて私の居所を明かすか、あるいは安全策で黙っていようか？　私は選択肢をはかりにかけた。このころになると私はこの地域のことはよくわかっていて、足跡を見た動物はシカだけだった。もちろん捕食動物がそこにいないことにはならないのだが、彼らがいる証拠には出くわさなかった。私は挑戦を受けて立つ決心をした。私は両手で口の周りを囲み、オオカミが望んでいる（と思った）返答をした。息を殺し心臓をどきどきさせながら待った。数時間とも思えるような数分が過ぎた。すると突如沈黙を破って、私の首の後ろの毛が総立ちになるような、長い甘美な遠吠えが帰ってきた。返答がきたのだ。ほとんど信じられなかった。それは奇跡だった。彼か彼女か、私に呼びかけてきた。このオオカミがオスかメスか見分けられるほどまだじっくりそいつを見ていないが、黒いメスは大型になる傾向はあるけれども、形の大きさからオスだろうと見当をつけた。

この呼びかけの交換が私たちの関係の転換点になった。次の二週間は一日としてこのオオカミに会わない日はなかった──それは若いオスだった。彼はあまり近くには来なかったが、私を観察しながら立っているのをよく見た、そして彼に気づくと、彼は私を見つめ、ほんのわずかな間だけ留《とど》まって、それから茂みの中に消えた。夜になると私たちは遠吠えを交換したが、距離はせいぜい二、三百メートルだった。

それから私は最も驚嘆すべきことを発見した。彼ははぐれオオカミではなかった。彼は五匹の群れの仲間で、推測するところ、彼は好奇心が旺盛で調査役を自分で引き受けていたのだろう。

ある日の午後、私は岩に背中をもたせかけて座っていると彼がそれまで何度もそうだったように、突然樹木限界線から姿を現した。私は彼を見ながらこんどは互いにもう少し近くに寄れるかなと思っていると、二匹目のオオカミが現れ、次に三匹目、四匹目、そして五匹目が出てきた。一匹ずつ彼らは森の中から出てはまた森に入り、それぞれ私にほんの一瞬ちらりと姿を見せるだけだった。群れにはオスが三匹、メスが二匹いた。全部を見て、私に連絡を取っていたオスはおそらく去年かその前に生まれた若いオオカミで、メスの一匹は彼の兄弟だと理解した。他の三匹は完全に成長した成体で、そのどれも再導入プログラムで解放されていたオオカミの、私が知っているオオカミ相書きに合致していなかった。彼らはB2、B3、B4でもなくB5でもなかった。私が大間違いをしていない限り、このオオカミたちは本当の野生だった。

私は興奮した、自分の幸運が信じられなかった。これは全く信じがたい出会いであった。私は他の人たちが夢でしか考えていなかったことを見たのだ、そして、私がそれを見たのはオオカミたちが自身から私に正体を明かしたからである。これは私が願ったことの何倍も素晴らしいことだった。私は完全に有頂天だった。ところが天にも昇ったような気分はまたたく間に地上に引き戻された。オオカミたちが消えたのだ。私は彼らを探した。彼らが私の前に姿を現す前に何か月とはいわず何週間か私のことを観察していたはずだという前提で、私は同じ行動パターンを繰り返した。私は同じ地区に留まり、呼び続けたが何も返ってこなかった。若いオオカミがあまり私に近づきすぎて咎《とが》められているのではないかと心配し始めた。彼は間違いを犯しその罰として場所を移動したのではないか。日々の予定をこなしながらあらゆる変な考えが頭をよぎった。それでも一方ではそれを信じることはできなかった。成体のオオカミたちは彼を調査のために使っていたはずだという信念に立ち返るのだった。

一か月後、私はまた岩を背にして空き地に座っていたら、群れが突然静かに消えたように、突然静かにまた姿を現した。仲間が一匹いなくなっていた。オスの一匹がいなくなっていて、彼らは最初見たときより秩序がないように見えた。若いオスでさえおどおどして用心しているようだった。それにもかかわらず、彼らはそこに落ち着き、午後の時間を私から百メートルぐらい離れた樹木限界線のところで休んだり遊んだりして過ごした。若い二匹は互いに取っ組み合い、唸《うな》ったり、鳴き声をあげたり、離れてはまた飛びかかり、遊びが荒っぽくなりすぎると悲鳴をあげたりした。年長のオオカミはときどき不機嫌そうに唸り声をあげたが、子どもたちが疑似戦闘でぐったり疲れると大人に見張られて地面にべったりと横になり眠った。

その晩その群れは遠吠えをあげたが、五匹目のオオカミへの呼びかけかもしれなかった。そいつはどこにいるのだろうか、何があったのだろうかと思った。彼らがいなくなった一か月の間に迷子になったか殺されたのかもしれないが、まだこの地域にいて、私の背後を哨戒《しょうかい》しており、私の隙《すき》をついて襲う準備をしているのかもしれなかった。彼らが私のもとに帰ってきてくつろいでいるところを私に見せているのは、彼らが私に会えてよかったと思っているからだと考えるほど私は愚かではなかった。いったい彼らは私のことをどう思っているのだろう、私にとって彼らは人生最高の贈り物だという考えがあるだろうか、あるいは彼らとここまで進んだ関係を結べて私が信じられないほどに誇りに思っていることをわかっているだろうか、と思案した。

良好な関係はさらに続いた。私はほとんど毎日彼らに会えた。私はまだ睡眠場所を変えてなかったので、毎日最初に彼らと会った空き地に出かけて行った。そこが引き続き彼らと会える場所だった。彼らは依然距離を保っていたが、私の前でも以前よりはるかに居心地良さそうにくつろいでいるように見えた。次の三晩か四晩、彼らは遠吠えをした。それはまだいなくなった家族のためだろうと考えたが、どこからも返事はなかった。ある晩、私は勇気を出して代わりに吠え返してみた――ちょうどこかの群れに欠員があると一匹オオカミが感づいたときにやる吠え方で――ら、なんと群れの全部が私に応えたのだ。それはもう一つの忘れられない瞬間で、気がついてみると私は恐れをなくし始めていた。私は彼らがいることに安らぎを感じ始め、過去何か月もの間一人で必死に生き延びようと苦闘したこの険しい環境の中で私はなんだか彼らの保護の傘の下に入ってきているように感じてきた。もはや一人ぼっちという感じがあまりしなくなった。私には彼らが必要になり始めていることを悟った。

彼らが私から保っている距離は次第に小さくなるだろうと期待してはいたが、実際に起こったことには驚いた。兄妹の若いオオカミが私から五〇メートルぐらいのところで遊んでいた。メスの成体は約百メートル離れていた。もう一匹のオスの成体は見えなかった、というか考えもしなかった。突然背後で木の枝が折れる音がした。すぐ振り返るとそこにオスの大きく力のあるオオカミが、私から一〇メートル以内のところに立っていた。私は無防備な状態で座っていたから、あっという間に私に飛びかかってくることができた。またしても私は彼らの世界で自分がいかに危うくて頼りないかを身に染みて感じた。しかし彼はそこにいても危険は感じさせなかった。彼は私の方を見向きもしなかった。私の肩越しに遊んでいる二匹の子を見ているので、私は彼が私を家族の一員に加えているかのように感じた。それはかつてノーフォークの原野でキツネたちが取った態度と同じだった。それまでは私は、私が参加していない生活に部外者として観察していたのだが、今は、善かれ悪しかれ、仲間入りしたという感情がこみあげてきた。

その後の進展は速かった。私は低い岩の上にしゃがんでいつもの通り彼らが戯れるのを見ていたが、そのとき前回と同じ大きなオオカミが連れと離れ直接私の方に向かってきたが、最初は早足でそれから速度を緩めた歩きになった。いつか方向転換すると思ったが、彼は歩み続け七メートル以内まで近寄った。尻尾は立っていたので、何をするのかと思っていた。私は自分を守るには良い体勢ではなかった。私のおしりは膝より低いところにあり、急に立ち上がるのは困難だったし、今動けば、今まで築き上げてきたものすべてを壊してしまうかもしれなかった。彼はゆっくり前進し、それから脚を曲げて身を屈《かが》め、私の脚から約十二インチ（約三〇cm）のところまで頭を伸ばした。あたかも絶対に必要な距離以上に体を近づけたくないかのようだった。それから彼は私の膝《ひざ》とブーツを嗅《か》ぎ始めたが、特にブーツの甲に興味を持っているらしかった。私は心臓が飛び出すほどびっくりした。この先どこまで行くのだろう？　やってきたときと同じような確固たる目的をもった態度で彼は向きを変え、歩きながら尻尾を横に振りながら仲間のところに戻った。仲間は彼が何週間も離れていたかのように彼を迎え、狂ったように彼の口や鼻面を舐《な》めた。このような狂乱の最中に、彼がメスの子に向かい唸り声をあげ咬《か》みつくと、彼女はすぐ仰向けに寝て瞬間服従の腹部を示した。それから彼女が立ち上がると、彼らは全部森の中に消えた。

その晩私は彼らから何も聞かなかったので、がっかりした。なぜ彼は突然日常のパターンを破りあのようなことをしたのだろう、とその晩私は理由を考えた。彼は次にどんな行動を取るだろう？　私はどう対応したらよいのだろう？　暗がりの中あの場所に行くべきか？　それはまずいと判断した。それは彼らにとってすべて有利な条件を与えることになるだろう。彼らオオカミは暗闇に生きているが、私は違う。もしあの大きなオオカミが昼間のときと同じように暗闇の中で私に向かってきたら、私は自信を失くし、私の反応はずいぶん違っていたはずだ—そしてそれは不幸な結果を招いたかもしれない。結局私はいつものとおりの行動を取り朝一番の光と共に帰ろうと決めた。そして日中になれば私は群れの全員を迎え彼らに会えると信じた。

13 ——待った甲斐あり

翌日もまた次の二日目も、彼らはどこを探してもどこにいるのかその兆候がなかった。彼らが再び現れたのは、三日目の午後になってからで、私はうとうとまどろんでいた。彼らのエネルギーレベルが変わっているようで、何か予定が決められているかのように、以前よりもっと自信に満ち断固としていた。私は彼らに会えてほっとし、彼らが互いに戯れているのを見守っていた。そのときでかいオスが仲間を離れ、前と同じように、しかしもっと自信に満ちて、私の方に一直線に駆けてきた。今回彼はうずくまらず立ったままで私の匂いを嗅《か》ぎ、それから前触れなしに私に突っかかり私の膝の下の肉を前歯で軽く咬《か》んだ。それはスパークウエルの野生動物園で私を群れの仲間として承認する前にオスのベータがやったことと全く同じだった。彼はすぐさま引き下がり訝《いぶか》るような目で私を見た。咬まれて痛かったし彼の口には血がついていたが危険な感じはしなかった。私は思いっきり笑いたかったが反応を見せなかった。彼はまた前に跳んで同じところを合計三度咬んで、咬んだ後引き下がりそのつど私を怪訝《けげん》な目で見た。そして彼は向きを変え群れの仲間のところに戻り彼らと一緒に寝そべった。彼らのところに行って一緒になりたい衝動はほとんど抑えがたかったが、今まさに起きた魔術的儀式の感動を壊したくなかったので私は何もしなかった。一時間後に彼らは去った。

二日後また同じ演技が繰り返された。今度もでかいオスだったが、若いのが二匹ついてきて、それぞれ彼の片側に立って見ていた。ときどきオスは若オオカミたちの行儀を正すかのごとく二匹に飛びついたり唸《うな》ったりした。彼は私の膝と足を嗅ぎ、私が何か新しい匂いあるいは彼や若造たちにとっての危険を持ち込んでいないことを確かめた。それから彼は私の膝を何度か咬み、それから犬がするように、彼の体を私の両脇に擦《こす》りつけ、頭の後ろ周辺を嗅いだ。首に彼の牙《きば》が当たるのを感じた。私はその場で金縛りにあったように体が硬直し、彼がその上下の顎骨で私の喉を挟むのを待った。それは即死か承認のいずれかを意味するが、彼はそれをしなかった。その瞬間、若いオスが私の膝にすごくやさしい歯咬みをしたが、そのとき成体のオスが私を座っていた岩場から突き落とした。落ちるとき私は体勢を整えるため手を伸ばしたが、気がついたら若いオオカミの肩に手がかかっていた。彼は逃げなかった。若いオオカミの感触は私が今まで触ったいかなるオオカミとも違っており、その瞬間私はこいつとその家族に限りない愛情の高まりを覚え、その一員になる欲求を抑えきれなかった。

その瞬間このオオカミたちがボスのメスのところに戻るときは私も一緒についていくべきだと悟った。今ここでしかない、受け入れてもらいたいというこの信じがたい欲求を満足させねばならなかった。私は彼らに従った。ぎこちなくやっかいだったが、私は両手を地につけて進んだ。彼らは何度か振り返り背後に私を見ても驚きもしなかったので、私はそのまま進んだ。メスのボスに追いつくまでは、私は正しい決定をしたと自信があった。彼女は敵愾心《てきがいしん》むき出しで、二〇メートルか三〇メートル以上私が近づくのを許す気にならず、みるからに極めて神経質になっていた。彼女は吠え唸ったので、他のオオカミはすぐにまずいことをしでかしたと理解したかのような顔をした。若いオオカミたちは彼女のそばに跳んで行き、私をにらみながら立っていた。オスオオカミは状況を鎮めようと仲介役を果たそうとしているような印象を受けたが、結局最後は彼も首領に忠誠を示した。彼女は立ち上がり、耳を倒して歯をむき出しにしたまま、私に出て行けと警告する低い吠え声を出し続けた。それから彼女は若いオオカミたちを連れて森の中に走り去った。でかいオスはグズグズしていたが、若いオスが再び現れ一、二秒彼のそばに立つと、すぐ二匹とも向きを変え消えた。

私はとても大きな失意―喪失感―を味わったが同時にその日達成したことを思い出した。三匹は私を受け入れてくれたのだ。メスが受け入れてくれなくて、彼女の決定が最終的だったが、それでも私は大進歩を遂げているのだ。暗くなってきたので私は夜間の休憩所に戻った。もしメスオオカミが受け入れてくれていたら、私は群れの後に従いその晩のうちに群れに加わってみたい誘惑に駆られただろう。しかし、メスが拒絶したのだから、暗がりでその場所に留《とど》まるのは危険だと感じた。彼女は猛獣になりかねないと思った。

それから先一週間半は彼らを目にしなかった。リュックサックのある連絡場所に帰ってみる時期だと決心した。森に入ってこれまでどのくらい時間が経過しているのか感覚がなかった―ほぼ九か月にはなっていたはずだ―近況をレビに知らせるためメモを残して置くべきだと考えた。私のねぐらから二日半の行程だったが、その間私はこれまでの出来事を頭の中で思い返していた。一面では気分は高揚していたが、他面ではひどく沈みこんでいた。群れが消えたあとどこに行ってしまったのか見当がつかなかったので、彼らに会うには彼らが帰ってきて私を見つけることに頼るしかなかったし、ボスのメスを怒らせてしまったので、もう彼女は仲間を連れて戻ってこないかもしれない。

リュックサックに手を伸ばし、メモを書き、そこで二晩過ごし気を休め、ぐっすり寝て──これは何か月も味わっていないことだった──寝不足をいくらかでも取り戻してから、引き返そうと思った。夜に心ゆくまで眠ると、シャワーを浴び誰か人間に会い熱い食事を食べたい誘惑が頭をかすめたが、今諦《あきら》めるにはあまりにのぼせていたし、やり遂げたことを考えるとあまりに惜しかった。私はさらに彼らとの関係を深め、私が知る限り誰も成し遂げたことがない野生のオオカミの群れに侵入するチャンスがあった。戻らなければならなかった。

二日半かけてねぐらの場所に戻り、翌朝一〇マイル（一六㎞）か十一マイル（約一八㎞）歩いて、これまで彼らとのふれあいの場だった森の空き地に着いた。オオカミは来なかった。私は毎日同じ行動を繰り返したが、四匹のオオカミがまた現れたのは一週間後だった。呼びかけの声はなく、突如樹木限界線から出て姿を見せたのだ。どこに行っていたにせよ、たっぷり食べているようだった。私はいつものように岩に座っていたら、でかいオスと若い二匹がすぐ私の方に進んできたが、前より自信ありげだった。メスは後ろに下がっていたので私は彼女が取っている距離を尊重した。その晩彼らは森に消え、私は自分のねぐらに戻ったが、翌日私たちはまた会った。そんな状態が一か月はなかったかもしれないが二週間ぐらいは続いた。私がメスにちょっとでも近づこうとすると、彼女は耳を後ろに下げ、唸り、逃げた。しかし、少しずつ、少しずつ、彼女が逃げ出す前にいくらかでも近づくことに成功し、そのうち彼女はじっとしたままただ唸るだけになった。ときどきでかいオスが私を押し戻した。

しかしその間にも私は他の三匹とはふれあいを続けたので、彼らとの絆が静かに強まった。彼らは私が以前つきあった飼育オオカミに似ているところもあったが、違うところもあった。彼らの使う言葉は似ていたが、野生のオオカミのほうがたくましく、彼らは常に警戒態勢を取っており、ちょっとした音や匂いや空気の変化に敏感に反応した。彼らのうち一匹はいつも見張り番であったし、若いオオカミでさえおふざけの最中にときたま足をとめじっと耳をそばだてた。彼らの遊びの喧嘩《けんか》とゲームは飼育オオカミよりはるかに激しかった。彼らの歯咬みは手心を加えないのでずっと痛かった。彼らは私とふざけるときでも仲間とやるときと同じく真剣で荒っぽかった。私はあちこち生傷が絶えなかったが重傷はなかった。私のオールインワンのスーツはキルト状の詰め物がしてあったが、骨を砕く力のある彼らの顎骨から私を守ってくれることはできず、彼らに全体重を乗せて体を押さえつけられたときはやはり怖かった。

あまりに痛みが激しいときは、彼らに放してもらうため私は金切り声で悲鳴をあげざるを得なかったが、その声を出すとメスが立ち上がるようだった。彼女は助けにやってきはしなかったが、何事かと興味をもったようだった。彼女はまだ私を近くに寄せつけなかった。私が近くに行くと、彼女は唸り声をあげ私に歯をむいた。どうみても相思相愛の関係を築けそうになかった。ただ唯一の慰めは、彼女は私だけでなく若いオオカミたちにも同じくらい厳しいことだった。

私たちの関係はちょっと膠着《こうちゃく》状態におちいっている感じがした。私はほとんど群れの一員になっていたが完全な一員ではない。彼らはしばしば森の中に消え私は取り残される。彼らは遠くから呼び声はかけるが、位置の確認で集合の合図ではない。彼らは一緒に来いと誘ってはくれないし、彼らが出て行ってしまうとどこに行ったか私にはわからなかった。

　ある朝早く私が空き地にいると彼ら四匹がずいぶん久しぶりに現れた。いつものように、私は彼らが近づいてきたので体を低くした。今度はメスまでも挨拶するかのようにして近づいてきた。彼女は私から約一〇メートルのところに座り、オスが私の体に接触するのを眺めていた。彼らの気分に変化があるのがわかった。もっと乱暴になり、エネルギーレベルが上がっていた。オスは私のほうに突進し、強力な体で私にかぶさった。私は彼の重さで地面に倒された。こんなことは以前にもあったので私は特に心配はしなかったが、気がついてみると、メスがオスと交代し、それまで三〇メートル向こうで喚《わめ》いていたのが、私の顔から三インチしか離れていないところで咆哮《ほうこう》しているのだった。私の顔に彼女の生暖かい息がかかった。歯が唇からめくれていた—これでお終いだと思った。オスが力ずくで割って入ろうとした。彼が私を助けようとしているのか殺しに参加しようとしているのかわからなかったが、メスがオスの鼻面を咬むとオスは引き下がった。私はなすすべなくそこに横たわっていた。何が起きてもただ受け入れるしかなかった。

　彼女が私の上に乗っていたのは二分か三分だろうが生涯で最も長い時間だった。彼女は私に何の危害も加えなかった。彼女がやっと私を解放し仲間のもとへ戻ったとき、彼女の私に対するしつけは終わったのだ。この事件があっても彼女の私に対する態度に変化はないようだったが、私の彼女に対する態度には劇的な変化があった。彼女は私を殺そうと思えば簡単に殺せたが、殺さない選択をしたことを私は知った。それは大きな違いだった。その時点まで私は彼女に殺しの気配ありと信じていた。しかし今や、彼女はうるさ型のおばさん、大変な物知りで周囲の尊敬を受ける価値があるので全体を支配しているが、いつも不機嫌な人間みたいな動物だとみるようになった。私たちは互いに許しあえる仲になれるだろう。

私はそろそろオオカミに別れを告げるべきだという理性と毎晩闘った。一人でいるより彼らと一緒のほうが安全だとすでに考え始めていたが暗くなると彼らのもとを離れ、夜明けとともに彼らに会うと言うのが毎日決まったパターンだった。ある晩、全員たっぷり食べたせいか、彼らのテンションが低く、ガミガミおばさんさえリラックスしているようだった。私はそのまま居残り、どんなことが起きるか見てみたかった。結果は全くあっけなかった。恐怖と興奮が相まって眠れず一睡もできなかったが、彼らはみんな朝までぐっすり眠った。若いオスがやってきて私のそばに寝た。体は触れていなかったが温かかった。ここ何か月か一人で寝ていたので、自分のそばに他の生き物がいるというのは奇妙に心が落ち着いた。彼の寝息が聞こえ、体をピクピクさせるのが全部伝わった。朝が来たとき、私は天にも昇る気持ちだった。オオカミたちと一晩寝ただけの話だったが、それは私が受け入れられたことを意味した。マラソンを三回走ることができてもこのように大きな達成感を味わうことはなかっただろう。

次の段階は彼らが森の中に消えるとき一緒について行くことだった。今まで、このオオカミたちとの関係を一歩ずつ高めるたびに危険が伴ったが、彼らと一緒に走破することは危険がいっぱいだった。もしなんとかついて行けても――それは大きな「もし」だが――私が全く不案内な所に連れて行かれたら、もとへ戻ることができないかもしれない。そして彼らが狩りを始めたら、私がついて行ける望みがないことはわかっていた。そうしたら、私は知らない場所に残され一人でいることの危険性に身をさらすことになるだろう。しかしそのような状況は発生しなかった。

次の日は日中も夜も彼らはそわそわしていたが、二日目の早朝彼らは出発した。私はすぐ後に従い懸命に追ったが、森の茂みの中に入るとすぐ彼らの姿は暗がりで見えなくなり、彼らは消えた。がっかり意気消沈して私は空き地に戻り彼らが帰ってくることを願い待つしかなかった。

長い間待ったが、ある朝彼らは再び姿を現しただけでなく、若いメスが私に食べ物を持って来てくれた。アカシカの足だった。彼女はちょっとだけそれと戯れたが、ほらと言わんばかりに私のそばに落としていった。私がそれを食べ始めると彼女は座って見ていた――ということは私の行動は適切だったのだろう。私は腹が減っていたし、ここ何か月の間ウサギより大きいものは口にしていなかったので、素晴らしくおいしかった。次の何週間かこれが日常のパターンとなった。彼らは狩りに出ると私を置いてきぼりにした――昼間でも彼らの後について行くのは不可能だとわかった――が、帰りにはいつも私に何か持ってきてくれた。彼らは私に狩りをしてほしくないが、喜んで私をそばにおき食べ物をもってきてあげようと思っているらしいことは明らかだった。

彼らが出かけているとき、私はよく遠吠えをしたが、たまに彼らが私の耳に聞き取れるほどの近さにいると、彼らが吠え返しているのが聞こえた。そして、いつも帰り始めたときには遠吠えをしているようだった。彼らの声は聞きなれているので気持ちを落ち着かせ心の底から温かいものを感じさせた。私はこのオオカミたちにいかに深い愛着を感じ、彼らがそばにいることをどれだけ頼りにしているかに気がついた。群れの中の一匹がひょっとしたら帰ってこないのではないかと心配した。事故にあったり、怪我《けが》をしたり、あるいは最悪の場合殺されたり――五匹目のオオカミはそんな目にあったと思っていたから―していなければいいがと思い、彼らが無事そろって空き地に帰り着くのを見るまで気が気でなかった。ガミガミおばさんさえ帰ってきたのを見たら嬉しかった。いつまでも家に帰ってこない家族を待っている不安に似ていた。それから再会を喜ぶ大儀式があるのだった。まさしく彼らが互いに挨拶するように、彼らは私の顔や口の周りを強烈に舐《な》めまくった。私も彼らに会えた嬉しさのあまり同じことをした。若いオオカミのように彼ら一匹一匹を追いかけ舐め、鼻を押し付け、彼らの注目を得ようと競った。唯一の例外はメスで、彼女は依然として私を近くに寄せ付けなかった―ただ、他のオオカミに対しても甘やかさず手厳しかったのだが。

私はときどき冷静になってこう考えた。もし一年かあるいはもっと前に誰かが、君はそのうち三日も食べずに待たされても文句を言わず、やっとオオカミの群れに会えたら、嬉しさのあまり彼らの口を舐《な》めまわすようになるだろう、と言ったら、私はそんな馬鹿な、と笑い飛ばしただろう。しかし今は、このオオカミたちが私の人生で最も大事な存在だった。彼らは私の家族であり、私はそのどれをも愛していた。しかし、いつかは彼らから離れなければならないことはわかっていた。

14 ——ちいさな赤ちゃんの足音

私の胸の中で長い間ある質疑応答が戦わされていた。私は何が欲しいかといえば何よりオオカミたちと一緒にいて、彼らの世界に溶け込みたいということだったが、心の奥底では去るべきときが来たと知っていた。それは、今まで経験した最も難しい意思決定の一つだったが、それが正しいことだということに疑いは持たなかった。私はあの生物学者たちが言った懸念がいつも胸に引っかかっていた。私とオオカミの関係はもはや別次元に発展していた。私は所期の目的を達した。これ以上一緒にいれば、彼らは人間の中にいても大丈夫だと言う間違った安心感を持ちかねないと私は恐れた——それは彼らにとって極めて危険なことになりかねない。

私は人間としての特徴を出さないように細心の注意を払い、すべての点で位の低いオオカミとして振る舞ったが、私が人間だという事実からは逃げることはできなかった。

春の訪れが近く、それと共に繁殖期が近づきつつあった。そのとき私の役目はどうなるのだろう？　私に群れを離れろと言うだろうか、あるいは赤ちゃんの面倒を見る子守役として残れと言うだろうか？　子守役となればそれは大きな責任で自分にできるかどうか自信がなかった。私が人間であることが将来子オオカミの運命を決定するだろうか？　彼らが仲間を信じるように人間を信用するようになって、いたましい結果を招くだろうか？　そこまで考えて私は静かに小声で、「さようなら、皆に幸あれ」と言ってリュックサックの場所を目指して出立した。

昼夜二日間、私は歩き続けたが、道中ほとんど泣きどおしだった。オオカミと一緒のときはふたをして抑え込んでいた感情をやっとむきだしにして、やっと人間の声を使うことができた。どうしようもない喪失感にさいなまれた。どうして出て行く必要があったのか、その是非は承知していたけれども、歩きながらそれを何度も繰り返し、しばしば声に出しながら反芻《はんすう》したが、私は大きな間違いをおかしているのではないかという考えを捨てさることができなかった。私はよくもここまで到達し、数知れない関門を潜《くぐ》り抜けた―それを証明する傷もある。一日に二四時間恐怖や危険と背中合わせに生きながら、何か月も精神的および肉体的な激しい起伏を経験したが、それもすべて終わった。私は群れの一員だった、オオカミたちは私を受け入れ、守り、養ってくれた。

誰もここまでやった人はいない。オオカミに育てられた言葉をしゃべらない子どもが森からオオカミのように這いで出てきたという話はあったが、私のように自ら森の中に入りオオカミの家族の一員になった人間はいない。例の再会場所に到着するまでには、私は、たとえ月に飛んでいくことはできてもあのオオカミたちと別れることはできないことを悟った。私はレビにメモを書きこれからどうするつもりかを知らせ、踵《きびす》を返してもと来た道をたどった。

私が留守をした間に天気が崩れていた。冬が近づき二、三週間後に最初の雪が降った。これですべてが変わるだろう。出歩くのがずいぶん難しくなるだろうが、いい点は雪のため私はマイペースでオオカミの後をついて行くことができる。彼らが長い間いなくなるときどこへ行くのか、とうとう私はそこを見つけることができるのだ。しかし、彼らの後をつけるには相当遠くまで行かねばならないだろうというジレンマもあった。森の空き地からたった二日ちょっとかければ文明に帰り着くことはできる——ちょうどそれをやったばかりだ。私は付近の地形は暗闇でも歩けるほど知っているし、ここに住んでいる動物も知っている。しかし、あと二、三日、オオカミの後をつけるとなると、完全に私の安心圏の外に出ることになり、万が一足を折ったりどこかに怪我《けが》でもしたりすれば、実際的にリュックサックの場所まで帰り着くには離れすぎているだろう。しかし、あまりにリスクが多そうなので引き返すために私はここまで来たのだろうか？

オオカミたちが発った日、私は後に従った。彼らのペースは過去に何回か私が彼らの後をつけようとしたときより遅く、私を待っているようだった。ガミガミおばさんでさえ、ときたま止まって振り返り私が遅れていないか確かめた。北西に向かって一〇マイル（一六㎞）か一五マイル（約二四㎞）踏破すると、地形はだんだん登りになり歩くたびに険しくなった。私の命綱リュックサックが南東にあることは強く意識していたから、私たちは逆の方角に進んでいたのだ。彼らは私を狩場に連れて行くのかもしれないと想像していたが、違っていた。実は傾斜の険しい深い樹木に覆われた丘陵で、六百メートルぐらい下の谷間には川が流れている場所だった。

私たちは雪が来る前にそこへ着いた。地面には松葉が厚く敷き詰められており、それは、森の多くがそうであるように、快くピリッとした香を放っていた。またオオカミの匂いも強かったし、ここに着いたときの彼らのリラックスした様子から判断すると、彼らはここによく来ているのだと考えた。

あるいは、ここは彼らが冬を越すところかもしれないし、チビたちが生まれたところかもしれなかった。いずれにせよ、彼らの態度から私たちはここにしばらくいるのだということが伝わった。

彼らは狩り場には決して私の同行を許さなかった。私がついて行こうとするとでかいオスが唸《うな》り声をあげ私を攻撃してきた―彼が私を諌《いさ》めるときのやり方である―が、食うものに困ることはなかった。いつもたっぷり、食べられるだけの量を与えられた。彼らと一緒だと、私がそれまで一人で何とか確保していた食事よりずっと質の良い肉を食べていたし、きれいな飲み水は通り道から歩いて少し下った谷間にあった。私は一人残されたときはその機会をとらえてときどき川の流れで体を洗った。洗ったといっても氷のような冷たい水を体にかける程度だった。体にへばりついた泥を流すことはできたので、少しはさっぱりした。一八か月間のほとんど日夜身に着けていた衣服のままだから心からさっぱりした気分になるのは無理だった。衣服はあちこちほころびはじめ、上下続きのジャンプスーツはオオカミとのファイトやふざけ遊びの間に彼らの歯や爪でひどい状態になっており、もう完全な防水ではなかったが、まだバラバラにはなっていなかったので、こんなに頑丈で暖かい衣服を着ていてよかったと思うことが何度もあった。

繁殖期に入り始めていたので、突然皆の血気が盛んになった。求愛期になるとオスたちのエネルギーレベルはとんでもなく高まり、私は専属の叩《たた》かれ役になった。彼らは自分こそメスボスの相手にふさわしい―すなわち彼女を最も確実に守れるオス―と彼女に納得させるのに懸命で、互いに決死の戦いを挑んだし、たまたま通りがかりのオスが自分こそその相手だというふりでもしようものなら、敢然として彼より優位に立とうとした。彼らはトラブルを求めて徘徊し、怒らせようと互いに繰り返し相手の脇腹を咬《か》むので、彼らのような毛皮を着ていない私にはとても痛かった。彼らは単にフェロモンとアドレナリンの分泌量を増やしメスに対してより魅力的に見せようとしているだけなのだが、ファイトが激しくかつ攻撃的になればなるほど、分泌量は上がった。それで喧嘩《けんか》をふっかけ、欲求不満を群れの最下位のメンバーたる私に向けるのだった。

このときのファイトは私が以前に彼らと経験したどれより圧倒的に強烈だった。私のジャンプスーツはわきの下に通風孔が縫い付けてあったが、彼らの門歯がそこから一〇セント大の肉片をごっそり切り取るのだが、その痛さといったらなかった。ホルモンレベルが充満してくると、彼らは地面を引っ掻《か》き、転げまわって匂いをつけ、自分の勢力をメスに知らしめる強力なメッセージを残すのだった。彼らがこうして四六時中メスを感心させようと努力している間、メスは地位の低いメスを押さえつけるのに忙しかった。

私がこうした接触から受けた切り傷や打ち身は比較的表面的だった。オオカミの群れと暮らすつもりなら、怪我をすることは覚悟しなければならないが、彼らは優しく接する度量もあって、お互いに面倒をみるように私の世話もした。彼らは私の傷口を舐《な》めてくれたが、おそらくそれが化膿や感染を防いだのだ。しかし、最大の危険は傷ではなかった。それは頭への一撃で、私はしばし失神した。彼らはまたものすごい勢いで私を地面に放り投げたり倒したりしたのでその後数日は血尿がでた。

私は食事も疑問に思い始めていた。ずいぶん長い間タンパク質とわずかな木の実とベリーしか食べてこなかった。最初の一年かそこらはそれまで以上に体調も健康面も良かったが、男性ホルモンテストステロンが充満したオオカミを相手に頑張りぬくにはもっと余分のエネルギーが要るのだが、余力がないことを悟らされた。

オスたちは単に押したり、咬んだり、ファイトするだけではなかった。彼らは、群れのどのオオカミもそうだったが、私にマウンティングを仕掛けてきた。これは全く新しい経験だった。一三〇ポンド（約五九kg）のオオカミが唸り声をあげながら私の背中に歯をたて前足と爪で私の首を絞めつける。私は無抵抗だった。彼が体から離れるのを待つほかにどうすることもできなかった。ときには背後から、ときには横から、ときには正面から、私は襲われたが、彼は年下のオスに対してはひっきりなしに唸り声をあげ咬みついていた。彼は自分こそつがいの権利がある相手だと誇示していたので、私が動こうとしたり、彼を体から解き放そうとしたりすると、よけいに締め付けを強めた。

この求愛行動は二、三週間絶え間なく続き、容赦なかった。それは、奇襲海兵隊やＳＡＳ（特殊空挺特殊部隊）のコースを通り抜けてきたこの私でも、わが人生で最も過酷な期間だった。私は昼も夜も起こされ、立ったまま眠ったので、体はまいっていた。私は別人になりつつあった。彼らの世界の静寂とバランスを楽しむどころか、彼らの扱いに腹を立てている自分がいた。私が動くたびに、オオカミに乗りかかられ、咬まれ、私はうんざりして腹立たしかった。私は疲労困憊を通り越した。とうとう限界だと思った。

私が倒れる寸前だったそのとき、群れは姿を消し一週間半私を置いてきぼりにした。私は安堵の気持ちを取り戻して泣いた。もうあのような残酷な仕打ちにはあと一瞬もついていけなかっただろう。心身ともに打ちのめされていた。彼らがどこに行ったかは謎だが、消えた間にどちらかのオスが、あるいは両方のオスが、ボスのメスとつがったのだろうと思う。彼らが丘陵地にいたときは実際につがい行為があった証拠はたしかに見ていなかったが、彼らが戻ってきたときは、彼らの気分は変わっていた。誰かが圧力栓を外したかのようだった。彼らは穏やかでリラックスしており、別の群れのようだった。ガミガミおばさんさえ雅量があり、心ここにあらずという感じだった。私のそばに来ても唸るとか歯をむくことをせずに立っていた。それはあたかも彼女が、これから先何か月かは私に家族の近くにいてもらいたいと意識しているかのようだった。なんとも心が洗われ、気が晴れる思いだった。もし彼らが十日前と同じオオカミだったら、私はさよならしなければならなかっただろう。

生活はおおむね正常に戻った。食物は豊富に運び込まれているようだった。私はいつもきちんと分け前にあずかったが、彼らは食糧のいくらかをどこか近くの、しかしほとんどは川岸の秘密の貯蔵場所に隠していた。泥は自然の防腐剤で、彼らがこんなことをしているのはこれから先獲物が少なくなることを予想しているためだと考えた。彼らの狩猟担当はメスオオカミであるが、その彼女の妊娠期間が最終段階に達すると働けないことを彼らはおそらく知っていたのだろう。その他の動きとしては、彼らがときどき狩りに出かけるとき、若いオスオオカミを丘の中腹の私のそばに置いておくことだった。オオカミの妊娠期間は六三日であるが、二か月目の終わりになると彼女が赤ちゃんを身ごもっていることは明らかになった。彼女は動きが鈍くなり、狩猟時間はそれまでよりずっと短くなり、彼女は体が腫《は》れ身ごもっているように見え始めた。そのときだった、彼女は自分の巣穴を作り始めた。私たちより約四百メートル上がった樹木限界線上にある高い山の背に登り、小さな岩場の下に穴を掘り始めた。彼女はそこに一週間以上座っていたが、休憩と食事のため下に降りてくるときはいつも被毛と足は泥にまみれていた。彼女がどんなふうに過ごしているか見たくてしかたなかったが、これはきわめて個人的な事情だった—他のオオカミたちも彼女のそばに近づこうとするとたちまち威嚇《いかく》されて追われていたので、私は近づくことを考えようともしなかった。むしろ私が考えたことは、赤ちゃんが生まれたら私はどんな役目を果たしたらよいかということだった。彼らは私を排除しようとはしなかったので、人間を基本的に恐れる世界にいながら、防衛のため私を人間として利用しようとしているのかもしれないと思いめぐらした。

ついにある日、彼女は巣穴に入ってから一週間半出てこなかった。私たち群れの残ったメンバーの気分はきわめて単調だった。オスは休憩所を去らなかった。動いていたのは若いメスだけで、彼女はときどき一人でしばらく出かけ、といっても長くて二四時間程度たつと戻ってきて、ちょっとした食物を持ってくるときもあり、手ぶらのときもあった。父親になるオスたちは緊張していたとしても、それを表さなかったが、誰もが巣穴の中で何が起きているのか知っているのは明らかだった。

彼女がやっと出てきたときは、体は細り明らかに授乳していたが、意気揚々としていた。彼女は変身していた。オスのまわりでは、メスのまわりでも、浮ついており、私たちの一人ひとりのところにきて口を咬み、やたらに食べ物を欲しがった。それから彼女は川のところに走り下り食物の隠し場所を二つ、三つ見つけてはがむしゃらに食べた。これがあの同じオオカミだと思わせる唯一の証拠は、彼女が食べているとき年長のほうのオスが近づきすぎると、彼女がオスを攻撃することだった。一時間もすると彼女は山腹を走り上がって地下に消えた。

何匹の赤ちゃんが生まれたのか、あるいはそれが生きているのかどうか知ることはできなかった。赤ちゃんが乳を吸っているようには見えたけれども、二、三日で母親が赤ちゃんの体に乗っかって押しつぶしたり、あるいは受けつけなかったりする可能性が常にあった。その答えを知るのにあと五週間かかった。その間、私たちには日常のルーティーンが続いた。オスは寝転がり、メスは食物を持って帰った—たくさんではないがあるものを分けて食べた。母オオカミは巣穴から出てきては食べるものを食べ川辺の水を飲むとすぐ戻って行った。五週間目に彼女は決然と出てきて昔のボスメスに戻り、誰かれなく唸り吠えまくった。それから彼女はでかいオスとメスを連れて消え、私と若いオスを巣穴の番に残してその日は戻らなかった。彼らが帰ってきたときは皆腹を膨らませ、それぞれが口に肉片をくわえていたが、それは明らかに彼らが仕留めた大シカの肉だった。彼女の第一の目的は赤ちゃんに食わせることで、この瞬間に初めて私たちは彼女が想像妊娠でなかったことを確実に知った。彼女は巣穴のところに走り寄り彼らを呼んだ。赤ちゃんがキーキー鳴いて巣穴を這いあがり初めて薄暮の明かりの中に出たのが聞こえた。巣はあまりにうまく隠されていたので私たちには赤ちゃんは見えなかったが、声から一匹以上だと思われた。彼女は食べ物を呑み込んでは赤ちゃんのため吐きだして、それから夜を過ごすため彼らをまた穴の安全な場所に連れ帰った。その間残った私たちは数週間で初めての本格的な食事をした。私は本当に空腹だったので実にうまかった。

彼女はこの行動を次の週も続け、ある日でかいオスの唇を咬み自分に代わって食べ物を呑み込んでは戻すようねだったあと彼を巣穴に呼び寄せた。穴の底からギャーギャーうるさく鳴く声が聞こえたと思ったら、オスは彼女を赤ちゃんのところに残して丘陵を駆け下りてきた。これが朝晩続いたが、ある不思議な朝、彼女が巣穴から出てくると、その後によたよたと危なっかしげに降りてくる小さな黒いうぶ毛の二匹がいた。

オオカミたちの興奮は信じられないほどだった。彼らは先を争って互いの体を乗り越えながら赤ちゃんに近づき、匂いを嗅ぎ、軽く突つき、そしてくまなく調査するのだった──赤ちゃんは全く動じなかった。彼らは体を倒しかわいい青白いおなかをさらけだし──これは巣穴の中で母親がすでに教えていたことである──やっと立ち上がると食い物をあさった。彼らは、母親には似ても似つかない私にも驚かず、二分もたたないうちに針のように尖った彼らの歯で私の口を咬むのだった。彼らに対する教育は、彼らがまだ目が見えないうちから穴の中で始まっており、信頼できる仲間が誰かとか年上のオオカミに対する挨拶の仕方をすでに知っていた。彼らの母親は彼らに私の匂いと群れのすべてのオオカミの匂いを知らせていた。彼女は外に出てくるたびに、私たちの一つ一つに体をなすりつけ、その匂いを巣穴に持ち帰ったので、このチビたちはすでに家族の全メンバーを知っており、その一匹一匹が信頼できることを疑いなく知っていた。

私はこの生命力と養育の尋常ならざる光景を目の当たりにするにつけ、過去二年間かそこらにわたり驚嘆すべきこの家族に受け入れられたことの光栄をしみじみと感じざるをえなかった。そして今ここで、にこ毛の二匹の赤ちゃんが私の顔──人間の顔──を咬んでは食べ物を嚙《か》み砕いて吐き出せとねだっているのだ。私は奇跡を目撃したのだ。

15——危機一髪

私がいつもオオカミに感心していたことは、彼らにとって家族という単位がいかに大事かということだったが、彼らの社会的構造といくつかの地位や家族の中で果たす役割を本当に理解したのは、彼らと一緒に暮らしてみてからだった。他のオオカミより攻撃的な一匹がいることや、誰もが耳を傾ける一匹がいること、さらに見張り番がいることは知っていたが、その知識はみんな上っ面だけだった。彼らが私にどんな価値があると思っているのかわからなかったが、この群れが私に期待していることは、チビと交わり彼らに私たちの世界のことを教えてくれということのようだった。

狩りに出かける前、彼らは特に私の身のこなしかたに興味を持った。私は彼らの遊び道具だった。私がどれだけ速く走れるかを試し、あたかも私の強み弱みを測っているかのように、背後から私の足首を咬《か》んでつまずかせたらどうなるか見てみようとした。彼らが走破する距離やしばしば遠出をする時間の長さを考えれば、彼らがその間に農場や牧場や、人間の密集している町などにさえ出没していてもおかしくないと想像するしかなかった。人間は急速に彼らの世界に侵入していたから、人間が彼らに接触する危険は常にあったので、我々人間をどう読んだらいいか、そんな出会いに人間はどう反応するか、そして我々は危険なのかどうかを知りたがっているかのようだった。

チビたちが生後九週間のころ、母親とでかいオスが狩りに出かけていたときだった。もう二日も出かけており、いつ帰ってくるかわからなかった。いつものように、若いオスと私が巣穴の周りを護衛していたが、普段と違って、若いオスは見張りとして山の背を徘徊していた。

私はあまり気分がすぐれなかった。天気が変わり、春になっていたので、太陽が出るとすごく暑かった。私は汗をかきほとんど気絶するぐらいに頭がくらくらしており、おまけに強烈に喉《のど》が渇いていた。私の体が過去二年間に無理強いさせられたことに反乱していたのだと思う。幸いに小川は六百メートルも下りれば近くにあったし、私はそれまでにも一時間かそこらおきにそこに下りられる道を通り、水を飲んでいた。

午後遅い時間だったが、私はまたしてもどうしようもなく水が飲みたくてしかたなかった。私は立ち上がり谷間に向かっていつもの道を下りはじめた。そのとき、巣穴の反対側から若いオスが私に飛びかかり、私を地面に叩きつけた。若いといってもなりはでかく力が強かったので、ちょうどラグビーで三人の選手に同時にタックルされたような感じだった。私はショックで一瞬息が止まり、動くこともできず、そこに寝たままだった。これは全く彼らしくなかったが、彼は本気だった。彼は私の上で唸《うな》り声をあげ、目はらんらんとして、耳は頭の後ろに下げ、うなじ毛を立て、尻尾は高くあげ、歯をむき出しにしていた。私は気分が良くてもこんな彼に反抗することはしなかったろう。

喉笛《のどぶえ》をかき切らんばかりの形相で、彼は私を後退させ、何年か前に落雷でできて黒くなった木の窪《くぼ》みに押しこんだ。私はこの木炭化した窪みの中に押し込められたのでうずくまっていたが、私が動こうとすると彼は唸り顎骨で空中を咬んだ。彼らの顎と歯は私の体の骨を全部砕くことができることは知っていた。彼がこんな行動をするのを見たことはなかった。今まで一緒にいて、彼が支配欲にあふれ力を誇示した発情期の時でさえ、彼が私を殺したがっていると考えたことはなかった。しかし今はそうとしか考えられず、命が狙われているのかなと考え始めた。その後四五分間、彼は私を恐怖の中に閉じ込めていた。

何が起きているのか、彼をこんなに怒らせることを何かしたか、私は思いつかなかった。彼は私を殺す前に群れの他の仲間が帰ってくるのを待つつもりかなと思い始めた。私の命は風前の灯《ともしび》だ、あんなに頑迷を通したため自分で蒔いた種だと観念した。野生のオオカミの群れに潜入しようとするなんて常軌を逸した行動だと皆は言っていた、彼らが正しかったことが証明されようとしている。たしかに野生のオオカミは飼育されたオオカミとは違ったし、どれだけ彼らに受け入れられたと思っていても、それは自己欺瞞《ぎまん》だった。彼らはある一定期間は人間に我慢するがもはや役に立たなくなったら攻撃するのだ。一分一分過ぎるごとに私の恐怖心は膨らんだ。ガミガミおばさんが早く帰ってきてくれないかと祈りさえした。彼女なら群れのリーダーとして私を助けてくれるかもしれない。誰にも見つからないまま朽ちるのか――誰もどこから探し始めたらよいかさえわからないだろう。

しばらくして、夕闇が濃くなり始めると突然、彼の機嫌が変わった。攻撃的態度が消え、彼は再び落ち着きと静けさを取り戻した。彼は優しい目で私を見つめ、目をぱちくりさせた。私は気を緩めなかった。さあ、きたな、こいつは私に偽りの安心感を持たせているのだ、と私は思った。しかし、彼は私の顔と口をあちこち、まるで私に謝っているかのように、舐《な》め始めた。これはぜったい私に殺意をいだいているオオカミではない。これこそ、私がずっと愛してきた以前の兄弟だ。

震えながら、私は木の洞穴から思い切って踏み出したが、彼は止めようとしなかった。彼はそれから私が先刻辿《たど》ろうとした谷間に下る道を歩きだした。二、三歩進むと彼は立ち止まって振り返った。これは後についてきなさいという意味だとは知っていた。それで私は彼に従ったら、チビたちまでついてきたが、巣穴区域から七〇か八〇メートル離れたところで、彼は立ち止まり、地面が爪でひっかかれた跡の匂いを嗅いだ。私が下を見ると、そこに今まで見たこともない、匂いも全く違ったクマのどでかいフンが落ちていた。地面には深いひっかき跡と周りの樹木の皮にいくつもの溝があった。つまり、巨大なハイイログマが爪を立てその痕跡を残していったのだ。私が後にネイティブアメリカンから聞いた話では、クマは地面に残して置くもので彼の意志を示すのだそうで、このクマは捕食動物を殺すために出歩いていたのだ。

突如、すべてがはっきりしてきた。若いオスは私を殺そうとしたのではないのだ。それどころか、私が四五分前にこの道を通っていたら、クマに襲われただろう。このオオカミは私を確実な死から救い、同時にクマが巣穴とチビたちの存在に気付かないように守ったのだ。私は彼に命を救われた。

約三週間後、私は川の流れにひざまずき顔に水をかけていたとき、たまたま水面に映る自分の顔を見た。私は自分の顔を何か月も見ていなかったので、私を見返している顔が誰かわからなかった。やせてやつれ、目は黒く窪んでおり、髪は長く伸びてもつれ、ひげは伸び放題だった。センターを二年前に出たときの艶のある若々しい顔をした若者とは似ても似つかなかった。まさに野蛮人のようで、私はひどいショックを受けた。体重は四九ポンド（約二二kg）減り、健康状態は間違いなく悪化し始めていた。チビたちは順調だった。私がいなくても彼らは困らなかったし、原生林のなかで死ぬ覚悟をしていないのなら、すぐに、家に帰るべきだった。

ある朝早く、リュックサックのある場所まで辿り着くには一週間はかかるかなと考えながら、彼らのもとを去った。私は体力を消耗しきっていた。片足を違う足の前に出す以上のエネルギーは残っていなかった。泣く気力さえ失せていた。オオカミたちのどれも私を止めようとしなかったが、私たちが二度と会えなくなることを彼らはわかっているのだろうか。私は一度だけ振り返りどれかがついてきているかどうか確かめたが、一匹もついてきていなかった。彼らは巣穴とチビたちのほうに向かって進みながら新たな一日を始めようとしていた。彼らの生活はすでに私ぬきで進行しているのだ。

ポケットの中には最後の獲物の肉をいくらか仕舞い込んでいたので、ときどき立ち止まっては休み、食べ、飲んだ。歩みはのろかった。道に自信がなくなると川辺をたどったが、使った獣道のほとんどは見覚えがあったので、夜になると止まってぐっすり眠った。あまりに疲れていたので捕食動物のことさえ心配はしなかった―たぶんどうなってもいいと思っていたのだろう。落合場所に着くまでにはたっぷり一週間はかかったが、私の古びたリュックサックは、雨ざらしで少し風化し、私が置き去りにしておいたまま木にぶらさがっていた。私はそれを引きおろし、木にもたれて座り誰か私を見つける人が現れるのを待った。ついに、そしてずいぶん長い間、私は泣いた。私が残してきたものすべてに対する痛みと悲しみが雪崩を打って私を襲い、私はこれ以上涙が出ないところまで声をあげ、あるいはすすり泣いた。

レビが、二人で手筈《てはず》を整えていたように、二日おきに車を出しているかどうかわからなかった。この前メモを出してから何か月も経っていたし、彼は私の計画がどれほど危険なものか知っていた。ひょっとしたら、彼は私が死んだと思い、そんなに定期的に見に来るのを止めたかもしれない。

待っている間、私は私の実行したことが本当にどれだけ危険なことだったか思い返した――そして、なんど死にかかったかを悟り恐ろしさに身が縮んだ。当然だが、私が耐え忍んだことは普通の人間なら生き延びられない。自然環境と天候だけでも私を殺すのに十分だったが、その上に食糧不足と栄養の偏りが重なった。さらにその上に、オオカミたちが、あの獣の力と大きさで、私の体に体当たりし威嚇《いかく》するのだ。とはいえ、私を生きながらえさせたのはそのオオカミたちである。彼らは私に食べ物を与え、体を温めてくれ、私の安全を守ってくれた。あの若いオオカミが、あの日の午後、私が自分の思った通りに谷川への道を歩き下りるのを止めていなければ、そして私の命を救ってくれていなければ、私は今日この話を書いてはいないだろう。クマが私を食い殺していただろう。それは間違いないことだった。オオカミたちが私にしてくれなかったことはただ一つ、私の体を彼らの食事内容に耐えるようにしてくれなかったことだ。私の体は、たしかに長期間生肉に耐えられるようにできてはいたが、永遠に耐えられるようにはできていなかった。そして今こうして座って、文明の世界とそれがもたらすだろうすべてに帰還することを考えていると、ハチミツが無性に食べたくなってきた。

道路を上がってくるエンジンの音を聞いたのはそれから二四時間後だった。それはキャンプから来た四輪駆動車だったが、運転手は私が知らない人だった。二年の間にスタッフの入れ替えがあったらしく、私の風貌は以前の私を知らないこの男にはあまりショッキングではなかったようだ。しかし、私の臭《にお》いはまた別のはずだったが、彼は思いやりがあり何も言わなかった。私もセンターに帰り着くまでほとんどしゃべらなかった。言うことが、あまりにありすぎて――しかし何もなかった。二年間人間に話しかけたことがなく、何か変な感じで、まごついていた。

レビが私を見たとき、いつもは表情が読めない彼の顔がショックを受けた顔だった。私は彼がここまで大きく反応するとは予期していなかったが、彼が私の中に見た変化は当然ながら私の風貌の変化以上のものだったので、彼が手を差し出して私をハグしようとしたとき、私は泣き崩れた。あの二年間がすべての面で私を変えていたし、私が経験したことの異常な重みがだんだんわかり始めてきていた。私は生きながらえたが、私が愛したすべてに、私がもう二度と接近できないだろう世界に、別れを告げてきたのだ。私は今にも壊れそうで気が遠くなる気がしており情緒的に混乱していた。ここに集った連中の中には私が出て行ったころの私を知る者はあまりいなかったが、知っていた連中はレビと同じように、私を見てショックを受けているようだった。彼らは私が同じ人間だとはとても信じられなかった。何か欲しいものがあるかと聞かれたので、私が「ハチミツ」と言ったら、誰かがすぐ持ってきてくれ、レビと周りに集まった皆が立って見ているなか、私は一気にビンの半分まで食べた。

その後に起きたことは記憶がちょっとぼんやりしているが、覚えていることは、ウインチェスターまで車で送られ、シャワーを浴び、温かい湯を全身にかけたときの信じられない快感とこれが文明というものだと考えたことである。それは木の小屋の中にできた最悪の圧力しかないひどいシャワーだったが、高級ホテルの気分だった。私は服を脱ぐととても変な格好をしていた。顔と手はすごく日焼けしてしわだらけだったが、体は雪のように白く、顔はひげを剃るとツートンカラーになった。体はあまりにやせ衰え、ロビンソン・クルーソーに出てくる原住民のフライデーとホームレスを足して二で割った人間みたいだった。私は骨と皮だけで、シャワーで信じられないほどの量の泥と埃《ほこり》が落ちたが、いくらかは皮膚に染みこんで落ちなかった。誰か別人の頭と手――ひげを剃ったためその後に白い鉢巻きをしている頭だが――を身につけているように見えた。イギリスに帰ったとき皆私のことをどう思うだろうと考えた。

誰もが私の話を聞きたがったが、あまりに話すことが多いので、私は速記の手法を用いて事実だけに絞った。生物学者はデータを欲しがった。オオカミは何匹いたか、彼らの本性はどうか、色はどうで、子どもを産んだか、何匹チビがいて、生息地はどこで、彼らの狩りをする場所はどこで、どんな道を通ったか、などだった。私が話したすべてから判断し、このオオカミたちは再導入プログラムに関係したオオカミとは違うようで、ほぼ間違いなく野生のオオカミで、レビが話していた古代の回廊を使ってその地域に入ってきたものだということに学者たちは同意した。誰もがレビの理論の正しさが確認されて喜んだが、キャンプの中には私がやったことに強く反対する人――ほとんど生物学者だが――がいた。彼らも他の人たちと同様に、私があの環境でどうやって生き延びたか、どうやって群れの中に溶け込んでいったのか、どうして気が狂わずにすんだのか（これは私自身でも時に不思議に思ったが）に興味を持ったが、彼らは私の生還を英雄として歓迎はしなかった。彼らは私が自分の命を危険にさらしたこととオオカミを危険にさらしたことに怒っていたが、他の人たちは私が達成したことは驚異的なことだと考えた。それからネイティブアメリカンは、それを賞賛すべきことではあるが、それほど驚嘆すべきこととは見なかった。彼らの祖先は何千年もの間森林に入り野生の動物たちと共生してきたのだ。

私はすぐに飛行機に飛び乗りたい気持ちになった。オオカミたちと永久《とわ》の別れをしてきた今となっては、家に帰りたい気持ちでいっぱいだった。私は自分が成し遂げたこと、あるいは成し遂げなかったことについて判断され非難されることにうんざりしていたが、あと二週間キャンプに留まり健康を回復し、通常の生活に適応する努力をすべきだと説得された。しかし、それは簡単ではなかった。私は精神的にも情緒的にも相当長い回復期間がかかることは知っていたが、普通の食事に戻るのにこんなに時間がかかり、それがどんなに困難なことかを知って驚いた。私はジャンクフードが食べられるのを待ち望んでいた——ペペローニピザやアイスクリームを食べたくてしかたなかったが、私の体が受け付けなかった。その種の食べ物は食道をするりと抜けたが、あとですごく気分が悪くなった。私の胃袋は極端に収縮しており、ごく少量の食物しか食べられなくなっており——私が今日食べる一皿分で当時は三日はもっただろう——そして、たっぷり何週間かは炭水化物を食べると吐くか下痢になった。

しかし、最も難しかったのは人間世界への適応だった。私が住んでいた、そして仲間として属していると感じていたオオカミの世界は、きわめて単純でバランスが取れていた。ごまかしや、悪意や、根拠のない残酷さのない世界だった。何かがなされるには必ず誰でもが理解できる理由があった。それはときに手荒く攻撃的で、自分のものに対しては争うが、彼らはその本性の片面として優しさと思いやりをも持ち合わせ、私が実際に見て経験したように、仲間を大いなる愛情で手厚く面倒をみた。彼らにとっては家族という単位の安全を守り養うことが最も重要なことだが、この世界を共生している生物に対しては尊敬の念を持っていた。彼らは遊びではなく食うために殺生するが、決して食べられる以上の殺しはしない。

これと対照的に、人間はあらゆることを当たり前のことと考えている。人間は貪欲《どんよく》で、利己的で、人間しか大事な種はいないかのようにこの地上を略奪している。だから私たちの社会に危険と思いやりのなさが蔓延《まんえん》している。飛行場で出発を待つ間、両親が子どもたちと口論し、何でもないことで子どもを折檻《せっかん》しているのを目撃した。私は叫びたかった、「止めろ。子どもとは楽しめ。授かりものに感謝しろ」と。

16──ほかにやりかたがあるはず

それから何週間かは情緒的に一進一退だったが、帰国した今の私の思いは、飼育されているオオカミたちの生活を改善するためにどんな方法があるかを見つけることだった。私は彼らについて実に多くを、遠くから観察しただけでは一生涯かけても決して知り得なかった実に多くのことを学んだ。彼らの行動はあまりにも間違って解釈されており、彼らの欲求が無視されていたので、私ならこうするということを示したい熱意に燃えていた。

私はまっすぐプリマスにいるジャンに会いに行った。私は完全に文無しだったので、ほどほどの給料がもらえて、なおかつ動物、できればイヌ科の動物を相手に働ける仕事が欲しかった。いくつかの照会をしたが、結局軍隊のコネを使ってレスターシャー州メルトン・モーブリーの陸軍が経営している軍用犬管理のコースに住み込みで入学した。基礎調教師コースから始め、次に犬が侵入者の袖を咬《か》むことを学ぶベイターズコースに進み、最後に軍用犬調教師コースを履修した。これは全部でだいたい三か月かかったが、私は犬の給餌《きゅうじ》と世話から始まって、犬とその調教師に対し攻撃の仕方を教えることまで全てを学んだ。

犬は軍隊ではあらゆる任務に使われる。交戦地帯に入って爆発物を嗅《か》ぎつけたり、隔離棟を哨戒したり、それから警察犬のように侵入者の腕を咬んで逮捕する訓練も受けている。しかし彼らは警察犬と違って調教師と一緒に家に住むことはしないし、善人と悪人の区別もする必要がない。入ってはいけないフェンスの内側にいる者は誰でも侵入者であり、犬はそのような侵入者を攻撃し逮捕するよう訓練されている。

私の流儀の訓練ではなかったが、私は目的のための手段だと考えた。動物のところで働いて収入を得る方途だった。ここは厳格な軍事環境であり、人間も犬もすべて疑うことなく命令に従った。責任官はシド・ギラムという名のやせた背の高い特務曹長だったが、我々は彼を七〇年代早期にはやったイギリスの連続ホームドラマ『バスに乗って』に出た権威主義的なブレイク警部をもじってブレイキーというあだ名をつけていた。

選抜されて部隊に送られる犬たちに対するブレイキーの訓練は厳格だった。調教師たちは支配者であれと教えられた。ここは、動物たちに私を支配させるという私の理論が通る場所ではなかった。私にはもっと優しくより効果的な方法があることは明らかだったが、私を含めて誰も彼の理論に挑戦することは許されなかった。犬との関係において、恐怖と脅しが有効な基本原理になるとは私には絶対思えなかった。というのは、この犬たちは調教師よりはるかに強く迅速だったし、彼らの感知能力は比べものにならないほど優れていたからだ。

しかし、私はネイティブアメリカンから、何人も他人に対しどうこうすべきだと命じる権限はないことを学んでいたので、私は自説を胸にしまっていた。インディアンの友人たちは、夢を持つことはいいことだが世界がそれを受け入れる準備がない限りその夢は達成できない、とよく私に言った。ブレイキーは規則や原則に縛られた世代に属し、慣例を疑うことを知らなかった。彼には変化を受け入れる気持ちがなかった——彼は、犬の訓練に際し、民間の調教師は何年も前からやっているのに、食べ物を褒美として使うことさえしなかった。ここの犬たちは情け容赦なしに力で訓練された。

ブレイキーは規律と仕事を生真面目に考えすぎていたので、私たちはよく彼をからかったものだ——それがまた簡単にできた。毎朝食事時に私はソーセージを一つ盗みポケットにしまったが、このため私が訓練している犬は決して私の側を離れなかった。彼らは一つのミスもなく行動した——何の暴力も必要なかった——し、訓練が終わればソーセージがもらえたのだ。私は毎回クラスのトップだった。ブレイキーは私に何か裏があると考えたが、裏は見破れなかった。

私が研修を終えてメルトン・モーブリーを去ってからしばらくたったころ、ブレイキーがあるテレビ番組に出たのだが、それは犬の専門調教師を有名人と組み合わせ、専門家が有名人の犬の調教を指導するというものだった。ブレイキーの相手はゲイのコメディアンのジュリアン・クレアリーで、彼は小さな抱き犬を連れてきた。それはなんとも見事な——そして意地悪な——役者の組み合わせだった。この二人ほど対照的な男はいなかっただろう。ブレイキーは交戦地域に入っていき勝者となる大型犬の調教師で、その彼が全国放送のテレビ番組でピンクのリードをつけたジュリアンの綿毛の抱き犬を抱えて映ったのだ。ブレイキーはこの屈辱を忘れ去ることができなかった。次に彼に会ったとき、私がジュリアンの調子はどうだと聞いたら、彼は私の耳を殴り二度とジュリアンの名前を口にするなとどなった。しかしブレイキーは善人で私は彼をたいへん尊敬していた。今考えれば、彼は私の人生の指針に影響を与えた数少ない人間の一人だった。訓練所を管理しながら、彼は獣医検査官でもあり、その立場で兵舎を三か月ごとに見回り犬たちの健康状態をチェックしていた。それで私は彼とは連絡を取り続けていたが、彼の良いところを言っておくと、私が自分の犬をどう扱っているかを彼が見学に来たことがある。そして、彼の今までのやり方では望ましい結果は出ないと納得して帰った。さらに何年も後だが、彼はデボン州にいる私のところに来て私がオオカミにどう接しているかを見学したこともある。

訓練を終えた私の最初の仕事の肩書は、ウィルトシャー州のウィルトンの郊外にあるランドコマンド司令部の犬舎副管理者だった。私はアースキン兵舎の犬舎にいる約六匹の犬の世話をした。犬の役目はキャンプの防衛と監視で、私の役目は犬たちが二四時間勤務中確実に最高の状態で仕事ができるようにしておくことだった。犬たちの中には素晴らしい性格のものがいたが、どんなに想像を膨らましても彼らはペット犬ではなく、軍用犬—ジャーマンシェパード—で、人間に向かっていくように育てられているので、十分に用心して扱わないといけないやっかいな動物だった。私は彼らが気の毒だった。犬にはこの仕事のために六〜八週間の訓練がほどこされたが、調教師は二人だった。私の見解ではその数は逆でなくてはならなかった。調教師の中にはやっていることの要領がわからないのがいて、犬たちに出し抜かれていた。

強いバーミンガム訛りのため私たちがイム・ヤムと呼んでいた愛すべき若い兵士がいた。彼はすごく調教師になりたかったのだが、以前に一度も犬を扱った経験がなかった。彼が犬を革紐《かわひも》から放すと、犬は訓練目標を捕まえにそこに向かって走るどころか、街路灯の方に走っておしっこをした。しかしイム・ヤムはその犬が大好きで、毎朝彼はその犬の小屋に来るとおはようと挨拶し、それから次から次へ犬小屋を回りそれぞれの犬の名前を呼んで挨拶した。ある晩、私は外で飲んだ帰路、わざわざ遠回りして家に帰らずに、どこかの犬小屋で犬と一緒に寝ることにした。翌朝、まだ夜が白々としていたとき、この若い兵士がいつものように犬小屋を一つ一つ回って挨拶を始めた。「おはよう、シャドー、おはよう、ダスティ、おはよう、ケリー」。そして彼が私の小屋に来たとき、中が暗くて私の姿は見えなかったので、私は「おはよう、イム・ヤム」とすごい低音で言った。その時の彼の顔の表情は写真に撮っておきたかった。彼は犬が自分に話しかけたと思った、と私は今でも考えている。

兵舎ではふざけを楽しむ瞬間もあった。トニー「フランジー」フランゴスという名前の特務曹長がいたが、彼は私がかつて所属したコマンドの出身で、抜群に敏捷だったが小男で、どういう訳か私たちは彼にいつも悪ふざけをしていた。誰かが彼の電話の受話器にラズベリージャムを塗っていたことも思い出すが、あるとき、彼が地域担当特務曹長やパラシュート部隊のお偉方たちとの大事な会議がある晩に、その前に彼のベレー帽を冷凍庫に入れたことがあった。フランジーは静かにそこに座ったまま、帽子から溶けた冷たい水を襟にしたたらせ、一言も文句を言えなかった。悪ふざけのなかでも一番恥ずべき仕打ちは、次の事件だった。敷地に解体予定の空きビルがあって、そこから真鍮《しんちゅう》の部品やドアノブ、ノッカーズ、その他貴重な物品がなくなっていることが基地の司令官に伝えられた。フランジーの隊員のせいではないかと耳打ちされた。フランジーは母親のトラのようにすぐ猛烈に私たちを弁護した。私の隊員が盗むはずがありません、これは私の兵士たちの潔白に対するとんでもない中傷であります、自分はわが隊員のすべての無実を保証いたします、と。彼は事件の詳細を説明しながら、「諸君、心配するな」と言ったが、それから考え直して聞いた。「まさか、君らが取ったんじゃないよね」。私たちは白状せざるをえなかった。私たちのロッカーは真鍮で埋まっていた。

私たちが調教している犬に関する本当の問題は、犬に自然に備わっている序列の重要性を軍が理解せず、犬によっては全く不向きな仕事をやれと命じていることだった。アルファの犬に攻撃の役割を負わせることはできないのだ。アルファは意思決定犬で群れの中で最も役に立つ犬だ。その犬の本質的役目は、群れに対し危険から逃れ調教師の背後に隠れろと命じ、誰か違う犬に危険な仕事をさせることにある。位の低い犬も、本能的な攻撃性がないから、危険な仕事はできない。攻撃犬として完璧なのはベータ犬であった。その犬なら危険を喜び、断固として恐れず攻撃する。この違いを理解しなかったため、軍はあたら多くの良犬を失った。

軍は犬の心理学をあまりよく理解していなかった。犬が偽装犯人の腕を口で捕まえたときに、調教師は犬に放せと命令して「そこまで」と叫ぶが、犬が従わないと猛烈に怒りだしていた。誰も理解していないようだったが、これは犬の本能に反することである。野生のオオカミは被食者が死ぬまで食いつき続けて放さない。そうやって彼らは生き延び、群れを養うのだ。犬の訓練では、獲物がまだはっきり生きて暴れているのがわかっているのに放せと命令されるので犬は当然混乱し、むしろ怒鳴り声を群れからの応援と聞いただろう。しかし、私は用心して立ち回らねばならなかった。私は兵舎の新米だったし、文化を一朝一夕に変えようと思うのは無理だった。さらに、その当時の私の考えは単なる理論だった。私はそれを実地に試す必要があった。

兵舎での仕事の楽しみの一つは私の勤務時間が変則的だったことである。調教師の勤務時間は二四時間だったから、真夜中に犬舎にいることもまれではなかった。それに邪魔が入ることがなかったので犬の訓練には夜中は好都合だった。そのため私には若干内職をする時間ができて、まもなくキャンプで働く民間人や地元の村人の間で犬の訓練者として私に対する需要が高まってきた。これは全部口《くち》伝《づ》てに広がったものだが、私としても私が教えることに人々が素直に従うのは気分のいいものだった—それに何がしかの金が入った。当時の犬の伝統的な訓練は、ペット相手でも、まだだいたい支配することを基調にしていたが、私はそれをまるっきり逆転させた。私は犬の本能的な賞罰制度を利用し、やる気を出させるためには食事と温かさを与え、止めさせるには彼ら自身が使っている処罰方法の剥《はく》奪《だつ》と冷淡を使った。それから私は犬の所有者に、たとえ家族に二人しかいなくても、訓練教室に必ず家族全員が出てくるよう頼んだが、これは犬に家族という群れの一員であることを理解させるためで、群れの中の一人にだけ反応しなさいと訓練することは犬の本能に反することだからである。もし家の中に小さな子どもがいるなら、犬の錯覚は潜在的に危険である。

変な事態が発生する場合、犬が問題だということはめったにない。問題は常に、その状況にふさわしくない犬を連れてきておきながら、犬が理解できる言語で躾《しつ》けられなかった人間である。飼い主は多くの場合正しいことをしようと努力しているが、結局犬に権力をもたせ自分の生活を台無しにしてしまう。

ある夫婦は世にもきれいなレトリーバーを飼っていて、犬は庭で飼い主が投げるボールやおもちゃを取ってきていた。時間が経つにつれ、犬は取ってきたおもちゃを放さなくなり、誰かがそれを取り上げようとすると犬は唸《うな》り始めた。誰も犬に抵抗できなくなり、犬が二歳になったころには、犬は誰がみても一家の王様となっていた。犬が家の中のすべてを占拠したので、飼い主は階段下の押し入れに住む羽目になってしまった。夫婦が部屋に入るたびに、犬があまりに威嚇《いかく》的に唸るので彼らは動けなかった。飼い主は悲嘆にくれたが、犬があまりに所有意識をあからさまにしたので、結局犬の家を他に移さざるをえなかった。

問題は、犬が回収したものを人間に返せというのは犬の本能に反したことをしているのだ。野生の世界では、自分が回収したものは自分のものである―彼らが、これは自分のものだと群れの仲間に意思表示する場合、彼らは耳を下げ自分のものを覆い隠す。もし両耳が飛行機の翼のように横に寝れば、他のものは近づくなという警告である。しかし、私たち人間は犬の品種改良で彼らの見かけをあまりにも大きく変えてしまったので、ほとんどの犬の耳はだらりと垂れ、彼らは耳を意思疎通の手段として使うことができなくなった。それで代わりに彼らは唸るのである。もし犬が位の高い犬の場合、飼い主がボールを取ろうとしたとき犬が唸ったので飼い主が引き下がったとすると、犬はただちにボールだけでなく自分が支配したいものは何でもこうすれば所有できると悟る。だから私たちはその本能的な行動を阻止するようにしなければならないのだが、これは犬の訓練であると同時に飼い主の教育でもある―しかし通常後者のほうがずっと難しい。

あるとき地元の獣医院の受付から電話があり、八〇代の老人が八か月になるコリー犬の雑種を引き取ったのだが、問題を抱えているので助けてくれないかと頼まれたことがある。受付嬢は、老人は犬の扱いに困っているが、私の料金はいくらかと聞いたので、五ポンド半だと言ったら、私の車のガソリン代にもならないその金額をさらに値切った。老人は老齢年金受給者だと、彼女は言った。「いいでしょう、四ポンドにしよう」。それで合意に達し、私は教えられた道筋に従ってその村に入ると、大きな屋敷の前にきた。私はこれが老人の家なら……と考えたが、違っていた。彼の家は隣で、なんともっと大きかった。さらに、彼は村のほとんどを所有する地主だった。私は信じられない話だと小声でぶつぶつ呟《つぶや》いていたが、老人に会った瞬間に気持ちが変わった。彼は犬を可愛《かわい》がっていたが、人の手を借りないとほとんど歩けない老人で、飼い犬は何マイルも走ってヒツジを誘導したがっている犬だった。完全なミスマッチだった。しかし老人は家政婦を雇っていたので、犬にリードをつけて家の裏にある放牧地に案内するように老人に頼み、広場の片方の端に老人を、他の端に家政婦を立たせ、両人に食べ物を渡した。そこで犬のリードを外すと、犬は老人から家政婦のほうに走っていったが、犬がどちらか一人のほうに辿《たど》り着くたびに、彼か彼女は食べ物を少し与え、少しずつ相手の方に歩み寄った。犬が互いの方に駆け寄るたびに、二人は同じことを繰り返した。犬は前後に駆けながら、二人を広場の中央にゆっくり誘導した。これで彼の牧羊犬としての本能は満足し、彼に必要な体の運動にもなった。老人と家政婦が広場の中央に辿り着くと、老人は犬に再びリードをつけ、二人と犬は穏やかに家の中に歩いて行った。

当時私は実験中だった。人々は子犬を訓練してほしいとか、もう少し年のいったコリー犬雑種やリトリーバーのような行動上の問題を抱えている犬を抱えて私のところに来たが、私はその犬たち全部に私がオオカミから学んだことを当てはめてみた。しかし、当時は私にとってまだ初期の段階だった―オオカミについてまだ知らないことがたくさんあった―ので、それは飼い主と同じように私にとっても苦い経験を伴う過程だった。しかし、飼い主の多くは私が言ったことに合点がいったらしく、彼らは犬が変わったことを経験した。時期的にも最高のときだった。うれしいことに、犬の心理に関して突然世間の関心が高まった――犬がどうしてあんな行動を取るか理解する手段としてオオカミが注目され始めていた。ようやく世界がその気になったかに見えたが、他の行動学者たちの教えは遠くからオオカミの行動を観察したことに基づいているのに対し、私の教えは独特の視点に基づいていた。私はオオカミと暮らしたことがあるのだ。

といっても、それがすべての問題を扱える資格を私に与えたわけではなかった。ある日、私はソールズベリーの動物園で六〇代の夫婦と二人が手に負えないというジャーマンシェパードと一緒にいた。そのとき、バーバラ・ウッドハウスに似たすごく威張った女性が歩み寄ってきて、あなたは犬の訓練者の資格があるかと私に聞いてきた。私は資格があるとは言えないが、犬のことはいくらか知っているので友達の手助けをしていると答えた。女性はコリーを飼っているがこれが悩みの種だと言った。私は彼女に名刺を渡し、トレーナーが見つからなかったら、電話をくだされば助けになるかどうか見てみましょうと言った。

約十分後にその動物園に彼女のコリーが現れた。犬が現れた瞬間に私は気がついた。私に話しかけた女性は犬の少し後ろについていたが、驚いたことに犬は私の方をめがけて走ってきた。さらに驚いたことに、犬は私の股《また》に飛びついた。私はかろうじて体をひねったが、犬は私の内また、睾丸の一寸先、の肉にがっちり歯を食いこませた。その痛さといったら飛び上がるほどだったが、私があれほど速く身をかわさずまともにあそこを咬まれていたら、その痛さに比べたらたいしたことはなかっただろうが。

「ほら、でしょ?」と女は勝ち誇ったように言った。「この子、それをやるのよ」。私はその女性にはお引き取り願った。

17——繁殖のしかけ

飼育オオカミを檻《おり》に入れていると考えるなら、オオカミもそう考えるが、檻は単に彼らの安全を確保する手段で、彼らの生活をその中で豊かにするのだという印象を与えれば、彼らは檻を監獄ではなく安息地とみなす、とネイティブアメリカンは言う。囚《とら》われのオオカミたちはほとんどが檻の中にいると感じているように私には思われた。私が知っている彼らは野生の仲間とはまるで似ていなかった。彼らは生来の気概を失くし、囲いの扉を開けたとしても出て行く自由を選ばなかっただろう。

私は彼らの生活を野生のそれに似せることで改善できると確信していたが、人に信用してもらう必要があった。私はほとんどの生物学者が自慢する実績よりはるかに進んだオオカミとの経験があったが、名前につける肩書がなかったので、「ウルフパック・マネジメント（オオカミの群れ管理）」という名の組織を設立した。当時は私一人だったが、その名前は堂々たる響きだと思った。私は必死になって私の理論を実地に試した。犬の仕事は楽しかったが、私の本当の狙いはオオカミだったし、幸いなことに、ウィルトンはロングリート・サファリパークのすぐ近くで、そこにはまだすくすく育っているシンリンオオカミの群れがいた。

ロングリートは、当時も今もイギリスで最も評判の高い自然動物園で、私はオオカミの研究対象としてここ以上に恵まれた群れはいないことを知っていた。動物園は第七代バース侯爵の豪壮な大邸宅の所有地に広がっている。邸宅は十六世紀の終わりごろに建てられたエリザベス朝建築で、それ自体が驚異的な観光の目玉であるが、その周りに十八世紀の偉大な造園家ケイパビリティ・ブラウンが設計した、信じられない広さのパークランドがある。パークランドの広さは九百エーカー（約三・六㎢）でそこに動物たちが住んでいるが、さらにその先に八千エーカー（約三二㎢）の森林、湖沼、農地―見渡す限り自然のままの田園地帯―が広がっている。オオカミの柵はアイダホのオオカミたちが住んでいた空間にはかなわないが、スパークウエルのせせこましい柵とは似ても似つかず、飼育オオカミが―ライオン、トラ、その他考えられるあらゆる種類の動物と一緒に―イングランドでこんなに立派な状況で生きているのを見ると気が晴れた。

初対面ではあったが私は園長のキース・ハリスに会いに行き、今までやってきたことを話し、彼のオオカミに対して私の理論を試してみることができるかどうか尋ねた。オオカミたちの飼育されている状態や健康の良さにかかわらず、ロングリートには一つだけ問題があった。オオカミが子どもを孕《はら》まないのだった。当時は群れの管理や、繁殖パターンを成功させるには世代間に四年の間隔を設ける必要があることがほとんど理解されていなかった。他の多くの自然動物園でもそうだったが、ロングリートは当初、オオカミは、何匹も余ったオオカミがいる他の動物園から持って来ていたので、今いるオオカミの年代はだいたい同じだった。子を産むには年を取りすぎていた。

野生のオオカミの群れでは常にいくつかの世代が混在しており、子どもを産める若いメスが必ず現れる。彼らは子どもを産んで群れに新しいメンバーを増やすことにより、縄張りを守り、狩りをし、血筋をつなぐ。飼育されたオオカミの場合、必要な頻度で十分な良質の食事が目の前に運ばれたし、縄張りを荒らされる心配もなかった。したがって、群れの数を増やす理由がなかったので、彼らは子どもを産まなかった。オオカミは自分の体を管理して、子どもを産むかどうかを決められる特殊な能力を持っている。メスはしばしば想像妊娠をするが、本当に妊娠しても必要なら堕胎することもできる。もしタイミングや状況が出産に適当ではないとメスが決めれば、彼女は妊娠を中断し胎児を体内に吸収する。

私はここのオオカミたちの生活を改善することができ、さらに子を産むよう仕向けることさえできる自信があったが、ここのオオカミは出産だけを別にすれば、どの点においても健康で幸せな生活を送っているので、私に給料を払う点になると責任者を説得するのは困難だった。しかし、キース・ハリスは私がネズパースで実施したことに興味を持ち、彼の飼育者たちと一緒に仕事をしてもいいと許可してくれたが、ボランティアベースでなければだめだと言った。私の主たる関心はオオカミたちの支援にあったし、すでに軍から収入は得ていたので、彼らが提示した条件はどれも満足だった——それにそこは理想的な試験場だった。

自然動物園には毎年何十万人の見物者が車でやってくる。一九六六年に開園したときは、アフリカ以外では最初のドライブスルーのサファリパークだったが、動物が暮らしている場所がアフリカのように藪の中ではなく緑豊かなイギリスの田園だから、そして何百エーカーもあるところではなく数エーカーの囲いの中だから、動物たちはどこからでも目立つし彼らは車を全く怖がらないので、極めて至近距離から彼らを見ることができる。ここは世界中の他の多くの動物園のモデルとなった。

「オオカミの森」はたぶん四、五エーカー（一万六千〜二万㎡）の広さで、トラとライオンの敷地の奥にあった。中心に成長した大木（ほとんどがオーク）の雑木林があり、低木の茂みや地被植物はなかった。地表全体が草で覆われ、境界フェンスの片隅に飲み水のための小さな人工の水溜まりがあった。ある日、若いオスのオオカミがそこで水を浴びているミヤマガラスに近付き狙っているのを目撃した。オオカミはしばらく前からいくらか離れた所に待機して池を観察していたが、鳥が水浴びにやってきて飛び立つたびに、空中にあがるのがいつもより時間がかかるのに気がついたのに違いない。羽にかかった水が空気力学の効果を邪魔し、飛ぶ力を減殺していた。オオカミは約五〇メートル近くまで這《は》い寄った。ミヤマガラスを捕まえられると考えるなんて馬鹿なやつだなと私は思ったが、やつは見事に仕留めた。

唯一の建物は粗末な煉瓦《れんが》造りの小屋で、これは必要に応じて獣医が使った。敷地全体は頑丈にフェンスが張られ扉が閉められていたが、これはどの囲いもそうだった。開園時間になると、係員たちがシマウマに似せて白と黒の縞模様に塗った四輪駆動車の中に座っているが、これはどの囲いにも配置され、観光客が車を出ていかないように見張るためだった。動物園で働いているボランティアたちは動物と一緒に仕事をしたいから引き受けたのに、栄光の車上見張り役として一日を過ごしているのを見て私は気の毒に思った。

車はここの風景の一部だったが、歩く人間はそうではなかった。動物たちは窓ガラスという防壁の中からはおとなしく見えるかもしれないが、実際は彼らは危険だった。私でさえもオオカミの柵の中は立ち入り禁止だった―動物園は私の保険はかけてくれなかった―ので、柵の中で駐車する昼間の仕事以外の空いた時間は自分の車（当時は白いシトロエンのバンだった）の中からオオカミを観察し彼らと顔見知りになるしかなかった。オオカミたちはそのバンを見分けがつくようになり、私が運転して中に入ると、彼らは車体のあちこちに匂い付けをするのだった。私はこのことを特に気にしていなかったのだが、あるときライオンたちが私の車に異常な関心を持ち始めているようだと気づいた。夕方になると私は飼育係の車の後に従って動物園を離れるのだが、ライオンたちは飼育係の車には全然関心を示さないのだが、特にメスが私の車の方に駆けてきた。ある日の夕方、メスの一匹が足で私の車の後部にものすごい一撃を加えたので、その強烈さでバンが大きく揺れた。私が考えついた唯一の説明は、ライオンはオオカミの匂いを嫌っているのだということだった。次の晩、動物園を出る前にバンに水をかけて洗ったら、私がライオンの柵の中を通過しても彼らは顔をあげることさえしなかった。

柵の中は立ち入り禁止だった夜間に、私はオオカミから直線で約五百メートル離れた谷間越しの雑木林の中に半永久的な住居を定めた。そこは目で観察し耳で聞き取るのにとても便利な場所だったので、私はくる晩もくる晩も懐中電灯と双眼鏡とサンドイッチと温かい紅茶の入った魔法ビンをもって座り込んだが、とても居心地が良かった。二羽のフクロウがねぐらを作っている洞のあるオークの巨木の下に私は座ったが、暗闇と夜の雑音に包まれ、フクロウの夜鳴き声とその他の夜行性の動物たちの所作に、ほとんど、子守歌のように眠りを誘われたあのノーフォークの家の子どもに帰った感じだった。イギリスきっての素晴らしい景観の真ん中に鎮座して、私がオオカミの群れに遠吠えし、彼らが遠吠えで応答するのを聞いていると、全く神秘的な雰囲気があった。

群れの行動を何週間か観察した後で、私は繁殖プログラムなる実験を始めた。私は柵の外の格好な場所二か所――その一つは私の空洞の巨木だったが――に音響器具を設置し、オオカミたちが最も活発になる夕暮れ時と夜明けに、アイダホで録音してきたオオカミの遠吠えをテープで流した。この仕掛けの狙いは、谷の向こう側にライバルの群れがいると彼らに思いこませることで、それによってアルファのメスが子どもを産む気になるのではないかと私は期待した。

周辺により強力で大きな群れがいて彼らの縄張りを奪おうとするかもしれないと知れば、ちょうど人間の社会が敵の侵入で団結するのと同じで、群れが団結する。そして、いかなる種であっても将来の安全が危険に瀕していると思えばその本能的な反応は子どもを産むことである。この群れに外部からアルファのメスが来た、それがこちらのアルファのメスの地位を脅かしていると知らしめれば、こちらのメスはその挑戦を受けて立つか、あるいは白い腹を見せて自分は盛りを過ぎたので、その役目をもっと適任なオオカミに譲ると白状するかだろう。

これが少なくとも私が証明しようとしている理論だった。野生の世界を知らないオオカミの群れで実際にどうなるのかは私にはわからなかった。私は彼らの遺伝的な記憶に頼っていた。私の装置はばかげたほど手の込んだものだった。オオカミの群れは明らかに動き回るから、現実的にするためには彼らの遠吠えの声も動き回らなくてはならなかったので、装置はポータブルである必要があった。しかし、装置は音を長距離まで受送信できる必要もあった。私はウィルトンの小さな電気店で目的にぴったり合致する大きなパラボラアンテナをなんとか手に入れるよう頼んだ。私はそれをテープレコーダーと拡声器につないだ。あまり格好は良くなかったが、役には立ったので、私はそれを動物園内の他の場所にも運んで行けた。しかし基地は常に洞のある巨木だった。

テープは役目を果たしているように思えた。不安の何週間かが過ぎると、アルファのメスのマチャが明らかな妊娠の兆候を見せ始めた。過去何年かに私が知ったオオカミはかなりの数になり、彼らの多くが素晴らしい性格をしていたが、ロングリートのオオカミの森に永久に忘れられない一匹がいた。彼女の名前はデイジーで、マチャは自分の子どもの面倒を見る乳母《うば》役に彼女を選んだ。デイジーは地位の高いメスで、美しいオオカミだが、花嫁になることはなくいつも花嫁の介添えになる運命だった。その年の春ロングリートで、私は彼女がリーダーの出産を辛抱強く待っている—私たち皆もそうだったが—のを観察していたが、妊娠六三日が過ぎるとその瞬間がやってきた。マチャは自分で掘った地下にもぐり分娩用の窪《くぼ》みに身を横たえたが、その間ずっとデイジーは大きなオークの木の陰に待機し、母子ともに健全だと伝える産声が聞こえるのを待っていた。ギャーギャーというその産声を聞いた瞬間彼女はさっと立ち上がり、やる気まんまんの様子で巣穴の入り口まで歩いていったが、そこでしばらく立ち止まり耳を澄ませていた。二匹の赤ちゃんが無事に生まれたあと、満足気に乳を吸っている。デイジーは明らかに早く赤ちゃんのそばに行きたがっていたが、彼女の仕事の番が回ってくるまでにあと五週間は待たねばならなかった。

赤ちゃんが誕生後巣穴に滞在する期間は通常五週間である。その期間赤ちゃんは母親以外誰にも会わないで、母オオカミは彼らに乳を与え、彼らを暖かく保温するが、これがオオカミの健康にとって最も大事な要素である。子オオカミが大きくなったときに占める地位が生まれつきなのか、この世の最初の何週間に獲得するのか、すなわち、地位が生得なものか育てによるのか誰もまだわかっていないが、子どもが母親のどの乳房を吸うのかが大事なことは間違いなく、それを決定するのに母が何らかの影響を与えることができる。真ん中に一番近い乳首をくわえる——くわえることを許される——子どもは外側で授乳される子どもより成育がよいはずだ。中央の乳は質が良く、そこで授乳される子どもはその脇で授乳される兄弟が近くにいるので保温状態が良い。これらのオオカミは端に追いやられるものより高い地位を占め、その結果彼らはより濃厚な匂いを身につけるだろう。そして生まれて最初の何週間かに始まったことは成長したあとも続く。地位の高いオオカミは一番栄養の良い餌《えさ》を食べ、強い匂いを放ち、最大の尊敬を受ける。

他に、子どもが最初の五週間に巣穴で学ぶことは彼らの家族の各メンバーにどんなオオカミがいるか、群れのシステムがどのように運営されているか、そして各メンバーにお目見えの瞬間が来たら彼らにどのように挨拶するかである。母オオカミが食事のため巣穴を出るたびに、彼女は子オオカミの匂いを放ち、群れの他のメンバーに体をこすりつけ、その匂いを巣穴に持ち帰り子どもに嗅《か》がせる。母が体をこすりつけたオオカミが地位の高いメンバーなら、母は子どもの頭か首を口にくわえ、優しくそれを転回させ子どもの喉《のど》が見えるようにして、それからそこを舐《な》めまわすが、これは子どもに、いよいよ先の地位の高いメンバーに会ったときは、子どもは寝返りをうって喉と腹を見せ服従しなければならないことを教えているのである。このように母は全く匂いだけで子どもを家族に紹介し、家族を子どもに紹介する。だから、まだ半分目が見えない子どもが巣穴からよたよたしながら自分の足で這い出すときは、彼らはめぐり合う群れの全てのメンバーの性格と社会的地位を知っており、どのように振る舞うべきか知っている。

五週間たつと母オオカミは離乳プロセスを始め、子オオカミは固形食に移り始めるが、それは食べて吐き戻された肉である。子どもに食べ物をあげるとき一度食べたものを戻して食べさせるのは最初は母オオカミだが、次に乳母役がその役を引き受け、子どもが成長するにつれ、彼らは群れのどのメンバーに対しても彼らの唇を小さな尖った歯で軽く咬《か》むしぐさで食べたものを戻すようねだることができる。母が育てているときは巣穴から遠くへ離れられないので、群れの他のメンバーが彼女に食べ物を運んでくる。彼らはしばしば、仕留めた肉片を四〇マイル（六四㎞）も運んでアルファのメスに食べさせるし、乳母役が子どもの養育を引き継いだときには彼女にも同じことをする。その代わり、乳母役が彼女専用のけもの道を通って襲撃現場に出かけるときは、短期間だが群れの中の一匹が子どもの世話をする役目を引き受けることがある。

次世代の仲間を育てることは共同の仕事である。母オオカミが子どもを離れるのは、アルファのメスとして群れをリードしなければならない仕事に戻るためで、子どもの教育と養育は乳母に、そしてゆくゆくは家族全体に任される。

デイジーというのは、実に献身的で、心が広く、まことに賢いオオカミなので、私は気がつくと自分の子ども時代のことを思い出しているのだった。私は祖父母を深く敬愛してはいたが、母が私の世話を放棄して二人に任せっきりだったことに傷つき怒っていたことを思いだしていた。そんな境遇にいた子どもは友達やいとこの誰にもいなかったから。しかし、オオカミの母がどうやって子どもを育てているかを観るにつけ、私は自分の人生を今までと違った角度から見るようになった。私がここで経験していることが余りに私の幼少時代の経験と似ているので、突然目からうろこが落ちる感じがした。私は放ったらかされたのではなかった──全く違う。私の幼年期は、祖父母が歳月を経て培った忍耐と英知によって、はるかに豊かなものになったのであって、私が得たものは、一人の若い女である母親からは決して得られなかっただろう。母は、ちょうどアルファのメスのように、家に食べ物を運んでくるために外に出て仕事をしなければならなかったので、子どもの養育を彼女が最も信頼できる家族のメンバーに託したのだ。私は母との絆を感じた。

18 板挟みになった忠誠心

ウィルトンの犬舎で仕事が見つかったあと、ソールズベリー郊外の農場にある小さな一軒家を借りてジャンと同居するようになったが、ジャンは前の連れ合いとの間にできた子ども二人を、私は救助したハスキー犬二匹をそこへ連れてきた。

この小さな平屋に移り一緒に住むだけで私は他に欲しいものはないと思ったのに、ジャンの働きが素晴らしかった。彼女は今まで大型の危険な犬はもちろん、普通の犬にも全く経験がないのに、兵舎の攻撃犬の訓練の仕事に私と一緒に参加したうえ、オオカミにも深く関与した。彼女は、こんな生活になるなんて想像もしていなかったはずだから、いったいどんな人生に首を突っ込んだのだろうと何度も思ったに違いない。彼女が将来像として考えていたのは、普通に会社で働き、きれいな車を運転し、こぎれいなセミデタッチの家に住み、無理なく住宅ローンを払いきることだった。彼女が一度言ったことだが、私に会う前の彼女の最も悩ましい、というか危なっかしい意思決定は、どっちのブランドのオレンジジュースを買うかという程度だった。それが突然変わった。漆黒の闇の冬の夜に、あるいは土砂降りの雨のなかに座りこみ、谷越えのオオカミたちにこちらにライバルの群れがいるぞと錯覚させるためテープレコーダーを流す手伝いをしに、何度私と一緒に出かけたことか。

これ以上の恋人は望めなかった。彼女は破天荒なライフスタイルにも、私がほとんどの夜や週末をロングリートの自然動物園で過ごしたという事実にも、文句一つ言わなかった。彼女は私が自分個人の仕事に必要なスペースはすべて与えてくれたし、子どもができたときは素晴らしいお母さんぶりだった。しかし、振り返ってみると、互いに相手に対する愛情がおそらくそれほど激しくはなかったのだろうという気がする。当時はそれが私たち二人に合った関係だったのだ。互いに相手が欲しいものを与えたし—親密な付き合い、友情、家、そして子どもたち—さらに私たちは恋していると思い、互いをとても大事にし、思いやりもあると思ったが、本当にそうだったかといわれると確信がない。しかし、あるいは私が二人の人間関係に永続のチャンスを与えなかったのかもしれない。当時、私はあまりに仕事に埋没し、オオカミに対する愛情と彼らについて学んでいるあるいは発見しているすべてのことに情熱を注ぎこんでいたので、どんな人間関係も近づきがたかったのではないかと思う。もしオオカミと一緒に柵の中で夜を過ごすか、家で過ごすか、私に選択しろと言われたら、正直に言えば、私は恐らくオオカミを選んだだろう。

私たちは合計十一年一緒にいて四人の子どもをもうけた—カイラ、ベス、ジャック、サム—が、皆素晴らしい子どもだった。ジャンはすでに三人の子どもがいたのだが、そのうち私たちと一緒だったのは二人だけだった。カイラの陣痛が始まったときも、すでに経験していたので、ジャンはすごく落ち着いていた。彼女は風呂場で静かに体を洗い、パニックにならないでと私に言った。ところがその直後彼女が「生まれるわ！」と叫び、私と同じようにパニックに陥った。私は彼女を抱えて車にのせ、ソールズベリーの病院にトップスピードで走った。車を運転しながら電話をして妻が今すぐ子どもを産みそうだと伝えた。

後部座席に寝ている彼女を振り返ると赤ちゃんの頭が見えた。車で出産させなければいけないかなと思ったが、病院の玄関に滑り込むと、そこに看護師が二人待機しており、直後にカイラが足をばたつかせ泣き声をあげながらこの世に飛び出したのを間一髪で受け止めた。

カイラが生まれてからは、ジャンは家に残り彼女の面倒をみなければならなかったので、私たち二人が星空の下で——あるいは降りしきる雨の中で——座って夜を過ごす機会は限られてきた。私は夜を日に継いで働き、そのころ手がけていたすべてのことにますますのめり込んでいった。家にいるときでも、私は調査結果を記録にとり、録音を聞き、飼育されたオオカミの群れから得た情報に納得のいく解釈を与えていた。私は彼らに魅せられたが、同時にオオカミの行動が、昼間の仕事で相手にしていた攻撃犬やお客さんが訓練してくれと連れてくるペット犬について教えてくれる情報にも魅せられていた。悲しくも我々人間は無知ゆえに最良の友達の期待を裏切っていること、そして人間が名誉を挽《ばん》回《かい》するためには考え方を根本的に変えなければならないことを私は知った。

私はまだ表面を撫でただけでこうしたイヌ科の動物を助けることができるためにはもっともっと勉強しなければならないことを知っていた。そして勉強できる場所はアイダホということも。私はネイティブアメリカンの家族のもとへもう一度帰ろう、そしてオオカミたちと一緒になり身近に観察できるようになりたいと決心した。イングランドは私の故郷であり、家族と血縁者がいるところで、常に帰ってこいという引力を私は感ずるが、私の精神的な故郷はアメリカの北西部だった。部族の人々は私の兄弟であり、オオカミは私の養子の家族で、毎年毎年私は彼らに教えを受け彼らの知恵の言葉に耳を傾ける必要を感じた。いったんそこへ入ると、残した家庭と家族にまつわる責任は、はるかかなたのものに思えた。

　私が家を離れることはジャンには合っているようだった。私が軍にいたら長期の駐留で家を離れていただろうから、私たちはちょうど軍人家族のようだった。ジャンは、私たちがその後共同で家を買ったプリマスを本拠地として、子ども、友達、家族の周りに自分の人生を設計していた。彼女はとても独立志向が強く、ときたま私がひょっこり現れたときは彼女の静かな生活の秩序を乱していたと思う。おそらく私がいないほうが彼女は幸せだったので、私がいなくなると彼女は完全に憂さを忘れ、再び私を迎え入れるのが煩わしかった。

　私は上官のブレイキーにアイダホへ帰ることを話し、上層部に口添えしてくれないかと頼んだら、彼はネズパース族でさらに研修をすれば攻撃犬のためになると説得してくれた。軍は特別休暇を与えてくれたので、私の年間休暇と合わせると六週間になった。これだけあれば旅費のもとがとれる。私はロングリートにマチャの子どもが生まれて間もなく出発した。子どもが成長するのを見たい気持ちも強かったが、もう一度森林に入り野生のオオカミと一緒になりたい気持ちも強かった。

　アイダホに帰るたびに、私の経験と年功のせいでもっと良いティピーをもらえると思った。しかし毎回毎回、キャンプの中心施設から離れた森の端に接したみすぼらしい小屋をあてがわれた。最初は、私が新入りだからだと思った。次にはおそらく私が白人だからで、過去何百年かインディアンの部族たちを迫害してきた白人の共同の罪のため罰をうけているのだと考えた。最後に、三回目か四回目の年にこのテントに案内されたとき、私は勇気をふるって、どうしていつも森の近くのテントをあてがうのだとレビに聞いた。いつもの調子で、彼は直接的な回答はせず、ある話をした。当時ピンとこなかったが、彼の言わんとしていることが理解できるようになった。

伝説によると、ある日インディアンの女が村のため薪《まき》を集めているとき、生まれて間もないオオカミの子どもが凍えて腹をすかし死にそうになっているのを見つけた。女は周りを見回して母親や群れの他のメンバーを探したがどこにもその影はなかったので、放っておけば確実に死ぬと思い、彼女は赤ちゃんオオカミを毛布でくるみ籠《かご》に入れ、彼女のティピーに連れて帰った。家で彼女は赤ちゃんの看病をして、温かいミルクを与え、健康な体にした。彼女は自分の子どもを育てるように子オオカミを育て、成長すると狩りで捕った肉を与えた。彼女がどこへ行っても子オオカミは彼女のそばをよちよちついて行った。女とオオカミは不離不即の関係になった。薪を集めるのも一緒、川から水を汲むのも一緒だった。川辺では揃って座り早朝の朝日の中で川面に映った自分の顔を眺めるのだった。夕方の冷気の中で彼らは森の中を一緒に走り遊び、それから家に帰り互いのそばで体を丸くして眠るのだった。

ある日彼らは水を汲みに川辺に座り、いつものように並んで座り暗い水底を覗き込んだが、女は自分を見返している自身の映像が見えず、二匹のオオカミの映像が見えた。彼女の顔がオオカミの顔になっていたのだ。びっくり仰天して彼女は村に走って帰り、部族の長老の一人を探しあて今あったばかりのことを説明し、どうしてこんな呪《のろ》いを受けるのかと聞いた。長老は言った。「これは呪いではない。お前の親切に対するお礼だ。お前は荷物をまとめて森の外れに持って行け。そこは二つの世界、すなわち人間世界とオオカミ世界をまたいで生活するところだ」

レビが言わんとしたことは、私も特別な授かりものをもらっているのだから二つの世界をまたにかけて生きるのが私の人生の役目だということだった。

ある日私がキャンプに戻るとジャンの手紙が待っていた。悲しい報《しら》せだった。私が出発して間もなく、ロングリートの子オオカミたちの母であるマチャが死んだ。身近にいた親愛な友達がなくなったかのように感じた。群れは彼女を悼んで遠吠えしただろうことはわかっていたので、私は彼らと一緒に遠吠えをして彼らの悲しみを分かち合えなかったことに胸が張り裂ける思いだった。それで代わりに私は飼育オオカミの柵のところまで出かけ、どこかでどんな形であれマチャが私の声を聞き分け、彼女がいなくなったことを悲しんでいることをわかってもらえるように祈りつつ、両手で口の周りにラッパを作り一人で哀悼の遠吠えをした。その晩ベッドに横たわりあの覚醒と睡眠の間の朦朧《もうろう》とした時間に、彼女がなつかしい声で最後のお別れを言うのが聞こえたと思った。

オオカミは人間の感情は共有しないので、私たちがおぼれる感傷にひたることはできない。群れは即座に体制を立て直して、なんと嬉しかったことに、デイジーがマチャの地位を継ぎアルファのメスになった。そして次の年に子を孕《はら》んだのは彼女だった。彼女が妊娠したとき私は毎年のことになった訪問でアイダホにいたのだが、彼女はとても悲惨な状態に陥っていた。デイジーが死産の子を産道から半分出したまま柵の中をうろついているのを飼育係たちが見つけた。彼女はひどく苦しんでおり獣医の緊急処置が必要だった。トランキライザーを打ち、赤ちゃんを取り出す手術をした。一匹は死んで生まれたが、おなかにあと数匹が死んでいるのがわかった。彼女は若いオオカミではなく、次に妊娠したときまたこの事態が発生する可能性が高かったので、苦悩の末避妊手術をする決定がなされた。

私がしばらくして帰国したときの状況は痛ましかった。群れは子どもを産めないアルファのメスを頂いていたのだ。何とかして、彼女に女王の地位を禅譲してもらい、もっと若いメスにリードさせるよう納得させねばならない。問題は、テープの録音を使って彼女を説得できるかどうかだった。外部にもっと強く若いメスの一匹オオカミが空席を狙っており、彼女に挑戦状を叩きつけていると、私が彼女と群れの仲間に錯覚させられれば、ひょっとしたら彼女は群れの仲間の一匹、たとえばズィーバ（マチャが早く産んだ子の中の一匹）のような若く地位の高いメスに道を譲るかもしれないと私は期待した。

私は、ジャンと飼育係の一人に手伝ってもらって、前にやったように二か所から大軍団の群れの録音を最初に流し、この地域にライバルの群れがいるという印象を与え、それで飼育オオカミの群れに家族として団結することを促した。それから柵のもっと近くの何か所からアルファのメスの録音を流し、三つの群れの間の緩衝地帯を彼女が動き回っていると思わせた。子どもを産めないオオカミの遠吠えは子どもを産めるオオカミの声とははっきり違いがあり、デイジーが一匹オオカミのこのメスからの挑戦に応じる遠吠えをあげたら、群れの仲間はその違いに気づきデイジーにプレッシャーをかけるだろうことを知っていた。しかし、私の恐れは、もしデイジーが地位を譲ることを拒否したら、群れの仲間は彼女に引退してもらうため彼女を追いだすだろう、そしたら彼女はどこも行くところがなくなる、ということだった。

野生の世界ではそんな状況は離散によって解決される。必要がなくなったオオカミは群れを去り、他に参加できる群れを求める。飼育環境ではそんなことは起きなくて、離散したとしたらそのオオカミは攻撃される。他のオオカミが匂いの腺がある尻尾の基部を咬《か》む。その匂い腺が深い傷を負ってなくなると、そのオオカミは個体識別を失い、したがってその地位を失い、食物は与えられず、往々にして死ぬか殺される。

幸いにして、デイジーは降格を受け入れた。それから私たちは、彼らが聞いていた録音上の一匹オオカミのメスは存在しないのだから、群れの中からリーダーを選ぶよう仕向ける必要があった。私はもう一度メスの一匹オオカミの声と群れ全体の録音を交互に流し、それがデイジーの群れを団結させる効果があるよう祈った。彼らの次の食事では、肉をあらかじめ切り分けて出すのではなく死んだ獲物全体をそのまま与えるようしっかり指示しておいた。野生のオオカミの場合、獲物の食べ方が極めて重要で、どのオオカミが群れのどの地位を占めるかを決める手段となる。飼育のオオカミに与えられる肉塊はしばしば一匹ごとに与えられるのでその地位の差をあいまいにするが、今回この群れは新しい序列を自分たちで決める必要があった。

新しいアルファのメスが挑戦に応える高らかな遠吠えをあげたのはそれからさらに五日後だった。待っている時間は長くイライラしたが、五日目の早暁に、一匹オオカミのメスを真似た私の挑戦に応じて、ズィーバの遠吠えが闇をつんざいて響いた。彼女の声は断固たる権威を帯び、力強く彼女の地位と縄張りを守っていた。彼女の後に群れの仲間が続いたが、彼らの遠吠えは全員が彼女を一致して支持していることを示していた。新しいリーダーを応援する声の中にデイジーの声が聞き取れた。

それは私にとって最も興奮した瞬間で、雨と寒さの中で過ごした幾多の夜が報われた瞬間だった。

これがすべて偶然に起きることはとてもありえないことだったので、私たちはまさしく信じがたい前代未聞の光景を目の当たりにしたのだ。私たちは外部から一つの群れを再構築したのだ。テープ録音だけの普通の道具立てだけで、オオカミの群れの行動と構成に影響を与え変化させることが可能だと証明したのだから、それは生物学者にとって、そして家畜をオオカミに襲われないように苦闘している農家にとって、朗報だったに違いない。私たちが達成したことは未来に明るい希望を与えたと感じた。

皮肉にも、ズィーバは子どもが生まれたときその乳母役にデイジーを選んだが、デイジーはそれまで何度も経験した役割をまたしても引き受けた。彼女はかいがいしく子どもたちの面倒を見たが、彼らが一八か月に育ったある日、彼女はお気に入りの木の下に横たわり静かに世を去った。彼女は私の心を深くゆさぶった特別なオオカミで、彼女が死ぬのはつらかった。

19——家を見つける

動物関係者の間では噂《うわさ》千里を走るという言葉があるとおり、ロングリートでの私の成功が認められ始めた。多くの自然動物園や普通の動物園から接触され、彼らのオオカミの群れの管理について助力やアドバイスを求められた。私は一般客対応の仕事も始めた。ジャンと私は遠吠え体験のため夜になるとロングリートのオオカミの柵の近くの雑木林に観光客を案内した。なぜオオカミが月光に向かい、どのホラー映画にも出るあの背筋が凍る奇妙な鳴き声をあげるのか、私は彼らに説明した。私があたかも周りに群れを呼び寄せているかのように何度も招集の遠吠えをあげ、ジャンがリーダーの招集に応じるかのような遠吠えをあげると、動物園の向こうから彼らの縄張りを守るべく、飼育オオカミの群れの鳴き声がいっせいにあがった。

オオカミが遠吠えをあげるのは群れの仲間が亡くなったことを悲しむためだと、人間は長い間信じてきた。それは違う。確かに悲しみに満ちた弔いの声をあげる場合もあるが、彼らが吠えるのはいろいろな理由があり、それぞれ鳴き方が違う——ちょうど人間が話すときのようにイントネーションが異なる——ので、遠吠えには多くの情報が含まれている。場合によっては、群れのメンバーを失ってそれに帰って来いと呼びかけて遠吠えすることもあるし、縄張りを守るために遠吠えをし、仲間のそれぞれにあるいは相手の群れに対し、自分たちの居所を知らせ友軍を招集することもある。吠え方が短く終わったら、危険の信号―動くな、今やっていることを中止しろ、私が指揮をとる―という意味である。長く続き次第に小さくなって消える場合は、全く逆の意味―今やっていることを続けろ―という意味になる。吠え方が低音で太い場合は、防衛的でライバルの群れに離れろと警告している。脅威を受けている場合は、群れ全体が遠吠えし、ときには中位のオオカミが声を変え遠吠えの合間にかん高くキャンキャンと吠え、彼らの群れが実際以上に大きいという印象をライバルに与える。

オオカミは互いに向き合っているときはクンクンワンワンのような声を出すが、人間なら携帯電話を使うような距離からだと遠吠えにより意思疎通を図る。そして彼らは音量を、短、中、長距離に調節できる。もし群れのメンバーが狩りに出かけて自分の位置がわからなくなり帰れないときは、群れは今いる場所を迷ったオオカミに知らせるために遠吠えする。そして迷ったオオカミが群れの呼び声が聞こえたら、彼は今帰る途中だと応えて仲間に知らせる。それぞれのオオカミの吠え方は、見かけや匂いや歩き方と同じように個体独自の特徴があり、それらに気を配り彼らの中に入って生活してみると、一匹一匹のオオカミがいかに違うかがすぐわかる。彼らは人間が個々に独自であるように、彼らの声も私たち同様特徴がある。どのオオカミが近づいているか、暗闇でも私はその足音と匂いでわかる。そして群れの中のどのオオカミが吠えているのかも言い当てられる。

地位ごとに特徴的な遠吠えの仕方がある。アルファの声は太く低く、彼または彼女は断続的に吠える。五秒から十秒吠えると同じ時間だけ休みそのあとまた吠える。この休止時間にアルファは反応を聞いているので休みが大事である。返ってくる反応によって、彼は他のオオカミに声を追加的に出させたり、あるいは移動して違った場所から呼びかけたりする。ベータも低音だが、彼はアルファと同じ長さで三、四回連続して吠える。そしてこれが群れ全体に—中位、中位から高位、低位へという順序に—広まるが、オメガでさえ皆個々の声を持っている。

これによって、参加できる群れを探している一匹オオカミが、どこに行くべきか、そしてどの瞬間に参加を試みるのがいいかを知るのである。もし彼が行方不明のメンバーを群れが数日間続けて呼びかけているのを聞き、それに応える遠吠えを聞かなければ、それは行方不明のオオカミは死んだかもしれないことを示唆しており、群れに空きがありえることを知る。オオカミは感傷的にはならない。彼らの一番の関心事は生き残りである。野生の世界ではそれは食糧調達能力と縄張り防衛能力を意味する。一つの地位を欠いた群れは攻撃を受けやすい。

同様に、彼らは欠陥のある一匹オオカミは受け入れない。私はオオカミが恐ろしい謀略を働くのを見たことがあるが、それはほとんど事前に謀られた殺しに等しい。アルファが遠吠えにより群れのある地位のオオカミがいなくなったと知らせ、一匹オオカミにその地位が空いているという印象を与えたことがある。一匹オオカミがその空席を埋められると思って出てきたら、ベータのオオカミが彼を殺してしまった。

私はロングリートの仕事を完全に楽しんでいた。私の理論を実地に試す機会を与えられたことは夢みたいだったし、見物人、特に子どもたちが、オオカミが遠吠えするのを聞いたとき目を輝かせるのを見るのが好きだった。動物園は私のしていることを評価しているとは思ったが、私が報酬をもらったのは遠吠え体験だけだった。軍の仕事と民間の犬の訓練は家計を維持するため止めるわけにはいかなかったので、ロングリートの仕事はその日程の上にはめ込まざるをえないために、私は二四時間働かねばならないことを意味していた。

ウィルトンに二年いたあと、私はウォーミンスターに住居を移した。私はそこにある軍の訓練所ランドウォーフェア・センターとバトルズベリ・バラックス基地の仕事に応募して受かった。そこはウィルトンよりロングリートにずっと近かったし、ロングリート・エステイトがウォーミンスターのコースリーヒース村に建てている同社の田舎家の一つを借りることができた。ウォーミンスターの仕事は前より広範囲だった。ウィルトンでは犬舎に犬が六匹しかいなかったがここは十二匹以上いたので、力を発揮する余地が大きかった。しかし、昼間の仕事も犬の訓練も特に給与が良くはなかったし、ジャンがまた妊娠したので、金が喫緊の問題になってきていた。

すぐに解決できる見通しはなかったが、ある日BBCがオオカミの番組を作るためロングリートに到着した。番組の名前はとりあえず『内なる野獣』とされ、案内役はフィリッパ・フォレスターだった。番組の趣旨はオオカミと犬との類似点に光を当てることで、私は参加を要請された。それは私がよく知っている得意な分野なので、その役目はとても面白かった。撮影はパーク内で行われたが私はブリストルにあるBBCのスタジオにも出かけた。番組は大成功で、誰もその出来栄えと私の演技に喜んだ。パイロットフィルムの人気に乗じて皆シリーズものを始めたいと熱く話していた。私は新しいキャリアが開けたと確信した―テレビの仕事は私が今まで経験したどんなことよりペイが良かった。しかし時間が経過しても何も連絡はなかった。その後ある晩テレビを見ていたら、フィリッパ・フォレスターがオオカミに関する新しいシリーズものの一回目を放送しているではないか、私抜きで。

私はびっくり仰天してBBCに電話してどうなっているのかとたずねた。制作局の人が言うには、彼らはロングリートに電話してこのシリーズのため私を予約しようとしたのだが、私はもう動物園にはいないし、どこへ行ったか見当がつかない、連絡先も全くわからないと言われたというのだ。私は頭にきた。私は動物園のオオカミたちの繁殖計画―それは彼らにとって生死を分けるときだった―を立ち上げる最中だったから、ロングリートは私がどこにいるかは当然知っていたのだが、唯一考えられることは、私がいなくなるのではないかと心配したのに違いないということだった。たしかにその時は逸することのできないときではあったので、彼らが心配したのは理解できるが、断るにしても私が自分で判断したかった。

それが終わりの始まりだった。私はあと何か月かいたが、ロングリートと袂《たもと》を分かつ時期が来たとわかっていた。事態は急速に破局に向かった。彼らは私にもっといてほしいと言ったが、私にはそれを受ける気持ちはなかった。私はそこで四年間働いて、彼らは私の研究と知見で恩恵を受けているのに一度もそれに報いようとしていないという事実を私はずっと内心苦々しく思っていた。彼らは家屋の世話はしてくれたが、それは最低限のことで私はその家賃は払わねばならなかったし、その間爪《つめ》に火を点《とも》して節約していたのだ。BBCの件で堪忍袋の緒が切れた。私が何がしかの金を稼ぎ自分の名前を少しは有名にする機会を彼らは私から奪ったのだ。

私の心に全く迷いがなかったと言えば嘘《うそ》になるが、ジャンがそれを払拭してくれた。ある日、私たちの田舎家の食堂にあるベビーベッドに今度生まれたベスが寝ているので見にいくと、大きなネズミが赤ちゃんの上に乗りひげの手入れをしていた。ジャンは今までいろんなことに我慢し、オオカミのことでもけなげに私を助けてくれていたが、彼女にしてみればもう限界だった。彼女は、両親が住むプリマスに帰りたいと言い出したが、私は反対することはできなかった。そこで私たちは彼女の両親から遠くないところに二人の家を買い、すぐ二人の子ども、カイラとベスをそこへ連れて行った。もう一人の子どもジャックはおなかの中だった。私はロングリートに辞めると告げ、軍の兵舎に辞職届を提出した。

私の夢は自分のオオカミを飼うことだというのは知られていて、そのころブロクスボーンのパラダイス自然動物園からオスのシンリンオオカミを二匹よかったら提供すると言われていた。そこは私がときたま手伝っていた場所の一つだった。二匹は生後三か月近くで、ウェストミッドランドの個人収集家の持ち主がオオカミの社会生活適応化を試みたが、時期が遅すぎて二匹は彼が希望するようには飼いならされなかったから、どこかに引き取ってもらう必要があった。この二匹は私には完璧で、喉《のど》から手が出るほど欲しかったが、私には土地がなかったので引き取る約束ができなかった。ところが偶然とは不思議なもので、遠吠え体験の夕べに参加した二人の男としゃべっていたときのことだった。彼らは中世再現を上演するグループのメンバーで、中世のイングランドの森林には野生のオオカミがいっぱいいたはずだから、オオカミには特別な関心をもっていた。彼らに私の将来計画を聞かれたので、できれば適当な土地を見つけたいと話したら、彼らの知り合いに連絡したらどうだと言われた。その人はスチュアート・バーンズ゠ワトソンというオーストラリア人で、デボン州北部に五〇エーカー（約二〇万㎡）の土地を買ったばかりだという。彼は中世再現グループの仲間で、二人と同じように歴史とそれゆえオオカミに大きな興味を持っているらしい。彼は子どもたちに森林生活のスキルとそこにかつて住んでいた動物たちについて教えるため、一種のアウトドアの冒険と教育センターを作るつもりらしかった。二人は彼の電話番号を私に教えぜひ電話してみたらと言った。

私が彼に電話してみると、彼が計画していることがとても気に入った。私は彼に二匹のオオカミの子どもにつばをつけていると言うと、彼は計画している動物群にオオカミを加えられるとはこんな嬉《うれ》しいアイデアはないと喜んだ。私は彼に会い地形を見るため北デボンにある小さな村イーストバックランドに出かけた。そこは美しい場所で松の森林が谷間まで続き底には小川が流れていた。私たちはたちまち意気投合し、彼はオオカミの用地はどこでも好きな所を選んでよいと言ってくれた。私はアイダホを思い出させる谷底の一画を選んだ。そこは傾斜が急で木が他より茂っており、面積は明らかにずっと小さかったが、景色は劣らず素晴らしかった。オオカミが朝靄《あさもや》の中シダの茂みから出てくるのを―そして子どもたちがここでキャンプを張れたらなんと感動的だろう―想像したが、木々で作られた天蓋《てんがい》の下に広がる大地を木漏れ日が叩く様が何とも好ましかった。まさに一幅の絵だった。柵を作るのには一番簡単な所ではなかったが、オオカミにとってここほど理想的な住み家は想像できなかったので、私はすぐさまブロクスボーンに子どものオオカミを引き取ると連絡した。

私がオオカミの柵の作業をしている間、シャドーとペイルフェイスと名付けた子オオカミはケンブリッジで家族経営されているリントン動物園に預かってもらった。そこにはライオンが到着するまでたまたま空いている柵があって、私たちがデボンに移る準備ができるまでオオカミを預かり、私もただで住まわせてやると言ってくれた。その代わり、私はそこにいる間スピーチをし、彼らの他の動物の手伝いをした。思い出すと、私の仕事の一つは寄付される何百羽のニワトリの毛をむしることだったが、彼らの羽は瞬間接着剤でくっついたみたいだった。

私の住まいは移動可能な小屋で、それが二か月間私の家だった。それはまことに雨露をしのぐだけで料理設備といえるものは電子レンジだけで、私はキャッシュ・アンド・キャリー・カードを借りて、地元の卸売り店に行きポットヌードルという即席麺《めん》を買った。これだと料理はしなくてすむし、それにこれはうまいと私はいつも思った。キャッシュ・アンド・キャリー店では大量でしか買えないから、私は同じ味のものを買わざるをえなかった―それで二か月間、朝、昼、晩、チキンとマッシュルームのポットヌードルで暮らした。今後も生きている間、もうポットヌードルを見たいとは思わない。

オオカミの柵は作るのに死ぬような思いをした。男の手伝いが二人いたが、私たちはほとんど殺されそうだった。谷底に至るのに使えるのは森の小路だけで、材料や設備を運ぶのに私が雇ったトラックは泥にはまり続けて動きが取れなかった。最後は全部手で、約六百メートルの距離を運ばなければならなかった。オオカミは穴を掘って外に出る名人だから敷地の周辺に四フィート（一・二m）の穴を掘り、セメントで地中に支柱を固定し、それに鉄条網を取り付けた。それが基礎構造でこれだけでもこれ以上頑丈で安全なものはなかったが、私はプリマス在住の溶接屋に頼んで支柱のてっぺんを四五度内側に曲げてもらい、オオカミが絶対逃げられないようにした。金の調達には頭を下げ、借金し、盗み、募金をして乗りきったが、最大のコストは血と汗と涙の中にあった。

スチュアートは危険な動物を飼う許可を当初から申請していたが、私たちの重労働が終わったとき、いろんな設計検査官が見に来た。ロングリートで知り合いになっていた獣医や、警察の小火器担当者や、地方委員会の人間がいた。彼らはフェンスの具合をテストし、公共保険の証書や何かを見せろと言った。さらに安全対策や、誰が小火器所持の免許を持っているかを聞き、万一オオカミが逃げ出したときその人たちが必ず出動できるかどうかを確かめた。彼らの調査は微に入り細を穿《うが》っていたが、彼らは見たところ満足して立ち去り、しかるべきときに決定を知らせるとのことだった。後は形式だけだと私たちは確信していたので、私はリントンの子オオカミを引き取る準備を進めた。動物園の所有者のキムは明日にでもライオンが到着しそうなので大変喜んだ。

そしたら、クリスマスイブの日に、州議会が私たちの申請を却下したという電話があった。地元からこの地域にオオカミを持ってくるのに反対があったという。再審請求はできると言われたが、二千ポンドかかるという。私は信じられなかった。私は本当に窮地に陥った。これ以上長くケンブリッジにオオカミを置いておくことはできなかった。再審請求する金がなかった。子どもらにクリスマスプレゼントを買う金さえなかったのだ。オオカミを預かってくれるところはどこにもないし、次にどうしてよいか考えが浮かばなかった。ハッピークリスマスどころじゃなかった。

幸いなことに、地元紙の「ザ・ジャーナル」がサウスバックランドで私たちがやろうとしていたことに前から興味を持っていて、計画が却下されたとき、同社から女性記者が私にインタビューに来た。彼女は大々的に取り上げ私の苦境を書いてくれたので、新聞が配達されたその日に私はボブ・ブッチャーから電話をもらった。彼はここから約一三マイル（約二〇㎞）離れた海岸近くにクームマーティン野獣・恐竜パークを経営していた。彼は新聞記事を読み、うちにスペースが空いていると言ってくれた。私がオオカミのための柵を作ったら、費用は彼が払い、そこに無料で入れてあげるというのだ。

私は取るものも取りあえず、自分の幸運が信じられない思いですぐさま彼に会いに行った。私はその最初の面会で彼が好きになった。彼のパークで彼がやってきたことと、動物に対する彼の明らかな興味と気遣いに私は感銘を受けた。パークは全体で二六エーカー（約一〇万㎡）ありエクスムアーの端に立地していた。名前からわかるとおり、実物大の恐竜をアニマトロニクス工学によって展示しているのと並んで野生動物が見られる仕掛けでパークには子どもたちが列をなしていた。野生動物の種類はかなり小規模で、いたのは猛禽《もうきん》類、ユキヒョウ、ミーアキャット（マングース）、サル、アシカ、熱帯蝶だった。オオカミを加えれば商売がさらに繁盛するのは間違いなく、私の名を有名にしていた研究が彼の評価を高めるだろうと思われた。野生の動物を捕まえ飼育する正当な理由は、彼らを保護しその健康状態を向上させることにあるので、彼は正しいことをきわめて熱心に実行していると思われた。

ボブが私に使わせてくれるスペースは前の場所よりはるかに小さく一エーカー（約四千㎡）に足りなくて、湿地帯が多かった。前はペリカンの池だったところで、木は何本かあったが、地面より池の方が多かった。しかし貸してもらっている立場でえり好みはできない。そこは自分で改良すればいいし、それ以外は文句なかった。そこは彼の敷地の底の隅でサルの家の近くで、その向こう側に、丘陵で木がこんもりと茂り手つかずの野原と広々とした土地があった。私はそこを借りることで合意し、二人は話し合い成立の握手をした。オオカミを預かってもらう代わりに、私は観光シーズン中毎日オオカミについて教育的なレクチャーをすることを引き受けたので、ボブは彼のパークから一定期間離れて私の研究を続けることを許してくれた。

リントン動物園のキム・シモンズがまことにありがたいことに、あと二か月シャドーとペイルフェイスを預かってもいいと言ってくれた。それで私はすぐに油圧ショベルで掘削屋と仕事に取りかかり、丘の高い方から土砂を削り柵の景観整備を始めた。それからが難儀だった。手作業で、周辺に深さ四フィートの溝を掘るのだが、これは大変だった。機械を山の下まで下ろせなかったので他にやりようがなかったのだが、ちょっと進むごとにショベルがでっかい木の根っこにぶつかった。木がたくさんあったわけではないが、ある木は昔からそこに生えていたので巨大な根が敷地全体に伸びていた。作業の相棒はアーサーという名のスコットランド人の誠に陽気な溶接屋で、彼が金属の支柱に頑丈な金網を張りつけた。作業日の目玉は地元のパブ、ロンドンインでの盛りだくさんの朝食だったが、しかし、何といってもアーサーのことで思い出すのは、彼が柵の向こうで溶接作業をしている金網のことだった。私がそこに触るたびに腕にピリピリとくるのだった。なぜかわからなかったが、ある日、サルの家から引いている彼の溶接道具の電線が池の中に浸かっているのに気がついてわかった。私は彼の方に向かって言った。「よう、アーサーよ、君はそれで平気なのかい?」。そしたら、彼はスコットランド訛《なま》りのきつい英語で答えた。「あいよ、モンデーネーダス。ワスハイツモコウダ」

クームマーティンでの私の初仕事は大当たりだった。地元紙が例のクリスマスの記事の続編で私が今どこにいるかを報道したので、各地からオオカミを見に観光客が殺到し始めた。毎日午後になると私は説明会を開きオオカミの柵に行き遠吠えをした、すると必ずオオカミが私と一緒に吠えた。子どもたちは大喜びで、私も嬉しかった。彼らの顔の表情を見るのが大きな楽しみであると同時に、これは、オオカミがあたかも悪鬼のごとく伝わっているのは間違っているのだと、老若男女すべての人に、実地に示して見せるまたとない機会だった。

　オオカミは新しい住み家で楽しそうだったが、私の家は八〇マイル（約一三〇㎞）以上も離れていたので、もはやそんなに楽しい場所ではなかった。私がオオカミと彼らの家作りにかまけていたことはジャンとの関係をよくすることにならなかった。彼女にあまりに長い間端役としてオオカミの世話をさせていたので、その疲労が現れ始めていた。プリマスまでは車でゆうに一時間半はかかるが、私はそれを日に二度繰り返していたので、ボブが、パークの中に趣味半分でホテルとして経営している家があるのでそこの部屋を借りたらどうだと言ってくれたときは、渡りに船で同意した。そういうわけで、あるとき猛禽《もうきん》類の世話をしている鷹匠《たかじょう》が、使っていない湿ったぼろトレーラーを買わないかと言ってくるまで、そこにしばらく泊まっていた。そのトレーラーはオオカミがいるところから少し丘を登った、道路沿いの一画に駐車していた。

　駐車と言ったが、旅行に使う時代はとうに過ぎていた。動かしたら、バラバラに壊れただろう。私はそれに二〇ポンド払った――ぼられたあ。ベッド一つと小さなガスコンロがあるだけのちっぽけなやつだった。びっくりするようなひどい状態で内側全体にかびが生えておりトイレもなかったので、小便はパテ用のプラスチックバケツにしなければならなかった。しかし、頭を休めることはできるし、それが私の唯一の贅沢だった。ボブはパークに店を持っておりそこで見物人たちが記念品を買うのだが、私はそこであれこれ小物を売り、小銭を稼いだが、もう月給はないし、貯金も全部使い果たしていた。

　自分のオオカミを所有し、日夜彼らと共にいて、自由に交流し、彼らに餌《えさ》をやり、彼らの行動を研究するのは夢のようだった。私の生活の中心は彼らしかいなかった。今私が欲しいのは彼らに合うメスだった。私が子どもを産ませ、はたして飼育オオカミの群れが私に子育てを任せるかどうかを見て、もし任せられたら私は彼らに人間世界と彼らの世界を教えることができるかどうかを見たかった。ケント州のハウレッツ自然動物園が私の祈りに応えてくれ、新しい飼い主に引き取ってほしい状態にあった三歳のメスでエルーと言う名のオオカミを提供してくれた。自然動物園では、置いておくスペースがなくなったオオカミや、群れからいじめられているオオカミ—野生の世界では群れから離散して他の群れを探さなければならないオオカミ—を互いに融通しあうことはよく行われている。

エルーは色黒の素晴らしいオオカミだったが、私が彼女を見にいって最初に気になったのは彼女がすごくおどおどしていることだった。彼女の仲間はどの一匹も社会生活に適応しておらず、誰か人が柵の近くに行くとほとんど半狂乱だった。私が最初に考えたのは私の金網で大丈夫だろうか—特に木の根っこで私が手を抜いたあの部分が—ということだった。しかし、エルーは土を掘るタイプではなくむしろ登るタイプに見えたし、飼育係たちはエルーはどこか地下に隠れる場所があれば安心すると言ってくれた。幸い、私はすでに柵の中に洞穴を作っていた。私は木製の枠を作ってそれに石膏用金網と最後に石膏で覆い、万一私が中に入る必要が起きたときに潜り抜けられるような大きさの入り口を残していた。私は再度訪問して彼女を受け取る日にちを決めた。

私と一緒に三人のボランティアが旅立ってくれた。私はパークで働く誰だったかある人からおんぼろのバンを借りて、後ろに大きな檻《おり》を積み込んだが、ボランティアの二人は私と一緒にバンで先行し、一人は万一バンが故障した場合に備え車で後からついてきた。片道六時間の長い旅だった。ハウレッツ自然動物園はきわめて仕事の手際が良かった。私たちが到着したときには、すでに獣医がエルーの診察を終えていた。彼女はトランキライザーを打たれ、完全な検査を受け終えていた—彼女の健康状態は良好でストレッチャーに乗せられ出発を待っていた。私たちは彼女を檻に運び、意識を回復させるためトランキライザーを解除する注射を打って、檻に大きなシートをかぶせた。トランキライザーを打った状態で動物を運ぶ人たちもいるが、私の経験では特にオオカミは完全に意識を回復させておいたほうがよい。前者の方法であまりに多くの動物を死なせた。檻にシートをかけて何が起きているのか見えないようにしておけば、通常人間になれていない動物は比較的静かにしている。

四五分ばかり走ったところ、後部から音が聞こえ始めた。ドタバタ動いたりガタガタ揺れたりする音だったので、停車してコーヒーでも飲みながら調査することにした。他の三人がコーヒー入りの魔法ビンを取り出している間、私は後ろに行きオオカミをチェックした。彼女は完全に目が覚めていたが極端に弱っていた。彼女は群れの動物だから明らかに一人でいるのが嫌だったのだ。彼女が檻を破って逃げる心配はなかった。この檻はあのスコットランド人の溶接屋アーサーが作ってくれたもので、すごく頑丈でサイを入れても大丈夫だったし、重さもサイぐらいあった。しかし、あと五時間以上も走らねばならなかったので、何とかエルーを鎮める方法を考えないと彼女は怪我《けが》をするだろう。

私が次に取った行動は何がそうさせたのかわからないが、それが私の人生だと諦《あきら》めざるをえない。私は今までにも正常な人間なら夢にだに思わなかったことをやってきた。私は檻を開け、中に入った。今まで人間と近くで接触したこともない危険な動物と一緒に、高さ二フィート、奥行き四フィート、幅五フィートの狭苦しい空間に閉じこもり、クームマーティンまで残りの行程を旅した。

同伴者たちは信じられない状態に驚いてポカンと口を開けて立ち、見守っていた。彼らはそれから檻のドアを閉め、シートを元通りにかぶせたが、私がエルーを見える程度の光が入るよう小さな隙間《すきま》を開け、それから出発した。このオオカミの変身ぶりは信じられないほどだった。私が檻に入ると彼女は一番奥に下がったが、逃げようとはしなかった。彼女は完全に静かになり、私の向こう脛《ずね》に頭を乗せブーツの紐《ひも》をすこしずつかじりながら次の五時間半を過ごした。人が犬にするように、私が彼女を撫で優しくお尻を掻《か》いてあげるともっと気分よさそうだった。私はそのとき彼女からむしった何本かの毛を今でも記念に持っている。私は彼女が私に示した信頼感に驚いたが、深い満足感を味わった。

夜帰り着いたのは遅く暗かったので、私はすぐ彼女を柵の二匹のオスの所に放すと互いにどう向かい合うかわからなかったので、トレーラーの近くに持っていたもっと大きな檻に入れ、私も彼女のお供をするためそこへ入った。夜のうちに彼女は丘の下にいるオオカミと連絡を取り始めた。これは良いしるしだった。次の朝、私たちは彼女を小さな檻に移して、今度も私はそこへ入った。他の人たちがそれを—というか私も—ダンプカートのバケツに乗せ、柵まで運んだ。彼女は開かれたゲートを通り、ペイルフェイスとシャドーを見ることもせず通り過ぎた。オスたちが、恋に浮かれたティーンエージャーみたいに生唾《なまつば》を呑み込みながら、彼女の後に従っていく間、彼女はクンクンと匂いを嗅《か》ぎ周辺に匂いづけをしていたが、逃げ出す仕草は全然しなかった。ペイルフェイスとシャドーは赤ちゃん以来メスに会ったことがなかったが、彼女は明らかに彼らの期待値を超えていた。

20 ― ポーランド

私が一緒に仕事をした生物学者たちはオオカミと犬の行動を比較する価値についていつも懐疑的だった。彼らはオオカミと犬を別個の二つの動物とみなし、私たちが介入しなければオオカミはそのうちに私たちが今日知っている犬のようになり、犬はオオカミのようになるという私の信念に同じなかった。私はオオカミと犬が互いに助け合うよう扱うことができると信じている。ポーランドやフィンランドのように北米より狭い国でオオカミが人間の集団に接近してきた場合の彼らの行動を見ると、彼らは互いに似たような特徴を示し始めている。最初は人間が怖かったので彼らは森林や小高い山に住んでめったに姿を現さなかった。オオカミが農場に近づき始めたころは、四匹や五匹いる群れでも農夫が姿を見せるだけで追い払うことができた。オオカミは農夫を見たらすぐ背中を向けて逃げ出したものだ。今日では、人間がゴミ箱のふたやほうきを持って現れても、四匹や五匹のオオカミの群れはたじろがず、吠え、場合によっては人間を追いかけることもある。

何年前だったか、残念ながら今はやめているがアンジェラという名のボランティアがクームマーティンのパークにいたことがあった。ポーランドのある地方の小さな地主たちが、オオカミに襲撃され家畜を失なって困っているので、「あなたなら力になるのではないかと思うのでポーランドに行ってみませんか」と、彼女に言われて、私はポーランドに興味を持った。彼女は北西部の森林を調査している研究者だったのだが、何とか手を打たなければならないと真剣に感じており、今でもその地域における研究の契約期間が残っていた。私はポーランドに行ったことはなく、これはヨーロッパオオカミのことをもっと勉強できるいい機会で、ひょっとすると彼らと交流できるかもしれないと考えた。ポーランドでは、オオカミは狩猟され迫害されたにもかかわらず、野生オオカミが死滅していないヨーロッパではめずらしい地域の一つだった。一九九七年まではスポーツとしてオオカミ狩りが行われていたが、同年環境保護者たちの圧力に屈し、ポーランド政府はオオカミ狩りを禁止したが、監視がいい加減だったので密猟者が横行した。記録されたオオカミの数がほとんど増えなかったのは驚くにあたらなかった。他に二つの要素があると私は説明された。被食者となる動物の数が劇的に減少したことと、ポーランドの経済発展に伴ってオオカミに残された生息域があちこちで分断されたことだった。

そこで二〇〇二年に、クームマーティンのパークが冬場閉鎖された期間に、オオカミの世話はボランティアのチームに任せて、ポーランドのオオカミについて、その生息地について、そして何ゆえに彼らが家畜を襲うのかをできるだけ詳しく調べるためにかの地に飛び立ったのだが、これが最初であと何回か短期の渡航をした。グダンスクに降り立ち、それから八時間バスに揺られて真東のロシアの国境沿いにあるロミンカ森へ行った。国境を越えるとクラスニーレスと呼ばれ、ここからその中を通る川の名をクラースナヤという。この森の景色は驚くべきで、今まで人類が踏み入れたことのない原始林という感じだった。ここはまさに時間に忘れられた場所だった。かつて何千年も前は中央ヨーロッパのほとんどがこのような巨木の密林が広がる森で覆われていて、ちょうどこの森のように、今ではほとんどの地域で死滅した野生動物の種の生息地だっただろうと考えると感慨深かった。何十種類もの動物がいた中で、ヘラジカ、イノシシ、アカジカ、ノロジカ、アカキツネの他にオッド・オオヤマネコまでもいたがもちろんオオカミもいた。

私は森の中に作られた山小屋に宿泊したが、そこはシーズンになると世界各国から狩猟目的で来た人たちでにぎわっていた。壁には牡鹿の枝角が飾られ、何十年前にさかのぼった森林生活の写真が貼られていた。食事は豪華だった。スープ、肉、野菜、極上のケーキで、みんな小屋を切り盛りしている女性の手製だった。それは森に出かける男たちの力をつけるために調理されたもので、しかも値段がどれも高くなかった。壁に貼られた値段表を見て私は笑った。あらゆる国籍別に値段が書かれていて、一番上はドイツ人向けだったが、他の国より何ユーロも高かった。私がいぶかしげに私の相棒である森林官のロミックの方を見ると、彼はただ歯を見せてニコッとしただけだった。

ロミックは英語を一言も話せないし私はポーランド語を一言も話せなかったが、英語が私よりうまいガイドがいて、その二人からこの森林官がその地域のことやそこにいる野生動物のことで知っていることすべてを教わった。ロミックは森林を管理する数人の森林官たちの一人で、私たちの社会で地元の警官がそうであるように彼らは皆地域で格別に尊敬されていた。彼らの仕事は親から子に受け継がれた。彼らは自然の管理人であり、野生動物の世話人であり、私と同じように力を合わせて仕事をすることを喜んでいた。私たちの目的はとても似ていた。私の仕事はその森に住んでいる動物を管理することであり、彼の仕事はそれらの動物たちに住み家を与える森林を管理することだった。言葉の壁を乗り越えて、ロミックと私はものすごく強固な絆で結ばれた。夕暮れ時になると、彼は森の中に作っていた高みの座席に私を案内してくれたが、そこからはこちらの姿は見られずにオオカミやその他あらゆる野生動物を見ることができた。道すがら彼はあれこれ指さしては説明したが、私もできるかぎり正確に答えた。私たちは自然界では言葉以上に伝わる意思疎通の仕方を樹立することができた。私はこの男を深く尊敬している。彼は真摯で、誠実で、彼の言葉は彼の契りであり、彼の約束はすべての価値がある。それがこの人たちの文化だと私は発見した。私たちならちょっと言葉を滑らせただけの話ですませることが、彼らにはたいへんな意味を持つ。

その後の旅行で、私はクームマーティンの同僚に野生のオオカミをいくらかでも経験させるため二、三人ポーランドに連れて行った。そのうちの一人が、地元のウオッツカを飲んでへべれけになったあげく、森林官の一人をイングランドに招待すると言った—我々なら見知らぬ人相手でも一緒に楽しい時間をすごしているときは友好的によくやる話だ—のだが、普通はこれ以上には発展しない与太話で終わる。次のとき私がポーランドに行ったとき、この森林官がやけによそよそしかった。今回私は一人だったので、狐《きつね》につままれたみたいだった。私はこの男を怒らせるようなことをしたとは想像できなかったので、どうしたのだとガイドに聞いた。すると彼は憮然として言った。「当たり前です。前回あなたがここにいらしたとき、どなたかがあの男をイギリスに招待すると言ったのですが、まだ約束が果たされていません」。彼を招待した「どなたか」はとっくに帰ってここにいないので、私はこの男と彼の息子の切符を買い、デボン州に私を訪ねさせ一週間滞在させてあげるとなだめるしかなかった。彼の家族の中で英語を話すのは息子だけだったので、息子の同行は仕方なかった。彼らはオオカミが好きだったので楽しい一週間になったが、この事件で私はよくわかった―他国の文化を尊重することがいかに大事か、そしてウオツカがいかに危険か、と。

家畜をオオカミに襲われた農夫の一人に会ったとき、私は自分の子ども時代に帰り、たちまちにこの男に心から同情した。スタニスローには奥さんと娘がおり、二面が森に接している小さな土地を持っていた。彼らの牛はせいぜい二〇頭だったが、それは家族にとって命綱であり、その大事さは一頭ごとに名前をつけているほどだ。格好いいトラクターや機械はなく、ただ実用一点張りの仕事場である空き地とややみすぼらしい納屋があるだけだった。ジャーマンシェパードとグレートピレニーズの雑種のような番犬が神経質に走り回っていた。オオカミが牛だけでなく犬も何匹か襲っていた。農夫は警戒して犬には鋲《びょう》付きの首輪をつけていたのだが、それでも犬はやられていた。私はそれには驚かなかった―オオカミは生後六週間たったら子どもでもオジカの枝角をどうやって避けるかを習得している。だから彼らにとって鋲の付いた首輪はオジカの枝角みたいなもので簡単に避けられただろう。興味があったのは、オオカミは明らかに犬を同種の仲間として尊敬していないということだった。

スタンと家族は、伝統的な二階建ての土色の家できわめてつつましい暮らしをしていた。彼らはニワトリとガチョウを飼っていたが、農場が彼らの生活の場で暮らしそのものであることは明らかだった。カバロールズを着て麦わら帽子をかぶり、彼は通訳を通してどんな状況になっているのか話してくれた。しばらくの間はフェンス沿いに数珠つなぎに吊るした旗がオオカミを近づけなかったが、それも役に立たなくなり、フェンスも役に立たなくなった。私が到着する直前に一頭の子牛が襲われており、彼はオオカミが子牛のどの部分に食いついているのかをはっきり示したビデオを撮っていた。

　この人のような農夫にとって子牛を失うことは片足を失うことに似ていた。しかし成長した乳牛や働き盛りの雄牛を失うことはもっと痛かった。政府は補償金を払ったが、成牛になるまで何年も手塩にかけて育てた牛は金では償えなかった。スタンのような小さな農場では、年を取りすぎて働けない牛の代わりになる若い牛が常に控えているように連続して子牛を育てる。だから子牛が一頭でもオオカミに殺されると、その代わりを育てるには六代か七代かかる。

　この男は私が今まで会ったどの人間よりオオカミを憎む理由があったが、彼は憎んでいなかった。彼の眼を見ると彼がオオカミに深甚なる敬意を払っていることがわかる。彼が子どものころ、彼の父が、そしてそのまた父がスタニスローにオオカミのことを教えた。オオカミが森のバランスを維持し、動物にとっての自然な調和を保っていることを彼は知っていた。彼は、オオカミが自分だけでなく他の動物にも食糧を提供し、いろんな病気を取り除いていることを知っていた。オオカミが彼の家畜を襲えば、彼も家族も困るのだけれども、牛が大事であると同時にオオカミも大事だということを彼は知っていた。

　私は、畑の境界線が森の端まで達する付近の農家も二軒訪問した。彼らもスタニスローとその家族のような生存ぎりぎりの生活をしていた。彼らも同じように致命的な損害を被っていたが、スタンと似て、それについては驚くほど覚めていた。彼らはオオカミが森にとってどんな価値があるかを理解しており、撃ち殺すよりできれば追い払ってもらいたいと思っていた。農場のうちの一つは第一次世界大戦の墓地が敷地内にあり、私が検分すべく連れて行かれた子牛は墓地の端で殺されていた。私が死骸を検査している間、ドアがバタンと閉まり車が一台通りを走り去った。家に帰る途中、四匹の子犬が野原の向こうから私たちの方に駆けてきた。ガイドの話だと、引き取り手のない一胎《ひとはら》の子犬を村人たちが捨てるのはめずらしくないということだった。動物の専門家たちが当地にやって来たというニュースが広まったらしい。子犬たちは私の目にはオオカミが飼い犬とつがった結果のように見えたが、はたせるかな、それもよくあることだと聞かされた。私たちは狩猟小屋に子犬を連れて帰った。あとで知ったのだが、小屋でその犬の一匹を飼うことになり、他の三匹も貰い手を探し出したそうだ。

私が訪問した三軒目の農家は母親と息子だけで今までの中で一番貧しかった。母親は生まれてこのかたこの土地に住んでいる人で保守的だった。彼女もオオカミは尊敬していたが、もう我慢ならないと言った。息子はどうみても母親より学があり、エコロジーのことを勉強したらしく、森の動物たちをより多く知っていた。しかし、私がそのときのことで忘れられないのは、コーヒーとビスケットのことだ。ポーランド人はお客をすごく親切にもてなし、どの家に行っても食べ物や飲み物を出してくれるのだが、それをとても断りきれない。年配の母親は私が今まで口にした中で一番吐き出したくなるようなビスケットを渡して、何か飲むかと聞いた。コーヒーがポーランド語で私が知っている唯一の単語なので、「カービー」を頼んだ。部屋がとたんに静かになったので、私はどんな失言をしたのかと訝《いぶか》った。他の人は、前にこの家でおやつをふるまわれたことがあり、みんな「ヘルバータ」（これは紅茶の意味だとわかった）を注文していた。出てきたコーヒーはまるで池の水だったが、唯一の慰めは、これに比べればビスケットは十分口に入れられるということだった。

オオカミが殺した家畜の死骸を見て私が興味を引かれたのは、オオカミが仕留めた家畜の体で食べられた部分が実に少ないことだった。私がオオカミと一緒にいたときの経験では、彼らが腹をすかしていたときは死骸をあっという間に食い尽くしていた。本当に腹をすかしていれば、最後のかけらまで食べる。今見ている死骸はむしゃぶり食う目的の対象ではなかった。その形はまるで外科医が切り裂いたかのようだった。最近殺されたばかりの死骸から、写真に撮られたものまで、私が調べたほとんどの例では、太ももや肩の肉が一筋ちぎられているか、胸部が切開され内臓が食われているか、胃袋が開けられ内部を掃除して最高の肉の部分をいくつか食われているだけで、肢《あし》は全部手つかずで、死体の大部分が残されていた。犬もところどころしか食われていなかった。

これらの証拠からは、森に十分な自然界の餌《えさ》がないからオオカミは生存のため家畜を襲うのだという理論はとうてい支持できなかった。実際、森にはシカ、ヘラジカ、ビーバーがうようよいた—それらの糞を私は全部見ていた。

その他によくある理論は、家畜はオオカミにとって簡単に手に入る食糧だから、というものだった。私はそれにも賛成しなかった。私はこの動物とほぼ二〇年付き合っているが、彼らが行き当たりばったりと表現できる行動を取るのを見たことがない。彼らがすることはすべてある目的があるが、わざわざ何を食うかにもそれがある。彼らは自分の体を整えることについて、それから自分が住む世界について、さらにそれを共有する動物の群れにとってのその価値について、実によく知っている。彼らが何をいつ食うかは、多くの変数によって決まる。時期、天候条件、群れの結束状況、健康、子どもの出産予定などだが他にもたくさんある。彼らは本能的に体が何を要求しているかわかる。私は彼らがほとんど液化して腐ったすごい状態の死骸さえ食うのを見たことがあるが、彼らの体には寄生虫がおり、腐った餌を食べれば虫が体の中から洗い流されることを本能的に知っていた。

私はデボン州の私の群れが（彼らについては後で詳しく述べる）、私が餌として与える雄牛やヒツジの脂肪分の多い胃壁にほとんどとり憑《つ》かれたことがあるのを見ている。彼らは突然肉よりそれを好みだした。私は何故かわからなかったので、私も四か月そこを食べてみた。それでわかったのだが、その期間私は前よりずっと寒さに対する抵抗力が出てきた。シカの胃壁は全く別だった。それには家畜の脂肪分はなかった。つまり彼らは体が欲しいと言っているものを食べたのだ。

ポーランドのオオカミたちが、体の要求に従って狩猟しているのだという私の考えが正しければ、彼らは牛やヒツジから――犬からさえも――他の餌からは取り入れられない何かを摂取していたことになる。私はまだそれを証明するだけの調査をやっていないが、もし農家の家畜が予防接種を受けていれば、答えは病気に対する免疫かもしれず、あるいはもっと単純に農家が家畜に施す除虫剤のようなものかもしれないと私は思っている。あるいは、私の飼育の群れと同じく、胃壁の脂肪分が長く寒い雪に閉じ込められた冬に向けて抵抗力を上げるのかもしれない。

皮肉なことに、オオカミは森から出ずして家畜の価値を発見したのかもしれないということだ。ずいぶん前から、彼らは「上げ膳《ぜん》据え膳」の待遇を受けていたのだ。狩猟家たちはオオカミをおびき出し見つけて撃ちやすいようによく家畜の死体を持ち込んでいた。オオカミ狩猟が禁止されてからは、エコツーリズムが取って代わったのだが、観光客が宣伝通り必ずオオカミを見て写真が撮れるように、この習慣が続いた。餌によるおびき出しが禁止されたのは、ポーランドがＥＵに加盟した二〇〇四年になってからだった。

この問題に対する解決はひょっとしたら簡単かもしれない。オオカミの自然食で欠けているのが何かを正確に突き止めれば、彼らが必要としている栄養食を何らかの形で彼らに取らせれば、もはや家畜を襲う必要はないのかもしれない。

オオカミの家畜被害にはもう一つの説明が可能かもしれない。こっちは矯正がもっと困難である。襲うのは全くのオオカミではないのかもしれない――ちょうどあの農場で私たちのところに飛んできた四匹の子犬のように、混血かもしれない。ポーランドではオオカミは今や人間ときわめて接近して生息しているので、折に触れ彼らが飼い犬と子を産むことは避けられない。そうなれば、オオカミそっくりでありオオカミと一緒に住むこれらの動物が、なぜ白昼堂々と農場に侵入し人間を恐れないのかを説明できる。

21―ついに出会う

あの最初の旅行が、私が森林や周囲の地域や農夫たちについて知りたいことのすべてを教えてくれた。次に私に必要なことは、どこかのオオカミの群れに紛れ込み、森にこんなにたくさん食べるものがありそうなのに、なぜ彼らは家畜を襲うのか、他に説明できる何かがあるのかどうかを知ることだった。問題は、クームマーティンのパークをそんなに長く離れられないので、アイダホで行ったことをする時間がないことだった。何とか実験の時間を短縮する必要があったが、ロングリートで行ったテープレコーダーの実験が成功したので、その方法をもう一度ポーランドでやってみることができるかもしれないと思った。今回はあのオオカミたちに、周りの地域に彼らの群れよりオスの数が多いライバルの群れがいると思いこませなければならない。彼らはライバルを撃退する守りを固めるためもう一匹オスを必要とするのではないかというのが私の理論だった。そしてそのもう一匹のオスに私がなろうというのだった。

森林官のロミックから得たデータはあまりなかった。彼は森の中の通路や木は全て知り尽くしていたし、オオカミが何匹いるかも知っていたが、それがオスかメスか、若いのか年取っているのかは知らなかった。そこで説得力のあるテープを作る前に、現在いくつの群れにオスが何匹いるのかを調べ上げる必要があった。私は敵地に乗り込み彼らとの接点を見つけねばならなかった。今回の旅行では同僚に助人《すけっと》を頼み、日中は彼らを森の中に入れ足跡や糞や殺した獲物の跡を見つけてもらい、夜間に私がどっちへ向かっていけばよいかの指針とした。私はアイダホで使った技法を使った。私は一匹のはぐれオオカミとして森に入り、遠吠えをしてどこに何匹のオオカミがいるか探ろうとした。

ヨーロッパオオカミは私がアメリカで群れのメンバーとして暮らした野生のシンリンオオカミよりずっと逃げ足が速いが、これはおそらくもっと多くの人間に会うからだろう。ロミンカ森は国立公園だから、中に自然道があり、そこを通って人間が散歩や野生生物の研究に出かける。猟鳥獣や大型哺乳類はもちろんだが、他に何十種類もの小型の種や何百種類かの珍しい鳥や植物が生息している。森林官や伐木者が行き来するし、狩猟期には鉄砲を持った男たちがくる。男と鉄砲とオオカミはいい組み合わせではない。だからオオカミは人間との遭遇機会はたくさんあったが、みんな否定的なものだった。データを収集する科学者でさえスノーモービルを使って彼らを追いかけ投げ縄で捕まえる。だから、北米のオオカミが人間に好奇心を持つのに対し、ポーランドのオオカミは恐れ、したがって絶対姿を見せない――ちょっとでも人間を見たらもういなくなる。私はまず近づくことさえできないと思う、とロミックは通訳を通して語った。

私はイングランドを発つ一か月前に準備を始めた。私は食事を規制し、全ての香料を絶ったが、それには石鹸《せっけん》、歯磨き粉、デオドラント、シャンプーが含まれた。できるだけオオカミに近い顔つきと匂いを心がけた――みんなうまくいったと思っていたら、飛行機で隣に座った婦人が体中香水をふりかけていた。船便で船室に閉じこもるしかないかなと思い始めた。オオカミが食べるものしか食べなかった。口にしたのは、シカ、ウサギ、キジ、野菜と飲み水だけで、炭水化物はだめ、甘いものもだめ、ポーランドについてもそれで通したが、山小屋のあの見事なケーキを断るには相当の意志力が要った。

はぐれオオカミとして通すのは、アイダホのときほどの恐ろしさはなかった。そのときまでには森のことを熟知していたが、それでも暗闇で一人過ごすのはかなり気持ちが悪かった。ポーランドにはクマはいなかったかもしれないが、イノシシはいたし、私はイノシシが怖かった。ある晩、歩いて出かける前に、他の二人と一緒に高いところに設けた席に座っていた。私たちは暗視メガネをかけ眼下の森に出るオオカミを見つけられると期待していた。座席にはトイレがなく、夜が更けるにつれて私はひどい尿意を催してきた。ほんとうに我慢できなくなり、下に降りて森の中で処理するしかなかった。私は仲間の一人に暗視メガネで私を見張り、不作法なやつが現れたら声をあげてくれと頼んでおいた。危険はないと安心しきって下で用を足して、長い間我慢していたのでやっとすっきりした気分を味わっていた。突然、鼻をブーブー鳴らす音がして、私の左側のあまり遠くないところで何かかなり重いものが地上にいる音が聞こえた。何だろうと思ったが、何かあれば仲間が叫び声をあげるはずだから心配することはあるまいと思った。ちょうどズボンのチャックを上げようとしたとき、でかい牙《きば》の巨大なイノシシが目の前に現れた。相棒に怒鳴りながら、木の葉のように震えながら、私は一目散に、梯子《はしご》に向かって逃げた。「何で警告しないんだよー」と私は叫んだが彼は背中を向けていたので聞こえなかった。もう一人の相棒が森の中に一つの明かりがあるぞというので、二人とも私のことはすっかり忘れてあらぬ方向をじっと見つめていたのだった。

ポーランドのイノシシはでかい雌豚並みの大きさと重量があり、そのうえ牙があってめっぽう気性が荒い。特に子どもがいるとメチャクチャに荒くなる。森林官の一人はあるイノシシを飼いならしていたが、これが信じられないくらい攻撃的で、彼はそいつをいみじくも「猪突猛死ぬ」と呼んでいた。私の恐れは故なしとしない。森を利用する地元の子どもたちはオオカミの心配はしないが、イノシシは怖がっていた。オオカミでさえイノシシには向かっていかない。運がよければ子どもを捕まえることはある。あるときオオカミが三匹でメスのイノシシに攻撃をしかけたのを見たことがあるが、メスが猛然と彼らに猪突したら、オオカミは逃げ出した。夜イノシシが激しい音で暴れているのをよく聞いたが、心臓が止まりそうだった。しかしさいわい二度とイノシシと対面したことはなかった。

一週間かそこらで森にどんな群れがいるのか突き止め、テープに何が必要かを判断できた。彼らは北米のオオカミとは大きく違っていた。ここの群れはずっと小さく、一緒に行動しなかった。おそらく別々に餌《えさ》を探しているのかもしれなかった。この地域には四組の群れがいて、そのうちの二組は二匹連れだった。一番大きい群れでも五匹で、それも子どもを入れてだ。私は彼らの縄張りを調べあげた。それは難しいことではなかった。アンモニア臭い彼らの匂いがあちこちでひどく目に染みた。しかし彼らは頻繁に縄張りを無視し、国境を越えてロシア領に入っていた。国境の標識はてっぺんが赤く塗られた白杭《しろくい》が並んでいて、高さは地上二フィート六インチ（約七五㎝）あるが、冬は完全に雪の下に埋もれる。そんな状況では簡単に道を間違え、私は一度ならず国境の向こう側に踏み出し、鉄砲好きのロシア国境警備隊の車に私が何をしているのか説明したものだ。その場合の手段として教わっていたとおり、彼らに向かってオオカミの意味の「ウィルク！　ウィルク！　ウィルク！」と覚えたてのポーランド語で叫ぶのだったが、その一方で私は着膨れた耐寒用服装の下に急いで手を入れ、私が何者であるか、ここでオオカミを研究しているということを証明するポーランド当局発行の書類を取り出すのだった。

困ったことに、森林官たちは森の中でテープレコーダーを使うことをどうしても許してくれない。遠吠えはいいが、音響器具を持ち込むのは許せないという。それで同僚がスタニスロー農場から流すことにした。オオカミは一〇マイル（約一六㎞）までは離れていても聞こえるが、彼らがテープを聞いたのかあるいはそれに影響されたのかどうかは、今後もわからないままだろう。わかっていることは、私たちは音での接触はできたということだ。メスの一匹オオカミの呼び声だと思える声が聞こえた。私がそれに応えると彼女も返事をした。彼女の呼び声は防衛の声から位置確認の声に変わった。彼女は助けを求めていたので、私の返事はそこに行く用意ありになった。二週間半のほとんどを私たちは声で応答しあった。その期間に私は匂い付けと群れが残した獲物の中から中位のオオカミが食べる部分、すなわちフィレ肉と腹の内臓を食べることにより、彼女に私の地位を知らせていた。私は彼女が私をひそかに観察し、後をつけている感触があった。ときどき彼女の姿をちらっと垣間見ることがあった。

ある朝、私は森の中の曲がり角に出くわしたとき、前方、六、七メートルもない道の上に彼女が立っていた。彼女はそこに立ったまま私を四〇秒か五〇秒眺めていたが、これは、鉄砲で狙われ、追われ、迫害を受けてきた動物にしては破格に長い時間だった。それから彼女は消えた。彼女は最も美しいオオカミで、調子も良く、見るからに栄養十分だった。彼女は私が呼び続けてきたオオカミであることに疑いはなかった。それからある日の朝私が空き地にひざまずいて小川を覗《のぞ》き込み、顔に水をかけたり水を飲んでいると、連れがいるのに気づいた。ゆっくり振り返ると、せいぜい六フィート（一・八m）もないところにこの麗しいオオカミが座っていた。

悲しいかな、私はそれ以上ポーランドに滞在する時間がなかったので、もっと彼女と親しくなれたかどうか、アイダホでやったように群れに侵入できたかどうかは、知る由もないのだが、私はこのことを個人的にはとてつもない大前進だと見ている。今まで人間が彼らにどんなことをしてきたとしても、オオカミに彼ら自身の目線で近づけば、そして彼らに危害を加えないことを示せば、私がはるか昔にキツネたちと交わったように、彼らの信頼感は徐々に戻ってくることをこの経験は示している。

テープ録音でもう一つ別な実験をする時期がきた。私はスタニスローに対して、彼の家畜にオオカミを近づけない方法を探してみると約束していた。この地域にいるオオカミと農場と森林についての限られた知識しかなかったが、彼が自分で管理できる方法を教えてあげられる自信が出てきた。私の計画は単純だった。私は彼に安物のテープレコーダーとスピーカーをいくつか与えた。それは私が異なった群れの場所を突き止めるため使ったものそのものだった。私たちがしなければならないことは、スタンの農場周りの土地はすでにライバルの群れが所有しているということをオオカミたちに納得させることだった。もし私がそれできちんと納得させることができれば、オオカミは彼の農場には手を出さないだろうというのが私の計算だった。

私はスタニスローに器具の使い方の基本を教えた。ほんとに初歩的なことだった。貧困極まる農業地帯にいるのだから、ポーランドを揺るがすようなスピーカーを持っていっても意味がない。設備は単純で彼らが操作できるもので、かつ買えるほど安いものでなければならなかった。彼にあげたテープには五匹のオスオオカミがいる群れの声が録音されていた。この数は私が森で聞き分けたどのオオカミの群れより一匹多かったから、潜在的な脅威となるはずだった。彼らの遠吠えは、スタンの農場周りの土地は自分たちの縄張りだということを近づこうとするすべてのオオカミにはっきり伝えるかのように、防衛的なものだった。遠吠えにはいくつか響きが違うものがあり、オオカミはある地区に入り狩りをする前に、彼らは別な群れの縄張りに踏み込んでいないことを確認するため位置知らせの遠吠えをすることを私はスタンに説明した。彼は遠吠えの違いに気づいているとすぐ言った。この男が自分の環境をきっちり把握していることを知り心強かった。オオカミの遠吠えは襲撃前には高音で、終わったら低音だと、彼は私に話した。そのわけは、獲物を獲得した後は、群れはその場所が彼らの縄張りだと宣言するために防衛的な吠え方をするからだと私は説明した。

高音の呼び声――位置を知らせる遠吠え――を聞いたら必ず、野生の群れの遠吠えが消えてなくなるまで（私はそうなることを確信していた）テープをかけなさいと彼に言った。彼はその理屈をすぐ理解して、そのときが来るのをじりじりして待っていた。ドキュメンタリー映画を撮るために二年後にポーランドに戻ってみたら、テープの録音が見事に効いたと喜んで話してくれた。彼が私に言われたとおりにテープをかけたら、それ以降家畜への襲撃はなくなった。彼はしんそこ感動していた。

ポーランドの農夫たちと仕事をする喜びは、アイダホの農場経営者たちと違って、彼らは基本的にオオカミに敬意を払い、そのためならスタニスローはどんなことでもやる気持ちでいることだった。彼はオオカミを射殺しなければならない状況は望まなかった。ただ自分の家畜を襲うのさえ止めてくれればよかった。ところが私が会ったアメリカの農夫たちは、悲しいことに、最高に良いオオカミは死んだオオカミだと信じているようだった。

ロミックは私が帰国する前に、ビヤウォビエスカの原始林に案内したいと言った。そこはポーランド最古の国立公園でユネスコの自然遺産に登録されていた。私たちのいるところから真南にあたり、そこは実に信じられないような楽園だった。欧州バイソンを含めて一万一千種類の野生生物の宝庫で、植物の種類がまたすごかった。しかし、数多くの観光客がくるので、オオカミは若干不吉な兆候を示す形で行動を適応しているように見えた。おそらくその結果であろうが、森林官たちは北のロミンカ森よりオオカミと親密になっているようだった。私が話しかけた一人は、二匹のオオカミが歩道を歩いているのを見たと言った。普通、オオカミは歩道を使わないから最初犬じゃないかと彼は思ったが、それは疑いもなくオスとメスのオオカミで、メスはまっすぐ歩くが、オスは道の片側の林の中に入っては次に他の側の林から出てきて獲物を追い出し、出てきた獲物をメスが捕まえる、と彼は言った。しかし、その狩りの仕方は、オオカミではなく犬だった。

22
痛い教訓

イングランドのクームマーティンで飼っている私のメスオオカミのエルーがその最初の年に妊娠するとは本当のところ期待していなかったが、念のため、彼女が交尾期に入る二週間前に、群れの中に入る決心をした。目的は求愛行動を観察し彼女の赤ちゃんが生まれた場合私を子守役にしてくれるよう十分な絆を築くためだった。シャドーがボス的オスだったが、驚いたことに、エルーとつがったのはペイルフェイスだった。当時の私にはそれは謎だったが、ひょっとしたらこれが原因かと思い当たるまでには五年待たねばならなかった。シャドーは心臓に欠陥があることがわかった。彼と、最近私がダートムア野生動物パークから引き取っていたレディペネロープという名のメスがつがいのペアとしてオックスフォードシャーのあるコレクターに貸し出すため移送中だったのだが、移動中に彼が突然死んでしまった。検死の結果彼は心臓病だったことが判明した。彼はそれまでにも心臓病を抱えていて、そのためにエルーは子どもの父親としてペイルフェイスを選んだということが十分にありえる。

エルーは妊娠九週間の間、いい母親になれる兆候を至るところで示した。彼女はこれが初めての経験であるのに、何をすべきかを本能的に知っているようだった。彼女は赤ちゃんのための待ち合わせの穴を掘る手伝いをオスたちにさせた。これは巣穴の近くに掘られる小さな隠れ穴で、危険が迫った場合飛び込むように赤子のオオカミは教えられる。二、三フィート（約六〇～九〇㎝）の深さで、捕食動物が襲ってきても赤子のオオカミを掘りだせないように通常岩とか木の根の下に掘られる。私とエルーの関係は順調に進んでいたと思う。ロングリートのデイジーが乳母役になろうとしていたとき彼女がやることを私は見ていたのでそれを全部真似たが、エルーは私に快く応じていたと思う。私が一瞬の不安を持ったのは、彼女がだいたい六週間たったころ柵の中の一番大きな木の根っこの下に猛烈な勢いで穴を掘り始めたときだった。私が作った巣穴でなくそこで出産する準備をしているのかなと私は考えた。もし彼女が地下深くにもぐって何か不都合なことが起きたら、やっかいなことになっただろう。幸いなことに、彼女はそこを使わなかった。

彼女が出産する二日前、私は狩りに出かけウサギを何匹か提げて柵に帰ってきた。昼下がりを過ぎたころだった。エルーはウサギを一匹取って巣穴に入って行った。前に野生のオオカミたちが巣穴に分娩用窪《くぼ》みを掘るのを見たことがあるのでそれを真似て私が窪みを掘っておいたら、彼女はそこに横たわっていたのだが、次の日の朝早く、陣痛が始まったオオカミの低い哀れを誘ううめき声が聞こえた。それは今まで私が聞いたことのあるどんなオオカミの声にも似ていなかった。私は中で何が起きているのか、彼女が苦しがっているのかどうかわからなかったし、調べる手もなかった。私や誰か他の人が巣穴の入り口に近づくと彼女は深くとどろくような唸《うな》り声で警告し私たちを遠ざけた。唸り声が出てくる距離から判断すると、彼女は私の分娩用窪みは無視し、その奥に自分で何か別に掘っていた。それは明らかにどんな脅威からもなるべく離れたところにいるためだったので、こうなると完全に接近不能だった。しかし地面は傾斜していたから、彼女が掘り進んだためにあるところで彼女は地表にすごく近いところまで来ていた。彼女が体の向きを変えたときに土の一部がはがれて巣穴の上に微細な割れ目が出来ていた。懐中電灯でその下の様子が見えるのではないかと期待した。

夜明けとともに最初の小さな産声を聞いた。私は心臓をどきどきさせながら、懐中電灯を取りに丘を駆け上がってトレーラーまで走った。割れ目から電灯を照らしてみたとき、私は涙が出そうだった。私は彼女を分娩用窪みの真上から見下ろしており、小さなかわいい赤ちゃんが四匹も体をよじらせうごめいているのが目に飛び込んできた。彼らは母子ともに健全だった。私は父親の満足感とでもいうようなものを全身に感じながら、割れ目から雨が染みこまないようにそこに大きな石をかぶせて、それから座り込みその後の進展は辛抱強く自然の成り行きに任せた。その後の五週間は彼らの世話をするため私は昼間の仕事から外れた。

三日目にエルーが巣穴から出てきたので、大変なことになったと思った。通常母親は赤子たちと一緒にまるまる一週間は地下にこもっているものだ。私がアイダホの野生のオオカミと一緒だったときは、母親は一週間以上巣穴にいて外に出てきたときは完全にやせ細っていた。ここはロッキー山脈と違って気候もそんなに厳しくないから、飼育されているオオカミはおそらく違うのだろうと納得しようとした。しかし生まれたてのオオカミは母親に体温を調節してもらわねばならない――赤子の体温はあっという間に冷える――し、それに二時間おきに食べさせねばならない。エルーが外へ出て三、四時間過ぎたので、私はパニックになった。エルーに中へ入るようプレッシャーをかけた。巣穴の入り口に食べ物を並べ、赤子の声が彼女の母性本能を呼び覚ますのではないかと思ったが、何の効果もなかった。それどころか、彼女はできるだけ巣穴から遠くへ離れていたいと決心しているみたいだった。

赤ちゃんを救うつもりなら、すぐある決心をしなければならなかった、でなければ死んでしまう。私は巣穴に入り小さな子どもたちを掴《つか》んだ。彼らは産毛の生えた子ネズミみたいで、目をつぶり、鼻をクンクンさせブーブー鳴いていた。三匹は固まって寄り添っていたので温かく比較的健康そうに見えたが、四匹目は全く違って他の子から六〇センチほど離れて体は冷たかった。エルーは間違いなくこの子をのけ者にし、子どものように扱っていなかった。彼らはみんな軽い脱水症状にかかっていたが、その診断は皮膚をつねればわかる。摘《つま》んだ皮膚が伸びて消える時間が長ければ長いほど、そのオオカミの脱水症状は進んでいる。四匹目の赤子の皮膚は恐竜の首筋みたいに突っ立っていた。

私は丘の上にある私のトレーラーの隣に、パークの誰かのジャーマンシェパードの子犬のために、シンダーブロックの小屋を用意していたのだが、そこにボランティアの助けを借りて彼らを運んだ。床にはすでに藁《わら》がしいてあったので、仮の分娩《ぶんべん》用窪みを急ごしらえして、そこに四匹の赤ちゃんを並べ重ねるように入れた。その窪みの中には毛のようにふわふわした毛布を入れ、その下に箱に入れた電気パッドを忍ばせ、できるだけ彼らの母親の体温を再現した。私たちが彼らにエスプラックという代用ミルクをボトルで飲ませたら、一緒にうずくまっていた三匹のオスは夢中でガブガブ飲んだので、エルーは巣穴を出る前の何時間かは乳を与えていなかったのだろうと私は察しがついた。四匹目は、名前をシャイアンとつけたのだが、ほとんど口を開けることができなかった。私はこの子の世話をしなければならないので、体を温めてあげるためジャケットの中に抱えこみ、大変な苦労だったが彼女をなだめすかして一度に一滴ずつミルクを飲ませた。

飼育されているオオカミが産んだ子を捨てるというのは知られていないわけではない。ある場合は母性本能が十分に育っていないためであり、ある場合には教えてくれるロールモデルがいなかったからである。エルーが生まれたハウレッツ野生動物パークではこれ以上子どものオオカミを欲しくなかったので、オスとメスを別々の柵に囲ったため、エルーは他の母親が出産したり子どもを育てたりするところを見たことがなかった。そんな状況が生じた場合、二つの選択肢がある。私がやったように人間が介入して子どもを救うか、子どもを死なせ母親に自分の怠慢の結果だと学ばせ、次のときにはりっぱな母になるだろうと期待するかである。こんな状況はたしかに起きる。後者の場合、子どもを育てるには五週間乳を飲ませなければならないとメスが理解するまでに、三匹か四匹の赤子の死が必要になることがある。これは、自然が教える厳しい教訓である。私の場合、他に選択肢はなかった。私は介入せざるを得なかった。

二、三日後には私はチビのシャイアンにあまりに時間を取られすぎていたので他のチビたちの食事をみてくれる助手が必要になった。日中は近くにボランティアがいたからよかったが、夜のほうはジャンに頭を下げて頼んだら、彼女は助け船を出してくれ、プリマスの家で彼らの面倒を見てあげると言ってくれた。餌をあげる時間は二時間間隔で私が家に帰り着くのは二時間以内だったので、私は出発する前に食べさせ、彼らを箱に丸めて入れてカバーをかけて前部座席に置き、彼らが眠っている間に運転した。ジャンは夜中二時間おきにオスたちに餌を与え、私はシャイアンに専念した。次の朝、私は全部をクームマーティンに連れて帰り、次の晩はまた同じことを繰り返した。

私はオスをタマスカ、マッツィ、ヤナと命名した。それぞれ自分なりの個性を発揮していくのを観察するのはおもしろかった。タマスカが一番大きく、最も貪欲であることがわかるのに時間はかからなかった。オスはみんな元気だった。シャイアンはたまにはミルクボトルを半分も一気に飲み干すこともあり、やっと峠を越したかと思うとそれが長続きせず、この子は毎日獣医のところに連れて行き診てもらった。請求書が山のように高くなり、経済的についに音を上げ始めていたとき、ペットショップを所有している友人が助け舟を出してくれた。友人は、将来獣医にかかる医療費は彼女がかかっているプリマスの外科医の勘定につけてもいいと寛大な申し出をしてくれた。二週間半私はこのチビに生きてもらいたい一心で彼女の看護をしたが、進展はなかった。ある日彼女は息をするときカリカリというような音を出すようになった。これは絶対いい兆候ではないとわかっていたが、やはり獣医は肺炎だと言った。そのうえ医者が行った血液検査の結果では彼女は免疫システムがないとのことだった。彼女は帰路私の腕の中で死んだ。私は悲嘆にくれた。しかし、彼女がここまで生きていたのは私が一睡もせず看護したおかげだと医者は言った。野生の状態では、彼女は初日を越して生きることはなかっただろう。

このことは私に貴重な教訓を与えてくれた。シャイアンの母親はこの子どもは長生きできないと知っていたのだ、だからわざと彼女を端に押しやったのだ。母が病弱の子につきっきりになれば、他の子どもを食べさせるお手伝いを見つける余裕はない。大自然は母親に生き延びる子どもをかまいなさいと告げたのだ。私は何も知らない世界に干渉していたのだ。もう二度とそんなことはしない。私はシャイアンを箱に入れ私のトレーラーのそばに埋め、彼女のために木を植えたが、そこが今はもう一つのオオカミの柵である。私は今日に至るまで彼女の死を悼んでいる。

23 オオカミの食べ物は身分で違う

三匹のオオカミの赤ちゃんには母親が必要だったが、エルーは子どもに興味を失っていたので、母親役は私になった。乳母に選ばれたいと希望はしていたが、それとは全く違ったもっと難しい役割に直面していた。私にできるだろうか？　死なせずに育てられることはわかっていた―それだけなら簡単な話だ―問題は彼らを家畜化されたオオカミにしてしまわないかということだった。私は彼らに野生の仲間たちが持つ本能や性格をできるだけ多く引き継いだまま成長してほしかった。というのは、私にとって彼らを飼育する正当な理由は、野生のオオカミがどうしてあのような行動を取るのかをさらに深く理解し、そうすることによって彼らが人間と衝突しないように助けてあげることだからだ。

何年か前にカナダで痛ましい事故があった。サスカチュワンの森を一人でハイキングしていた男子学生がオオカミに襲われ半分食べられたのだ。それは偶然の襲撃だろうという人たちがいた。すでに説明したように、オオカミが何かをした場合、たまたまそれが安易にできたからだという種類の説明に私は一度も賛成したことがない。人間は彼らと同じ捕食動物であって被食者ではない。今までずっとオオカミが彼らの世界について私に教えたことは、彼らは人間が―あるいはどんな食糧源でも―たまたまそこにいて便利がいいからという理由だけで、人間を襲うことはないだろうということだった。首領のメスが狩猟係のオオカミに対し、ちょうどそのとき彼らの生活に必要な食糧となる餌《えさ》を狙ってこいと命令するのであり、それが彼らの群れにおける社会的序列を維持するうえでも大事な役割を果たしている。彼らの位は食べ物で示される。捕まえた獲物の最も栄養分の多いところと内臓は常にアルファ・ペアのものである。それゆえアルファの匂いとその結果の権威は、それ以外のうま味の少ないものしか食べない下位のオオカミとは全く違う。

群れは、苦労せずに捕まえられるような怪我をした動物は無視できる能力をしっかり備えており、彼らの必要としている栄養を提供できる健康な動物だと目をつけたら一週間半かけても追いかける。たとえば、その地域にライバルの群れがいるかもしれないとなると、彼らは自分の縄張りを防衛できるように強いパワーがでる食糧を必要とする。また、アルファのメスは出産が近づくと、年とった動物や他より健康でない獲物を意識的に選ぶこともある。それは群れのエネルギーレベルを下げ、子たちに危害が及ばないように、彼らが子たちの周りであまり乱暴に無軌道に振る舞わないようにするためである。この知能は代々引き継がれるが、実際に目の当たりにすると驚嘆する。

首領のメスは、ある動物の三百頭の集団の中から特にどの個体が欲しいかを、それが地上に残した匂いで、見分けて選択することができる。それは足に負った切り傷が何かに感染したヘラジカだったとしよう。その足が地面につくたびにそれはウミの臭いを残す。何日か経っているので臭いが薄らいでいるが、首領メスはその後をつけて行く。目指す動物が途中で止まって草を食み木の葉をかじる草原や藪の臭いを嗅ぎ、その臭いからそれは若い動物ではなく朽ちかかった歯の匂いだと嗅ぎ分けることができる。だから、彼女はこのヘラジカの近くに到達する前から、その姿形を頭の中に作り上げている。だんだん近づいてくると、彼女の集中力は地面から空中に向けられる。まだ二マイル（約三・二㎞）も離れているころから、彼女は鼻孔を広げ、深呼吸すると彼女の鼻にはちりのダニの粒子と風にのった毛が溜まる。そこで彼女は全感覚を働かせ、これが私が求めている獲物だと確認する。そこで全オオカミが獲物退治に出撃する。まず首領のメスが走り始めると仲間が後を追う。これで彼らのアドレナリンがあがる。そして彼女が選んだ特定の動物に並ぶほど近づくと、ボスは尻尾《しっぽ》でどれが目標であるかを示し、仲間たちがそいつを倒す。そのときヘラジカの群れの中にもっと近いのがいても、それは相手にせずボスの指示に従う。

ハイキング中の学生を殺したオオカミの群れが住んでいた地域は、多くの木が伐り倒され森が更地になったところで、それはオオカミの生息地から餌がなくなっていることを意味した。それでオオカミは代わりに回遊中の鮭を食べ始めていた。オオカミは鮭をときたま喜んで食べるが、動物肉の栄養分はなくいつもの常食の代替にはなりえない。私はこれでオオカミが人間を襲った理由をいくらか説明できると思ったが、クームマーティンで飼っている私のオオカミで実験することにした。これがオオカミを飼育しておいたときの便利さの一つである。彼らに魚を主食として与えて三、四か月たつと、彼らは前と全く同じ量の食事をとっていたが、彼らの社会的構造が崩壊した。もはや明白な序列はなく、したがって意思決定をするオオカミも規律を守らせるオオカミもいなくなり、彼らはならず者みたいに傍若無人に振る舞った。だから、例の群れがハイカーを襲った理由は、群れのメンバーに何をすべきか―そして何をしてはいけないか―を指示するオオカミがいなかったというのが最も納得できる説明だと思う。

しかしそれでも疑問は残る。なぜ彼らがハイカーを食べ始めたのか。野生のオオカミも飼育されたオオカミもどちらも他の捕食動物を襲う。私は、オオカミがクマを殺し、クマがオオカミを殺し、オオカミがピューマやコヨーテを殺すのを見たことはあるが、オオカミが食糧のため同士の捕食動物を殺すのはほとんど見たことがない。同士が食糧を争う競争相手だと見た場合は追い払うか、子どもを守るためなら殺すことはある—そういう状況なら人間をも他の動物同様躊躇《ちゅうちょ》なく殺すだろう、が彼らは人間は食わないはずだ。

ひょっとしたら彼らは私たちをもはや同士の捕食動物と認識していないのかもしれない、というのが私の考えである。現代の食事のため—純粋にベジタリアンである人はいわずもがな、炭水化物やジャンクフードが多い—人間の臭いがだんだん被食者となる動物に近くなってきているという説はありえる。私たちの行動も被食者に似てきている。私たちの祖先はオオカミやクマやピューマを見ただけで逃げたりはしなかっただろう—彼らは心臓を高鳴らせたり、冷や汗をかいたり怯《おび》えたシマウマみたいに目をくるくる回したりしなかったはずだ。私たちの祖先は先述の動物とはよく出会ったはずで、しかも彼らとは同じ世界を共有していた—ネイティブアメリカンは私たちの祖先よりずっと長い間そうしていたが—ので、母親と子どもの間に割って入るとか巣穴に近寄りすぎるなどの馬鹿な真似はしなかった。捕食動物にとって恐怖の臭いはきわめて食欲をそそり、それをすぐに放出するのは被食者となる動物だけである。だから、殺されたハイカーについてオオカミのなかに何がしかの混乱があり、群れの本能が階級制度を取り戻すために肉を食べる必要があると命じていたとすれば、彼らが彼を食べ始めたことはありえると理解できる。

森林官たちはクマについて同じことを言っている。クマが最初に人間を襲うのは、常に子を守るか餌を守るためかであるが、一度人間を殺して、その臭いや行動や味が被食者と似ていることを知った場合は、そのクマは人間を餌と見てまた襲うだろう。

問題は、私たちが発展するたびに人間は彼らの世界を少しずつ削り取っていくことだ。オオカミはいかなる方法で、どこで、いつ狩猟すべきか、何を食うべきかを長い世代交代の中で伝えられた希有《けう》な知能を持っているが、そのバランスを壊した人類とある日突然対面することになる。何百年と彼らが生きるために頼ってきた自然の食糧供給源が消失し、そこに誰かが家を建て牛を放った農場を作っている。人間が唯一残された食糧源を提供しているとなれば、オオカミがますます人間に近いところに居据わろうとするのは避けられない。

人間はこの地上で優位な生物としての役割を引き受けたが、人間より下にいる生物をどうやって管理できるのかまださっぱりわからない。動物は自然に行っているのだが、人間は万物を制御しているバランスをどうやったら維持できるのかわかっていない。ネズミや害虫は野生の中で生きられる。彼らは死骸を常食とし、彼らの数は餌のありなしで制限される。自然は彼らが制御不能になることを許さない。溝に食糧を投げ入れたり街角にゴミ箱を溢《あふ》れさせたりしておけば、彼らに市街地に来てくださいと呼びかけているようなもので、彼らの繁殖本能が狂うのは驚くにあたらない。私たちが責任ある行動をとれば、私たちの下の動物も責任ある行動をとるだろう。

私たちは制御不能に陥っており、あまりにやりたい放題である。私たちは間違った種類の食べ物――

あまりに価値が低いので滋養分を摂取するためには山ほど食べなければならない――を食べすぎている。ネイティブアメリカンはかつては高価値の食事を適度な量しか食べなかった。彼らには肥満した人間はいなかったし、彼らは地上で最強で最も健康体だった。今は彼らは白人の食べ物を食べており西洋世界の皆と同じように肥満体になっている。そして私たちが地上で使う農薬品に毒されている。ガンの罹患率の高さは偶然とは思えない。今でも伝統的なやりかた、すなわちヨシを口に含んで籠《かご》を編んでいる人たちは口のガンを患い始めている。その他のガンも蔓延《まんえん》している。

私たちは動物から学ぶべきことが実に多い。私たちがよくよく注目すれば、彼らはこの地球を救う方法を教えてくれるだろう。私たちは野生の自然の管理人に戻り、人間が自然に与えた傷を癒やす必要がある。万物がこの世界に居場所があるのであって、他の種を絶やすに任せて人間だけが守られると考えるのはあまりに幼稚である。ネイティブアメリカンは、オオカミの世界に起きることは人間の世界でも起きるし、その逆も真なりと信じている。彼らは「カレ、ワレ」と言う。私たちは共に力を合わせる必要がある、そうすればその他のことがすべて落ち着くところに落ち着く。動物の世界は共に力を合わせている。自然は残酷である必要はない。オオカミにはライバルがいるが、被食者を自分たちの方向に追いかけ続けるためにライバルは必要なのである。いかなる動物も遊びで殺しはしない。捕食者と被食者となる動物が水たまりで並んで仲良く水を飲んでいるのを見たことがある。動物たちは、虫らが現れ彼らの生活を不快にしたとき誰も強制されて水を飲まなくてよいように、あたかも休戦協定を結んだかのごとくである。彼らはそこまでお互いに協力し合っているので、私はノアが今にも箱舟を持って現れるのではないかと期待したほどだ。

24―己の身分をわきまえる

完全に揃《そろ》ったオオカミの群れ、しかも自然が意図したような食事をしている群れは、常に働き盛りのアルファのペアが首領になっている。そしてこのペアだけが子を産むとずっと考えられてきている。彼らが群れという家族全体の福利のための意思決定をする。他にベータつまりエンフォーサー（用心棒）と、テスターすなわち品質管理担当がいる。その下に、中位から高位のオオカミと中位から下位のオオカミ、そしてオメガのオオカミがいるが、オメガの役割は喧嘩《けんか》を仲裁し、群れの中の緊張を緩和することである。ギリシャアルファベットの名前を使うと、実際には存在しないのに一番上と下の間にすごく大きな開きがあるように思われるので、今日ではあまりそういう呼び方はしない傾向にある。そこで現在は、アルファは意思決定のオオカミと呼ばれることが多い。ペアの二匹は一番経験があるからその任務につくが、そのどちらかがこけると、ロングリートのデイジーがそうだったように、誰かが後釜にすわる。何年もの間、アルファが群れの中で一番大きく勇敢なオオカミで、最初に獲物を食べ自分が腹いっぱい食べるまでは餌《えさ》の近くに他を寄せ付けないボスオオカミだと思われてきたが、彼らと住んでみて、それは全く間違っていることを私は知った。アルファは頭脳であり、群れで最も知能の高いオオカミであり、だから一番価値の高い存在である。

私たちのほとんどは決してオオカミと暮らそうとしないが、犬となら一緒に住んでいる人はわんさといる。だから犬の世界にオオカミの社会的構造を翻訳してあげれば助かるはずである。というのは、私が軍の犬で発見したように、人間の最良の友に関して私たちが抱えている問題のほとんどは、この二つの動物間の類似点を理解できないことが原因だからだ。オオカミと犬のDNAの違いは〇・二パーセントしかない。数千年に及ぶ選択的交配の結果、私たちは、セントバーナードからチワワまで、人間が欲しがるあらゆる形、大きさ、色の犬を作り出してきた。今では人間のアレルギーを悪化させない種類の犬さえいる。しかし、この子たちはきらきら輝く被毛やきれいに切られた爪やかわいい褐色の目をしているが、実は彼らは私が長年過ごしている連中ときわめて似通っているのである。現在の犬はもちろん家畜化されているのだが、基本的に彼らの本能はオオカミと同じである。彼らはオオカミと同じく群れをなす動物であるのに、私たちは彼らを犬の世界の外に連れ出し、私たちの世界に完全に合わないと驚いたり怒ったりする。そしてその訳はたいてい、飼い主の状況に合わない犬を選んでいたり、間違った食べ物を与えたりしているからであるが、それが彼らの社会適合能力の邪魔をしている。

私たちはおうおうにして、アルファの犬を選びたいと考え、同じ母から生まれた子犬たちの中から一匹を選びに行ったとき、挨拶に近付いてくる勇敢な子がアルファの犬だと信じがちだ。これは事実ではない。アルファは自衛本能が強いので犬舎の奥にじっとしている。彼らは決して危険な状況には入らない。もし、危険な状況になったときは、つまりオオカミの例でいえばクマが巣穴の周りを襲撃したようなときは、アルファはそれにかかわらず、自分の命を危険にさらさずに群れの他のメンバーが殺されるのを見ているだろう。アルファは繁殖ペアの片方であり、その子孫を残すことが至上命令である。

もしアルファの子を家に持ち帰ったら、その子は覚えが早く、訓練しやすいのでいつの日か、時が来たと思ったら彼は群れのリーダーになろうとする。そして彼はその日を待ちながら、この飼い主にはもはや群れをリードする能力がないと示す弱みの兆候を探す。その時期は六か月後あるいは九か月後かもしれないし、また二年かもしれないので、飼い主はいつも彼より一歩先んじていないと、あんなにかわいくて素直だった犬がわがままなヤツに変身し、飼い主が何を言っても言うことを聞かなくなるだろう。

そんな彼は、家の外に出たとき全く「耳が聞こえなく」なることがある。飼い主は「家にいるときはいい子なのですが、公園に連れて行くと、私が何を言っても聞いてくれないのですよ」と言う。これは犬の聴覚能力は私たちより比較にならないぐらい優れているからだ。彼は私たちよりはるかに遠くを見渡せ、私たちが聞こえない音を聞き、昨日その方向に流れてきたすべての臭《にお》いを嗅ぐことができるから、公園にどんな犬がいるか、どんな人間がいるか全部お見通しである。だから彼は、この飼い主はもはや自分と飼い主の安全を守れないと知っているので、彼がリードするのである。

今はエンフォーサーと呼ばれることが多いベータの犬は、同じ母から生まれた何匹かの子犬を誰かが見に行ったとき、その人のところへのこのこやってくる子犬である。彼はしつけ係であり、用心棒、あるいはボディーガードであり、純粋な攻撃タイプである。彼は考えないで、ただ割り込むだけだ。

頭で考えることは自分の役割でないから彼は考える必要はない。それは代わりに意思決定犬がやる。彼の役目は群れを守ることと、群れのメンバーが規則を守り、自分のものでない食糧を食べたり、位を超えた行動を取ったりしないように取り締まっている。そしてもし外部から脅威がきたら、彼は恐れることなくそれに対処する。

オオカミの群れではこの犬は最も重要な役割の一つを担っているが、もしこの犬をそれと知らず家に持ち帰った場合は危険になることがある。飼い主と彼では何を脅威と知覚するかが違うかもしれない。彼にとっては、知覚された脅威が公園にいる別の犬か、隣人か、あるいは訪れてきた子どもかもしれない。飼い主の視点からは彼の攻撃は説明できないかもしれないが、飼い主は脅威と思わない何かを彼は脅威と考えたかもしれない。彼はまた家の中で、彼が群れの規則とみなすことを徹底させ始めるかもしれない。彼がもしソファーに座ったり二階にあがったりしてはいけないと教育されたとすると、人間の子どももそれをやってはいけないことになるかもしれない。そして、もしその犬が他の犬をしつけるようにその子どもをしつけたら、大変な怪我《けが》に発展するかもしれない。人間には犬やオオカミが身を守るため着ているような厚い被毛はない。犬が人間を咬《か》んだのは、犬を飼っている人間が群れのシステムを理解できず、彼をきちんと扱えなかったためなのに、なんと多くの犬が処分されたかを考えるといやになる。

それから群れの中にはテスターすなわち品質管理犬がいる。彼は中位から上位の犬で、彼の仕事は他のメンバーすべてに対し奮起を促すことである。彼はメンバーができると言った仕事をちゃんと完遂するよう促し、もし期待された成果を出さないと、そのときは用心棒のエンフォーサーが懲罰を加える。その懲罰でも効果がない段階になってそのオオカミが信認を失い始め、もはやいかなる役目でも群れの役に立たなくなると、ベータのオオカミが彼を追放する。犬の場合、テスターは毎日飼い主をせかせてその能力を試し、飼い主が双方にとって意思決定するに適した人間であるかどうかを確認するので、とてもやっかいでうるさい存在になる。

中位から下位の犬は個々に当然ながら神経質で疑い深い。群れにおける彼らの役割は危険の見張りである。彼らは巣穴の周りを走るか丘の高みに登り、群れの安全を守るためアルファのペアが知るべきことをすべて早めに警告する。彼らは誰に懲罰を加える必要もないし、誰かに何かを教える必要もないので、いいペットになる。彼らにはときたま少々の餌を与えればそれ以上は要求せず、彼らはそれで満足であるし、誰からでも命令を受けるだろう。こうした位の犬は子犬を選びに行ったとき自分から売り込まない。彼らは隅に隠れているような犬であり、いわば引き立て役の負け犬である。ただ一つ問題があるのは、吠えすぎることと恐怖による攻撃かもしれない。しかし、オオカミの群れでは役に立つが人間社会では困る全ての特性が矯正できるように、犬の問題も矯正できる。

群れの中には三つの専門家の役割がある。ハンターと、通常は祖父母がなる乳母役と、仲介役であるが、彼らは皆他のオオカミから大きな尊敬を得る。ハンターは多くの場合メスがなるが、それはメスの方が軽く、オスより足が速いからだ。しかし獲物がバイソンとかヘラジカとかエルクのように大型動物になると、メスは相手が疲弊するまで追い詰めるがそれを仕留めるにはオス軍団が必要になる。だから彼らはよく闇討ちを仕掛ける。ハンターは追跡と殺しはやるが、何を殺すかを決めるオオカミではない。それはアルファのメスの仕事である。彼女は他のオオカミと一緒に追いかけ、どの一匹を狙うかをえり分ける。そのあとはハンターが引き受け仕事を完了させる。獲物を何にするかは、季節と群れに必要だとアルファが判断する肉の質によって決まる。犬の場合、ハンターはしなやかで屈強そうな犬で、痩せているが筋肉質で足が速く、すごいスタミナがある。ハンターは常に動きを注目しており、鳥のあとに忍び寄ったり、木の葉や鳥の毛に飛びついたりしている。

子オオカミの面倒を見る乳母役はアルファのメスが選ぶが、通常は若かりしころ自分でもアルファだったオオカミになる。オスのこともメスのこともあるが、たいていはメスで、生後五週間から六週間で母オオカミと交代すると、アルファは群れの中の彼女の任務に復帰する。乳母役は子オオカミを守護し、しつけ、餌を与えるが、初期の段階は呑み込んだものを吐き出して食べさせる。乳母は子たちにどうやって自分の餌を守るか、狩りの仕方、そして群れの他のメンバーといかに無難に交流するかを教える。

仲介役、すなわちオメガの役割は群れのエネルギーと他のメンバーの攻撃を吸収して群れの安定を図ることである。オオカミは仲間同士でしょっちゅう喧嘩をする。特にテンションが高まり群れ全体がピリピリしている食事どきや繁殖期に（私はアイダホで痛い目にあった）激しい喧嘩をする。それにより彼らは互いの位に挑戦したり、自分の位を獲得したりするのである。仲介役は、その争いの中に入っていき、痛い目にあうが決して自制心を失わず、自分から攻撃的な姿勢は見せず、いつの間にか争いを鎮める。こんなおせっかいをしてもあまり感謝されるわけでもない。食べるのも一番最後であるし、特権も一番少ないが、彼の役割は群れの安寧に不可欠である。犬の世界では、もし公園で犬が争っているとすれば、この役目の犬は喧嘩の中にすっ飛んで行きものすごく声をあげるが、最後は争いを止めさせるだろう。

以上の犬のどれを自分の家にもちこんだかを知れば、互いに幸せな生活を送ることにいくらか役にたつはずだが、しかし結局は買ったその犬をどう扱うか、どう訓練するかにかかっている。ほとんどの訓練士や行動科学者は彼らの方法論をオオカミの行動に典拠を求め、群れの重要性を認識している。私はそれについて反論はないが、前にも言ったように、本当に何が起きているかを理解するためには、現場にいなくてはだめだ。オオカミを遠く離れて観察していると、簡単に間違った結論に辿り着くことがある。実際、それが今までの実態だと思う。飼い主はアルファの犬の役割を演じなければならないと教えられてきた。テレビで見せられた問題犬に対しては驚異的な結果が出ているけれども、これがいつもうまくいくとは限らないし、飼い主にとって必ずしも長期的な解決策になっていない。

私は決して犬の行動科学者をけなすつもりはないが、オオカミの行動を正確に真似することが大事だと深く信じている。事実、すべての犬がアルファの役割を担った飼い主に対応できているとは限らないのだ。

25——基本に帰る

過去には、オオカミと飼育された犬を比較するのは間違いだと科学者たちは常に主張していた。その両方を直接扱った体験に基づいて、私は大声で異を唱える。私がオオカミについて発見したことは、家庭の居間でオオカミを扱う場合に、単に参考になるだけでなく、決定的に重要である。

もし飼っている犬が隅に隠れているような神経質な下位の犬なら、飼い主の自尊心をくすぐるかもしれない——そんな犬に私たちのほとんどは騙《だま》される——その犬の周りで飼い主がアルファとか場合によってはベータのように振る舞うと、犬は参ってしまうだろう。犬の世界ではアルファの位と彼の位の距離はけた違いに大きいので、彼は背中を丸めて尻込みするだろう。群れからはその役目ゆえに価値を認められるが、野生の世界ではこの二つの位が交わることはない。それは大統領と靴磨きの少年に相部屋にしてくれと頼むようなものだ。可哀そうだからという理由だけでそんな子犬を買ってはいけない。その犬は本来的にうるさく吠《ほ》えるものだから、飼い主はどんなところに住んでいるのか、どんな暮らしをしているのかを十分に考えなければならない。野生の世界では彼の仕事は全メンバーに危険を知らせることだと前にも述べた。だから飼い主が往来の激しい町の真ん中に住んでいたら、その犬は四六時中吠えまくり、飼い主のみならず近所の人を皆イライラさせるだろう。何が起きているか知っているよと、犬にわからせないかぎり、彼は家から半径三マイル（約四・八㎞）以内の――平地で風向きによってはらくに一〇マイル（約一六㎞）にもなりえる――移動中のものについて飼い主に警告しようとするだろう。

この犬を落ち着いた都市型飼い犬に転換させることは不可能ではないが、すべて訓練と、彼を家に連れてきた日から始まる管理の仕方による。理想的には、気候が良く、夕方が明るく、空気が澄んでいる夏に連れてくるとよい。できるだけたくさん、なるべく遠く外に連れ出し、あらゆる景色や臭いや音に触れさせ、彼が緊張するものに出会ったら近くに引き寄せて安心させ、背中をゆっくり長くなで、そして深呼吸するとよい。これが母犬が子犬を落ち着かせるやりかただ。彼に外には怖がるものは何もないのだとわからせると、しょっちゅう聞こえる音は犬にもオオカミにも人間にとってさえも警戒すべきものではないと彼は安心するだろう。前に聞いたことのない音だと何にでも彼は反応して吠えるだろうから、小さいころからその訓練を始めないと、五マイル（八㎞）先の工場の警報がなり一晩中鳴っていると、これは飼い主には全く聞こえないが、彼はそれを飼い主に知らせるだろう。

大声をあげたり怒鳴ったりする癖を繰り返さないようにしてほしい。声を出すだけ無駄で、むしろ犬をけしかけているのだ。犬は人間も吠えているので自分を応援しているのだと考える。犬は人間の声はその調子と高低しか聞き分けられない。私たちがコップを満杯にしたときと、半分入れたときと空にしたときに指で叩いたときに違った音が聞こえるのと同じである。それに彼らは教えられた命令の言葉しか理解できない。この言葉は、**座れ**、**動くな**、**腹ばえ**、**来い**、**行け**、**静まれ**、のように短い言葉である必要があり、権威ある言葉の調子と高低で言わねばならないが、言葉の調子や高低は犬がいくらか遠くにいるときは風や天気で変形することがあることを銘記すべきである。だから、犬が吠え始めたら、止めなさいという意味で短くきっぱりとした調子で「静まれ」と言って中断させるのである。犬に何かさせたい場合、たとえば自分のほうに来させたいときは、声を尻すぼみに発するとよい。犬が正しく応じた場合は必ず褒美をあげて教えるとよい。そうするとその命令で彼は、飼い主が音を聞き分け、何が起きているかを知っており、次にどんな行動をすべきかを決定しようとしているとわかり安心する。意思決定は自分の仕事ではないし決定したくないのだから、犬はそれこそ喜んでその責任を飼い主に預ける。

しかし、まず確認しなければならないのは、なぜ彼が吠えているのかである。場合によっては見知らぬ人が近づいてきているのかもしれず、あるいは通りの向こう側で何か普通でないことが起きているので警告しているのかもしれない。犬が吠えるのは吠えたいから吠えるのだといった思考形式はずっと昔の話だ。犬は、オオカミのように、複雑な言語を持っており、吠え方でいろいろ違ったことを告げ、音の高低を変えて数マイル先まで届かせることができる。たとえば、飼い主の家に庭があれば、犬はそこを彼の縄張りだとみなしている。犬が家にいるとき誰かが歩いてくる音を聞くと、彼は低い声で唸《うな》り、その後に一度だけ吠え、また低く唸る。それは誰かが近づいて来ているが、まだある程度離れているので、狼狽《ろうばい》する必要はないよと、知らせているのだ。その人がさらに進んでくると、彼は最新情報を与える——三度吠え、それから長く唸る。そのとき飼い主が何もせず、その人が敷地内の車道に入り縄張りに侵入すると、機銃掃射の洗礼を受ける。しかし、飼い主が窓辺に行って誰が来ているのか確かめ、犬にしかるべき命令を与えると、犬は落ち着く。最初の六か月を使って犬にこのような訓練をほどこすかどうかが、飼い主と犬がそののち、幸せに暮らせるかどうかの鍵を握っている。

もちろん多くの人は犬を子犬から飼っているわけではない。ブリーダーから買う以上の数の犬が捨てられる前に救助されているが、彼らはそれまでに虐待されている。犬の事件記録を見ると、犬は鎖で繋《つな》がれ、鞭《むち》打たれ、飢餓状態になっていたことがわかるので、可哀そうになって私たちは彼に新しい生活のきっかけを与えようと希求するが、彼がカーペットでおしっこをしたり、何か反社会的なことをしたりすると私たちはその理由は考えず、すべて過去のせいにして、たいてい彼を引きずって、彼があれほど嫌がって行きたくなかったあの暗い場所にまっすぐ向かう。人間はいつも過去を振り返る。犬は、オオカミ同様、現在に生きている。彼は新しい群れ、新しいルール、新しいリーダーのもとで自分は幸せだと考える。「老いた犬に新しい芸はしこめない」という格言があるが、それとは逆に、彼が教育に最も順応できた犬の生涯のあの時期に戻れば、それができると私は信じている。

オオカミと犬は小さな輪の中で成育する。最初はその輪は巣穴すなわち揺りかごの中で、またはその周りで始まるのだが、そこでは母の乳を貪《むさぼ》り飲みながら、母から基本的な原則を学ぶ、つまり母の落ち着けの信号を受け取り、報奨システムを発見し、群れの価値観と仲間との意思疎通の方法を学ぶ。五週間経って子オオカミが外の世界によちよち歩き出て母親の乳の代わりに誰かに咀嚼《そしゃく》された肉を食べ始めると、それまでの小さな学習の輪が広がり、彼は群れの他のメンバーにどのように付き合うか、自分の食べ物をどのように守るか、危険な場面にはどう対処してどこに行けばよいかを学ぶ。時間の経過とともにその輪はだんだん大きくなり、九か月たつと彼は社会的にかつ生き抜くために必要なスキルを身につける。

前にも述べたが、オオカミの社会では食事がきわめて重要な役割を果たしており、魚中心の食事の実験でもわかるとおり、群れの性格を完全に変えてしまうほどだ。アルファのメスはこのことを知っている。彼女は子オオカミを群れの他のメンバーに紹介する前に、メンバーに与える餌を年取った牛とかまだ母の乳を吸っている子牛（その胃の中のミルク成分が誰に対しても心を落ち着かせ鎮める働きをする）に限定し、彼らのエネルギーレベルが下がったことを確認する。そうすると群れのメンバーは、ほとんど体だけ大きくなった子オオカミみたいに、おとなしく優しく寛大な性格になる。通例食事時になると発生する攻撃や闘争は消え、彼らは誰に対しても寛大になる。そんな彼らを見ていると、オオカミが人間の子どもにわが子同様に乳を与え育てたという神話や伝説は信じられなくもない。子オオカミを死なせた母オオカミは乳が張るから、代理の子を喜んで育てるかもしれない。

だから、成長した犬を再教育するためには、彼が生後の数か月に口にした食事を与えてみることだ。ミルクとミンチの、つまり非常に細かく砕いた肉を混ぜて与えれば、これは彼があの集中学習期間に食べさせてもらった咀嚼食に近くなるだろう。それを二か月も続ければ、彼はおとなしい良い子になり言うことをよく聞くようになるので、そこでいわば子犬をしつけるように褒美を厚く懲罰は軽く訓練すればよい。私見では、犬に暴力は禁物である。それではうまくいかない。犬を蹴《け》るのはただ彼を攻撃的にさせる可能性が大だ。というのは、彼らが狩猟しているとき狙われている動物の自己防衛は蹴ることだからだ。

犬を教育する最も効果的な方法は手本を示すことであり、最も効果的な懲罰は犬にぬくもりを与えないことである。これが犬やオオカミが彼らの世界で教えられる罰の方法である。罰を受ける子は母親から遠ざけられ母の体に安らかに寄り添うことを許されない。

群れの構造を維持するうえで食事が果たす重要性をいくら強調しても強調し過ぎることはない。オオカミが食べる食物は三種類に分けられる。基礎体力と健康維持のための食物と、極寒の気象条件の中でも体を温めるような脂肪分が多い動物などの生命維持食物と、群れの構造を維持するための社交的食物である。

アルファのペアは、肢《あし》や尻《しり》などの動きのある肉もいくらか食べるが、地位を守るために、食事の大部分を内臓で賄わねばならない。健康維持のため少量の植物類も食べるが、彼らの被食者となるのは常に草食性動物だから、それは胃の中にある。ベータの位、エンフォーサーはもっぱら運動する肉と若干の植物を食べる。中位から上位の動物、つまりテスターは、ある割合の首や背骨の肉と、約二五パーセントは胃袋の中身を食べ、中位のオオカミは肉と胃袋の中身を五〇対五〇で食べ、下位のオオカミは七五パーセントは胃袋の植物分を、二五パーセントは肉を食べる。

私たちの世界に生きている犬に起きた現象は、私たちが彼らの自然のバランスを壊した結果である。私たちは彼らそれぞれの地位に関係なく、どの犬にも同じような食物―たいていはすべてが入っている乾燥食品、あるいは缶詰の食物―と、それにビスケット（野生のイヌ科動物はいまだかつて小麦など食べたことがない）を混ぜて食べさせる。だから自然の階級が乱れ、犬たちは区別がつかなくなっている。それに輪をかけてややこしくしているのは犬の訓練で、たとえば、公園でボス犬に地位の低い犬の前で座らせたり寝かしたりしている。

私たちは、犬に完璧な美容整形をしたいため、野生の動物なら互いの意思疎通に使う体の造作を排除してしまった。いまや突き出た鼻のない犬さえいるが、そのため彼らは同朋が何千年と続けてきたしつけさえ受けられない。耳が垂れ下がった犬もいるが、彼らは仲間の犬との意思疎通に不可欠の手段を奪われている。最近英国で禁止されるまで、ある種の犬の尻尾が短く切られていたが、これは尻尾を動かすことによって伝える彼らの重要な言葉である匂いによる意思疎通の能力を奪っていた。

26——家庭の大事さ

シャイアンが死んだあと、私はエルーの子のオス三匹を次の二か月小屋の中で飼ったが、その期間に彼らはミルクから、ミルクとひき肉に移行した——私は彼らの母ならこうして食べたものを吐き戻しただろうと思えるものを作るのに最善の努力をした。彼らはそれを私の口からペチャペチャ食べたが、すぐに自分でミンチができるところまで進み、最後はニワトリの手羽肉を食べるようになった。そこまでくると彼らは瞬間的に唸《うな》ったり歯をむきだしたりして互いに自分の食べ物を守った。そのころになると彼らをもっと広いところに出してあげる必要があると痛切に思ったが、彼らをシャドーとペイルフェイスのところに戻すのは絶対無理だった。そこでボランティアの方々六名の助けを借りて、パークの頂上のトレーラーの隣に約半エーカー（約二千㎡）の柵を新しく作った。大人のオス二匹をそこに入れ、三匹のオスの子を彼らが生まれた丘の下の柵に入れ、私もそこへ移り住んだ。

突然私に全責任がかかってきた。自然界では子オオカミの安全を守るのは他のメンバーがやり、乳母役はただ教育に専念し、彼らの行動を監視していればよい。ところがここでは彼らの体を温め、安全を守り、餌《えさ》を与え、夜には巣穴に送りこむことのすべてが私の仕事になった。普通なら成長したオオカミが子どもの面倒を見るのだが、その仕事のすべてが私の責任になった。私は大人ではあるが、とても成体のオオカミのように面倒を見る能力はなかった。しかし何とかうまくいきそうだった。夜私が巣穴に入ると、彼らもついてきた。しかし訓練については、当時は立派な考えだと思われたのに、彼らが成長してくると、止めとけばよかったと思うことがたくさんあった。一例はベータの位のタマスカで、彼は体も大きく勇敢で一見怖いものなしで、常に先頭を切って走り、オオカミの中の頼りになる存在だったが、雷雨をひどく怖がった。赤ちゃんのころ雷鳴を伴った豪雨になると興奮し、赤ちゃんみたいに悲鳴をあげ私の方に駆け寄ってくるので、私は抱き上げていた―これは柵に移動するずっと前の小屋にいたときの話だ。彼にはぬくもりを与えなければならなかったので、私は彼を腕に抱え首にネッカチーフのように巻きつけたが、そうすると私の首のぬくもりが彼のおなかに伝わり彼を落ち着かせた。彼は落ち着いてくると、身をよじらせて下に降り、食べ物を与えてくれると思うものを何でもしゃぶろうとした。この場合は私の鼻の先で、これを乳首と思い彼は約一五〜二〇分しゃぶり、眠りにおちた。それから初めて彼を他の子の所に戻した。

　生後三、四週間の、毛が柔らくかわいいオオカミの赤ちゃんに私の鼻の先をしゃぶられたのは素晴らしい経験で皆が感嘆したが、私が主任教師として幼い彼らに教えたことは、彼らは成長しても忘れないということを私はよく理解していなかった。だから、タマスカは、体重がほぼ一三〇ポンド（約五九kg）に達した完全な成体になった今でも、雷雨のときは木の下で私の膝に乗り私の鼻を舐めている。ただ現在は、実際には私の鼻を舐《な》めるには彼は体が大きくなりすぎているので、私の鼻の周りに前歯をしっかり立てたままにしている。だから犬を飼っている人に言いたいことは、チビのときに何を教えるか気をつけなさいということだ。

そのほかに後で振り返って止めとけばよかったと思ったことがある。初期のことだが、私たちが彼らに餌を与えたあと、私はよく彼らを巣穴に連れて行き体を温めさせた。六か月かそこらたつと、彼らは結構大きな体になり、気候にもうまく対処できるようになったようで、木の下で横になることを好んだ。私たちが雨をよけ体を乾かし暖をとるために巣穴にもぐるのは、雨がしっかり四、五日降り続き体がしとどに濡れそぼったときだけだった。子オオカミたちはそれぞれ巣穴の中に自分の定位置を決めていた。マッツィとヤナと私が一番奥に行き寄り添って休むのだが、タマスカは一番体がでかいので、頭と肩を外気にあたらせ、尻を私たちのほうに向けて、入り口に寝そべった。彼がチビのころはこれでよかったのだが、成長するにつれだんだん生肉をたくさん食べるようになると、彼のオナラの問題が深刻になった。巣穴の奥は全く風通しが悪く、彼が盛んなときは、一五分おきにオナラをするので奥での臭《にお》いは強烈だった。前門の狼、後門の狼という状態だった。雨と寒気の中、外に出ているか、あるいは体を乾かす代わりに強烈な臭いに襲われるリスクを冒すか、だった。ときにはあまりに匂いがひどいので、タマスカでさえ急に体を動かして、「おいおい、誰だ、やったのは?」と言わんばかりに鼻をクンクンさせた。

三匹の中でどれがお気に入りか白状しろと言われれば、それはタマスカだろう。彼は本当にたいしたやつだが、彼らはみんな家族だから私は一匹だけを特別扱いはしなかった。彼らの中における私の役割は変わってきた。私がいるのは、彼らが大人のオオカミになったとき自分の役割をそれぞれが果たすように教えるためだったが、私は彼らのリーダーではなかった。それはこの実験に関して珍しいことだった。私が唯一上位に立ったのはマッツィだったが、彼は用心深くて引っ込み思案で体も小さかった。しかし他の二匹については身分の上で彼らは私の上にくるように仕上げねばならなかった。彼らがリードする時期が来たら、私自身が努力してバランスのとれたオオカミになろうとしたことを彼らに思い出してほしかったし、実際にそうなってほしいと願って手本を示して教えた。私は彼らを折檻《せっかん》しなかった。ただどのように行動してほしいと思っているかを示し、罰しなければならない場合は、ぬくもりや食事や水を与えない形でした。それこそ子オオカミが野生の世界で受ける罰である。私がしたことはすべて彼らにいかにして半分ペット化された状態ではなく、野生のオオカミになるかを教えるためだった。もし私が力を示す必要があれば、私はそれをゲームを通して示し、もし本当に腹が立ったら、私はただ歩いてそこを離れて寝転んだ。私が攻撃的になってそれまでの教えの妨げになることはしたくなかった。

私は彼らに自分の食べ物をどのようにして守るか、それぞれが死骸の餌の中で自分だけの領域があることを認めることを教えた。六週間たったころには彼らは今後どんな位につくのかその兆候を示し始めていたので、その時期にウサギを初めて食べさせたとき、私は肉を切り分け、彼らが示している特長に従ってそれぞれに違った部位を与えた。一番下位のマッツィは胃袋の中身を、ベータの用心棒になることがはっきりしているタマスカには運動肉即ち肢《あし》と尻《しり》を、ヤナは間違いなく頭脳がさえていたので、内臓を与えた。餌の死骸を持ち込んだとき、ヤナが心臓や肝臓や腎臓を食べられるように、なんとかして彼を胸部のところにもっていき、タマスカを尻と肩に集中させようとした。しかし、彼はすごく貪欲なので口に入るものは何でも食べ始めるので、私は何度か彼と闘わねばならなかった。

彼を脅すために、オオカミが仲間に対してやるように、私は口を開いて唇を引きあげ歯―私の武器―を見せ、かつ舌を突き出して唸り声をあげざるをえなかった。それでもうまくいかないときは、彼を押しのけるため、彼の口の端に咬《か》みついた。私がやったことはすべて野生のオオカミがやるのを見てそれを真似したのだ。彼は押し戻された場所が気に入らないと、私に向かってきたが、そんなことが何度あったことか。私の鼻や唇は彼の針のように鋭い歯で咬まれた傷痕で穴だらけになった。彼は繰り返し巧みに奥歯で私の鼻の皮を薄く剥《む》きとった。一度彼は私の下顎を全部口でくわえたことがあった。彼の下の歯が私の顎の先端を捕まえ上の門歯が私の舌の下部の柔組織に食い込んだ。私たちは互いに唸り歯をむき出して怒っていたが、同時に私は彼の首筋を抑えていた。本当に乱闘であり知恵比べだった。彼がもう少し年を取っていたら私に勝ち目はなかったが、彼の生涯の中であの短い時期だけ、私は乳母として彼より高い位を維持していたし、彼には自分の地位を覚えてもらう必要があった。タマスカと私はしょっちゅう喧嘩《けんか》をしたので、私たちは人間に例えれば夫婦みたいだと、私はよく冗談を言ったものだ。

もう一つ大事なことは、三匹が戦闘ごっこをする場合にいかに互いに重傷を負わせないようにするかを教えることだ。オオカミのような体重と力と顎骨の圧力があると、群れの仲間を間違って殺しかねないのでそれには十分注意しなければならない。一匹が痛いと感じたら、彼はすぐ高い音の鳴き声をあげるが、そのとき分別のあるオオカミならすぐ攻撃を止めるはずだ。彼らは実際に間違いなく攻撃を止めた。人間の皮膚はオオカミと比較にならないので、私は抗議の声を何度あげたかしれない。私はこのオスの三匹にも同じことをするよう教えなければならなかったが、私が彼らに痛みを与えるのはとても難しかった。唯一私にできる方法は、彼らの耳か唇を咬むことだった。それで戦闘ごっこを始めると、私は痛いと感じる程度の強さで咬むのだが、彼らが鳴き声をあげた瞬間に私は歯を放し、彼らを仰向けに寝かせ一番の弱みの腹部を出させる。それから私は彼らの喉の真上に口を持っていくのだが、これがオオカミの古典的なポーズで、私を信用してもいいのだという信号である。

バランスも教えなければならなかったが、これは狩りを含んだゲームで教えた。犬は尻をあげたまま前足を地面に伏せるいわゆる「遊びのバウ」という姿勢を取るが、オオカミの場合、その姿勢は「被食者のバウ」と呼ばれる（訳注：遊びはplay　被食者はprey）。というのは、低く構えたその位置から彼らはどの方向にでも六フィート（約一・八m）跳び上がれるからだ。ゲームを始めるときしばしば被食者のバウで始め、横から横にすっ飛び、走り、互いを追いかけた。状況を見て彼らが激しくなり過ぎているような場合は、私はまた身をかがめてその被食者のバウの姿勢を取ると、全部動きが止まり、それで皆の興奮が収まり、また皆が戦いを続行しても危険はないと確認できる。彼らが安全領域を超えていかないように、エネルギーの高いレベルから低いレベルにどうやって転換できるかを私は教えていたのだ。彼らは模擬戦闘をするのは構わないが、家族だから誰かが怪我をすることになってはいけない。

私がこのようなゲームと模擬戦闘と模擬敵襲を通して発見したことは、相互のやり取りの激しさが私たちのアドレナリンとフェロモンのレベルをあげ、それが彼らに——と私に——群れの他のメンバーを抑える力を与えるということである。もし私がタマスカを餌の死骸から引き離せなかったら、私はそこで止めてマッツィと模擬戦闘を一〇分間やるしかなかった。私が帰ってきたときには、私の血は興奮しておりタマスカは私の変化を嗅ぎつけられるから、私がほとんど何もする必要もなく彼は離れるのだった。

もう一つのとても大事な教えは自己保存である。彼らは他のオオカミの体の姿勢を読み、声の意思疎通を理解し、自己防衛の方法を知らなければならない。オオカミがたてる音で高いのは励ましのメッセージである。だから危険な状況が近くにあり子らに私の所に来てほしい場合は、私は高音でクンクン鳴き、彼らの注意を引き、全部私のもとに集まると、こんどは低音で重くクンクン泣き皆を落ち着かせる。地上や空中からくる危険を知らせる鳴き声はもう一つある。タカ科のノスリが上空を飛翔したり、ヘリコプターや飛行機が飛んだりしている場合は、とぎれとぎれにウッフ、ウッフと声をあげると、彼らはすぐさま保護を求めて私の所に走ってくる。低い声はみんな要注意で、近いところで喉から出るような低い声を発する場合は相手への警告である。これは野生のオオカミから学んだのだが、そのときは彼らの武器―むきだした歯―や体の姿勢が何を警告しているのかを見分ける必要がある。オオカミが自分の位を示す一つの方法は武器をかまえる高さである。位の高いオオカミはむきだした歯を高く維持し、他の位のオオカミにはその位に応じて頭を下げることを要求する。もし下位のオオカミがしかるべき敬意を払わないと、上位のオオカミは唸る。公園で出くわした犬同士でも同じことが起こる。彼らは実に素早く序列を確認し、もし下位の犬が当然期待されている敬意を示さないと、上位の犬は咬みつき、歯をむきだし、時には喧嘩になる。もし下位の犬がまだ武器をそむけなければ、唸り声が強化されついには強い犬は相手の顔の近くを咬む。その咬みつきが最後の警告で、それでもだめなら彼は相手に襲いかかり、口で倒しその間ずっと唸りっぱなしである。それから彼は攻撃を止め、一歩下がり、唸り声をあげ続けるが、それまでには低位の犬は体を低くし服従の印を見せるはずである。

同じことが食べ物についても起きる。成長したオオカミは自分の所有権利を耳の形で示す。オオカミが餌を食べているところを観察した素人には、注意すべき信号は彼らの歯のように見えるが、それは間違いで、ポイントは耳である。耳の姿こそ相手のオオカミが食べていいのかよくないのかを示す。オオカミが餌の死骸の上に立ち耳を頭の脇に翼のように平行に出していたら、それは、自分はお前より位が上で、この部分の肉は自分が食べるのだと告げている。だから他のオオカミがその近くにきたら、ただではすまない。割って入ろうとすると、彼は歯をむきだしにして舌をまっすぐつきだして唸るだろう。最後通牒として彼は接近したオオカミに咬みつき、そのあと飛びかかる。しかし、彼より上位のオオカミがたとえば右側から近づいて来たときは、彼は右の耳を頭の横にそって後ろに引き、その上位のオオカミに入ってきて食べてよいと合図し、同時に左の耳は直立に立て自分の食べる分を守る。私はこのことをチビたちに教える必要があったが、私には彼らのような耳がないのだから、いろいろ教えたことのなかでこれほど難しい訓練はなかった。私は餌の肉を頭全体で包み隠すしかなかったが、彼らは私のメッセージを理解したようだった。

しかし、人間の感情を持った一人の人間として私に一番難しかった教練は、彼らに仲間の誰を優先させるかの序列づけを教えることだった。群れがもし危険に直面した場合、彼らはまず位が一番高いメンバーの安全を守らなければならない。彼らがもし二者択一の状況に直面したら、彼らは何匹かの子オオカミの全部さえ犠牲にするだろう。なぜなら、最高地位のオオカミが死んだら、群れの将来はなくなるかもしれないけれども、子どもはまた来年生まれることを知っているからだ。またそのような事態になったら、将来リーダーになる最高位のチビを他のメンバーより先に守らねばならない。私はこのことでは苦しんだ。人間の感情を持った私としては、あるオオカミが高い地位を獲得しているからといって健康でしっかりしたオオカミを死なせるというのは腑《ふ》に落ちなかったが、これを彼らに教えねばならなかった。私は鬼ごっこをした。私は、あたかも敵のオオカミが追いかけているかのように、彼らの背中や肢を咬みながら後を追いかけ、彼らを逃げ惑わせた。私は同じようなゲームで狩りを教えることはある。しかし今回の教練では、私は彼らを待ち合わせの穴の方向に誘導し、彼らが私の攻撃から逃れられるのは穴の中に飛び込むことだと教えた。そのあとは、他に選択肢がなかったからでもあるが、私は彼らをそこに置き去りにした。それはそのような穴があたかも生後三か月のチビのために特別に作られたことを覚えさせるためだった。私はどんなことをしても彼らをそこから外に出すことはできなかった。というわけで彼らはここが避難所だということを学んだ。最大の難問は、どんな序列で安全を確保するか、つまりタマスカとマッツィを後回しにしてヤナを最初に避難させることを教えることだった。

これがただの教練でよかったと思っている。

27—別れ別れ

私はこの連中と一八か月間続けて一緒に住んだ。一緒に食べ、眠り、じゃれて格闘した。この間はまともな食事をしたことはなく、コーヒー一杯か、サンドイッチだけだった。衣服は変えず、シャワーもせず、髪も洗わなかった。固い地面より柔らかなものの上に横になったことはなかった。彼らと同じように柵の中で小便をし、それを私の匂いとして利用した。一つ違ったのは、彼らの排泄物は落ちた所に残されたが、私のウンチは衛生上袋に入れボランティアに処理してもらったことだ。唯一の贅沢は、ボランティアが二つの入り口の間のある場所に残してくれたトイレットペーパーだった。私は一度も柵を離れなかったし、離れたくもなかった。このオスオオカミたちは私の家族で—実際自分自身の子どものことより彼らのことをよく知っていた—長く一緒にいればいるほど、彼らから離れたくなかった。私は百パーセント彼らの世界にいることに満足していた。彼らは人間の子どもと同じで絶えず問題を起こして骨が折れたが、彼らが成長し、だんだん自信をつけるのを観察し、彼らの性格が形成され、それぞれ違った才能や技能が顕在化するのを見て、しかも彼らが私の価値を認め、彼らのすべての生き様にささやかながら私が貢献していることを知ることは、筆舌に尽くしがたい感情だった。

外の世界と私の接触は最小限だった。鉄条網の柵の外で何が起きているか全く知らなかったし、興味もなかった。ボランティアに連絡できるように携帯の無線電話機は持っていたが、私がそれを使ったのはすべて、彼らにいつ食べ物を柵の中に持ち込んでほしいか、チビたちに狩りのゲームを食べ物と結び付けてもらうためどんな餌《えさ》にするかを話し合うときだけだった。それからたまに、チビたちが少し自信過剰になっていると私が感じたら、ボランティアの何人かに遠吠えをしてもらったり、オオカミの頭数が違う群れの遠吠えのテープレコードをかけてもらったりして、私たちだけじゃないのだという印象を与えた。

彼らが数か月を過ぎたころには、わずかな量を頻度を多くして食べさせる必要がでてくるので、私は彼らを「飽食と飢餓」の食事形態に慣らさせた。これが野生のオオカミが自然界で生きる方法である。彼らの生涯は明らかに飼育された状態で終わるのに、どうして彼らに野生流を学ばせることにこだわるのか、それには目的があった。私の希望は、私が教えたことを彼らは子どもに伝え、さらに子どもが後々の世代に教え続け、いつの日か英国でオオカミが自然の中に返されるときが来たら、私が面倒を見ている子どもたちの子孫がきちんと野生流に自分の面倒を見ていけることである。私の夢は、彼らが野生の自然も知り、人間の世界についても十分に知ってその中で生きられることである。

その最初の一八か月間私たちは二日に一度しか食べなかった。一日目は狩りの準備をして、ゲームをしながらその気分にならせ、夕暮れ時か二日目の明け方に餌を与えた。三匹の中で一番足が速く小回りが利いたのはマッツィで、狩りのゲームに一番関心を示したので、オスだったが彼をハンターになるよう訓練した。私はアルファのメスの役割をして、どの獲物を仕留めてもらいたいかを指示した。私は食物をいかに貯蔵するかを彼らに教えた。これは私がアイダホで発見したことだが、野生の自然の中で生き延びるには非常に大事な知恵だ。野生のオオカミは、豊穣の時間は長く続かず、周りに餌が何もいなくなったり、狩りができなかったりするときのために備えておかねばならないことを知っている。私は、冷蔵庫の役目を果たす池の淵《ふち》近くの水中の泥の中に肉をいくらか隠しておいたうえで、餌の死骸が柵のなかに持ち込まれる間隔をときどき三日とかときには四日に延ばし、それから狩りと次の狩りの間に食べるように隠した肉をいかにして掘り出すかを彼らに示した。学習の材料として使うために、肉と併せてシカの枝角とか肢《あし》、ウサギ、牛、ヒツジの小片、キジの手羽肉など死骸の一部を埋めた。

その準備の日には、どんなものがメニューに並ぶのかをボランティアから聞いているので、その情報に基づいて、同じ種類の獲物を掘りだし、彼らの興味をかき立てることに利用した。もしキジなら、羽を空中に持ち上げパタパタさせ上下に飛ばし彼らが跳び上がらないと捕まえられないようにした——彼らが食べた餌についてチビたちに教えられることは何でもやったが、この場合は、キジは地上では捕まえられないことを教えたのだ。ボランティアにフェンス越しに投げ入れてもらいあたかも飛んでいるように見せたりもした。私は魚を池に放ちチビたちを水の中に入れダイブして捕れと命じた。地元の農夫が明かりを灯した狩りでウサギをたくさん届けてくれていたときは、ウサギの皮や肢や耳を掘りだし彼らの鼻の前にぶら下げた。あるいは、誰かがシカ肉を持って来ていたら、私はシカの肢を掘りだしたものだ。

シカの肢はヒヅメがついており、いつもきれいに保存されていた。私が、あたかも被食者であるかのように体をひねったり曲げたり方向を変えて、それを持って走ると、彼らは私を倒そうとして追いかけてくる。始めて間もなくのころは、彼らは背後から私を捕まえようとしたが、その場合は彼らをこのヒヅメで蹴り顎の下に命中させることで大事な教訓を教えた──彼らがシカやヘラジカを背後から襲うと彼らに蹴られるということを。私が本当にそうしたときは、彼らはその場で立ちすくんだが、ただ痛かっただけだ。必死に逃げているヘラジカが強力な一撃を彼らの喉に加えたらオオカミは殺されるよ、ということを彼らは知る必要があった。私はシカの枝角を使って獲物の前方から襲う危険と、シカが急転回したときはそこを通り抜けられるぐらいに速く走らないと危険だと教えた。私は野生のオオカミの乳母がこれを教えているところを目撃したことがある。チビたちが私の手の届く範囲の中に来ると、私は鋭くとがった角で彼らの脇腹を突いた。私を倒す最も安全な方法は、協働して団結し、横から三角形の形で襲うことだと悟るのにそんなに時間はかからなかった。彼らがそうしたときだけ、私は彼らに肉を与えた。

彼らが肉を食べ終わると、付近にいるオオカミがいつ力ずくで割り込んでくるかもしれないので、自分の獲物を守るための防衛的遠吠えをするよう私は教えた。それから彼らが食べた餌の匂いを使って縄張りの周辺に何メートルおきかに匂い付けをするよう教えた。これでしっかり鍵をしたことになる。野生の世界では数百メートルおきになる。二日目はゆっくり落ち着いて食べた物を消化してからもう一度始めた。私は彼らに夕暮れと夜明けに餌を与え、狩りにはこの時間が一番自然で成果が上がることを教えた。ボランティアがその日の獲物を柵の中に持ち込んだ瞬間から、彼らを本来の位置につけさせる私の闘いが始まるのだが、彼らがだんだん大きくなり力が強くなってくると、その闘いはいっそう激しくなり、最後に私が出てくるときはますます血だらけになっていた。

私はヤナのそばで死骸の中に顔を突っ込んで歯で生肉を食いちぎり、彼らが食べるものを食べたが、食べながら、私たちの専権領域であるあばら肉にタマスカを近づけないように、唸《うな》ったり、咬《か》みついたりしていた。しかし、アイダホでの経験を思い出し、九か月も生肉を食べていると健康に与える影響を心配し始めた。だから、最後の九か月はボランティアに頼んで私の分の肉を油でさっと炒め、それを野菜と一緒にポリエチレンの袋に入れ、餌の死骸の中に忍ばせてもらった。唯一の問題は、間髪を入れずそれを見つけ出さなければならないことだった。三匹のオオカミ、特にタマスカは私の持ち分に大変興味を持った。彼はどうしたわけかこの料理した肉の味に夢中になり、生徒が先生になる状況が発生した。もし彼が先にそれを見つけると、こりゃうめーや、とでも言うように、唸ったり咬みついたりして私を近づけなかった。そうなるともう私がそれを取り上げるすべはなかった。彼は私の食糧をたびたびかっさらったが、そのときは生肉に戻るしかなかった。

一八か月たったころ、野生の自然界ではよくあるように、狩りに出かけるとでもいうように、私はいっとき一時間ばかり柵を離れ、帰りには獲物を持ってきた。そこからどんな様子かを見ることができたので、最初は丘の頂上より遠くには行かなかったが、私がいなくなると彼らはすごく動揺しているようだった。彼らが私を呼ぶと、私は応えてどこにいるか、何をしているかを知らせた。最初の二、三回は彼らの不安は大変なもので、遠吠えをやめなかったが、すぐ私の不在と餌を関連付けるようになった。あるときタマスカが尋常ならざる声で、私が今まで聞いたことがない遠吠えをした。それは小さく四回吠え、一回遠吠えをするものだったが、何か悪いことが起きているかのように聞こえたので、私は走って柵に戻った。行ってみると、近くにある霊長類の柵の中で白いプラスチックのバケツが風に吹かれて飛ばされ、音を立てているのだが、タマスカはこれが何かわからず、悩んでいるのだった。彼は私がまだ誰にも教えていない長距離警戒警報を鳴らしていた。彼が知っているのは集合の警報と至近距離の防衛的「ウッフ、ウッフ」という鳴き声だけだったが、彼はその二つを単純に組み合わせ、遠くにいる私に帰ってこい、何か変だと知らせていたのだ。この日は私にとって特別な感慨を持った日だった―またしても、生徒が先生になった。

彼らと別れるのはつらいが、彼らは自分たちだけで群れを形成し、だんだん私に頼らないようになる必要があることは知っていた。それで、さらに六か月かそこら引き続き彼らと一緒に住んではいたが、彼らから離れて過ごす時間を長くし始めた。私がヘレン・ジェフスと会ったのはちょうどそうしたときだったが、私の人生は思いがけない転回をした。いつか誰かが私をオオカミから引き離し、人間の世界に引き戻してくれるのではないかと、ずっと思っていたが、まさかその引き戻しがこんなに急でこんなに激しいものとは思っていなかった。

ある日の夕方、私が柵から外に出ていたとき、友達がパークに現れ、地元のパブ、ステーション・インに行けば一人で二人分の食事が食べられるサービスがあるがどうだと誘われたので、私はうかつにも行こうと言った。ヘレンがそこに友達と来ていた。そこはヘレンが普通行くようなパブではなかった―実際、彼女は普通そんな所にいるのを見られたら穴があったら入りたいと言うだろう―彼女らはその日何か特別腹の立つことがあって、帰りに一杯飲まないではいられない気分だった。だから私にとっては偶然の出会いだが、彼女はそれは運命の出会いだと言った。彼女は私が誰かわかった――私は地元ではよく知られていたし、顎には一八か月も剃《そ》っていないひげが生えており、櫛《くし》を通していない伸び放題の髪、顔は傷だらけで、私のような臭《にお》いを発する人間は周りにいなかった。私は柵の中で着るオーバーオールや靴は身に着けていなかった。それらは他の匂いに汚染されないように休み時間にトレーラーの外に残しておいた。しかし、それを着たり履いたりしていなくても私の臭いは天まで届いたはずだ。

ヘレンは私がしていたオオカミの仕事に興味を持っていたので、友達がおしゃべりをしている間、私たち二人は一時間かそこら話し込み、再会を約した。彼女はゴージャスだった。青い目をして髪が長く、ノーフォーク時代の私の初恋のミシェルを思い出させた。彼女は私より一歳年下で地元の小学校の先生だった。結婚しており八歳の男の子がいたが、夫との間は何年も前から終わっていた。同じ屋根の下に暮らしていたが、それは便宜上だった。彼女の状況は私とジャンの関係と非常によく似ていた。二人はたちまち惹《ひ》かれあった。私は法的にはまだジャンと一緒で、二〇〇四年に子オオカミが生まれるちょっと前に、後先を考えない楽観主義の瞬間が四人目の子どもサムをこの世に送り出してさえいたが、私たちの関係は終わって久しかった。

ヘレンは谷間の向こうの平屋住宅に住んでいた。車で行くと結構走るが、直線距離ならせいぜい一マイル程度だった。次の何か月間かは、私がヤナ、タマスカ、マッツィと過ごす時間が終わりに近づいていたので、ヘレンと私は谷越えに遠吠えしながら互いにコミュニケーションをとった。

28 ―同時に発生した不思議な体験

私がまたトレーラーで眠るようになる少し前、誰かが三匹の子オオカミを毒殺しようとした。ある日仕事が終わり、いつも通りに彼らと夜を過ごすため柵へ入っていくと、ヤナが麻薬を飲んで頭がいかれ酔っぱらっているかのようにふらついていた。オオカミがこんな動きをするのを見たことはなかったし、心配しなくてよいのなら、笑えるような状態だった。まっすぐ歩けないし、しょっちゅう周りにぶつかった。立ち木や岩に、そして一度か二度フェンスにも衝突し、ふらふらと池の中に踏み込んだり、そこから出たりし続けた。また、池の中で立ったまま震えているので私は何度か彼をそこから引き戻したが、まるで夢遊病者のようにまた池の中に入った。彼は私の呼びかけに全く応えなかった。私がそこにいることさえ気づかないようだった。彼は全く正気を失い、特に寒い夜ではないのに、明らかに全身が凍えていた。

どうなったのか全く見当がつかなかった。私は夜通し彼のそばにいたが、またしても池にはまり私は彼を引き上げねばならなかった。彼は体温を維持できなくなっており、真夜中を過ぎるころになると私は万策尽きていた。突然とんでもない考えだが、私は彼の体を温められる唯一の方法を思いついた。私は彼を抱え上げ、パニックゆえに出る火事場の馬鹿力で、残る二匹のオオカミを払いのけながら彼をゲートの外に運び出し、私のトレーラーまで抱えて走り、私と一緒にベッドに寝かせた。私は暖房器をつけ、彼と一緒に毛布にくるまり、私の体温のいくらかでも彼に伝わるよう肌を寄せて抱いた。彼はそのころにはすでに見かけだけは立派な大人のオオカミだったが、そのときは完全に朦朧《もうろう》として、ただじっと私の側で横になっているしかなかった。

彼の体は私から体温を吸収したらしく、二、三分すると私が凍え始めたので、私は毛布にくるまったままベッドから飛び出し、暖房装置の前にうずくまるしかなかったが、体が温まると再びベッドに戻り布団をかぶって彼と寝、彼に私の体温を吸収させた。こんな調子が夜の間中続いたが、夜明け少し前に彼が正気を取り戻し始め、まだ私が誰かわからないまま、私をかるく咬《か》み始めた。私は彼の顎骨をつかみ、私を確認できていなくても私の声なら気がつくだろうと思った。自然の荒野では私は人間の声を使ったことは一度もなく、ここのオオカミに対してもめったになかったが、私が必要に迫られてパークのボランティアと話したりたまには電話で話したりする声を彼らは聞いていた。それがそのとき私が思いついた唯一のことだったので、その後二、三時間私は何でも思いついたことを彼に話しかけた。天気のことや私生活のことや将来計画のことなど。この世に存在するあらゆる話題を使い果たした。

彼がやっと正気を取り戻したら、こんどは私の家をバラバラにし始めた。これは今や正気になり見知らぬ空間に閉じ込められたとわかった大人のオオカミにとっては驚くにあたらないことだった。幸いにして、私は何とか彼の首に鎖を巻くことができ、野外に連れ出し、彼がくたびれきるまで引き回した。

それから私は彼をトレーラーに連れ戻し、バケツ何杯かの水を飲ませた。彼はまだ少しふらついていたが、飲んだ水が彼の体にある何かわからないものを流してくれるのではないかと期待した。しばらくすると結果はそのとおりだった。正午過ぎになってやっともう兄弟たちのところに戻しても大丈夫と感じた。ヤナの排泄物を分析したら、癲癇《てんかん》の抗痙薬《こうけいやく》として広く使われている高濃度のバルビツル酸誘導体フェノバルビタールが析出された。誰かがその薬を混ぜた肉片を柵の中に投げ入れ、アルファのオスで一番先に食べる権限のあるヤナがそれをほとんど食べたのだろうとしか考えられない。

ネイティブアメリカンによると、そのような経験をした後には、ヤナと私は比類なきつながりを持つという。彼らの言い伝えによれば、猟師とクマが互いの血を流すと、彼らは同一の人間になり、猟師はどこでクマを見つけても彼を撃つことはできない。私はそんな伝説は信じなかった。二、三か月後のある晩、ヘレンと私はトレーラーのベッドに寝ていたが私の左手が激しく痛んだ。私はそこを掻《か》き続けながら親指と人差し指の間のV字型の部分を調べ、ひっかき傷か棘《とげ》か何らかの原因があるのではないかと思った。私はヘレンにちょっと見てくれと頼んだが、少し赤くなっているだけで何も見えないと彼女は言った。棘が皮膚の下にささり、腫《は》れて触ることも抜くことも我慢できないような感じと似ていた。夜が進行しても痛みはだんだんひどくなり、あまりにひどいのでその晩私はほとんど眠れなかった。次の朝私たちが柵に行ったとき、ヘレンは私より先だったのだが、彼女があわてて駆け戻ってきた。

「あなた、信じられないことが起きたわ」と彼女が言った。「ヤナがびっこひいているのよ、左の肢《あし》をあげている」

私は言った。「昨夜咬まれたのだろう」。そして近づいて彼を見たが特に深く考えもしなかった。私がヤナを寝返らせ足を見ると、私が左手で痛みを感じたその部分にほとんど該当する場所に棘がささっていた。棘は皮膚のちょうど下に隠れていたが、私は爪をたててその上を掴み抜き出した。私はヘレンに言った。「足に棘がささっていた」

私はヤナのことに没頭していたのですぐにはその関連を思いつかなかったのだが、彼女は、「何ということなの！」と叫んだ。

「何だ？」

「昨夜のあなたの手よ。その棘」

これは私が生まれてこのかた経験したことのない最大の偶然だったのかもしれないし、あるいはネイティブアメリカンが信じているように、人が生き物を助けその看病をすると、二つは一つになり、同じ感覚を共有したということなのかもしれない。

29―ソウルメイト

　私とヘレンが一緒にいた時間は、ほとんどオオカミの柵の周りか、私の粗末なトレーラーの中だったが、二人の関係は急速に進展した。彼女はこれからどんなことに巻き込まれようとしているのか誤解はしていなかったのだが、それでも平気のようだった―それだけに私は彼女をえらいと思いさらに好きになった。熱い湯も出ないトレーラーで夜を過ごし、パテ用ポリバケツで小用を足し、家にいる息子のアランのため、夫が交代勤務の仕事に出る前に帰宅するので、朝は五時半に起きなければならなかったが、それも苦にしなかった。私はいつでもオオカミの世話をするためその時間には起きていたからどうってことはなかったが、彼女からすれば愉快なことではなかったはずだ。彼女は家に戻ってシャワーを浴び、アランと朝食を食べ、二人で学校に出かけるのだった。彼女の夫は彼女のしていることに不満はなかった―私は彼とアランに会いに彼らの住宅まで出かけたこともあり、三人の関係はきわめて友好的だった―が、彼女にとっては長い一日だった。

　このような生活が長続きするはずはなく、ヘレンと私がマインヘッドのホテルで週末を過ごしたあと―私自身は、トレーラーの外には冷たい水しか出ないホースしかなかったから、何年振りかで温かい風呂に入り楽しかったのだが――もう五時半に起きる生活は耐えられないと彼女は決心した。彼女はどこかに自分の家を持って、そこにアランを引き取り、私がオオカミの世話から解放される夜に合流することにした。彼女は村のホリデーパーク（キャンプサイト）に山小屋を借りたので、私はなるべく頻繁にそこへ通いたかったが、思うようにはいかなかった。

私はパークの仕事が繁忙を極めた。個人のマニアが若いヨーロッパオオカミ二匹を飼うのがいやになって、私が引き取らなければ処分しようと思っていたふしがあったので、その二匹を引き取らないかと言われていた。この男はやたらに金があり、金持ちがおもちゃで遊んでいるように見えた。おもちゃがエンジンで動くものならいくら金を無駄遣いしてもその人に文句はないが、脈拍のある心臓で動くおもちゃならそうはいかない。私がその男に会いにいくと、どんな事態が生じていたのか一目瞭然だった。男にはやんちゃな息子がいて、そいつが柵の中でフットボールを蹴って遊んでいたら、それが若いオオカミの狩猟本能を誘発し、一匹のオオカミがとうとう息子に軽く咬みついた。汚名を着せられたオオカミの名前はトトとナヌークだった。私は取り急ぎ彼らのためにトレーラーのそばにもう一つ柵を改造し、彼らがシンリンオオカミと異種交配をしないようにしてから、クームマーティンに連れてきた。

彼らはすぐに落ち着いたが今までの経験が悪い癖をつけていた。咬みつくのが速くて、私は最初の週にも手にウサギなどの齧歯《げっし》類をさげて彼らの柵に入り、私は餌を与える人、餌そのものではないと教えなければならなかった。それからしばらくして私は二匹の弟にあたるザーネスティを提供された。私はこのオオカミが子どもだったころブロクスボーンにいるとき彼に会っていた。このオオカミは生まれた直後に母の下敷きになったか踏まれたかして顎骨がつぶれ、グーフィみたいなおかしい顔になっていた。しかし、彼こそあの身障者の子どもから初めて感情を引き出したオオカミだった。

これでオオカミの数が合計で九匹になった。今は三つの柵に入れているが、シャドーとペイルフェイスとエルーが一緒で、三匹の子オオカミ、ヤナとタマスカとマッツィが一緒で、それからヨーロッパオオカミがいた。私はこれ以上頭数を増やす計画はなかったので、二年目も続けてエルーが妊娠しないように避妊注射をした。これは犬用のものだったが、一年目はエルーに効いたので今度も試した。私が考え及ばなかったのは、オオカミには自身の体を調節する異常な能力があることだった。オオカミというのは、環境がもはや出産するには安全ではないと感じたら胎児を吸い込むことができる動物である。エルーは何が起きているか理解し、発情期を避妊薬が効力を失うまで引き延ばして、それから交尾した。九週間後最初のときと全く同じ赤ちゃんを出産したが、今回はメスは生き延びた。私は彼女をシャイアンと名づけ、オスはナター、テハス、ナヌースと呼んだ。

エルーの育児スキルは改善されていなくて、今回も彼女は巣穴を捨て、私が中に入って赤ちゃんを救助しなければならなかった。またしても、私はそれから五、六週間夜通し起きて、腹をすかした四匹の口にボトル授乳を続けざるをえなかった。しかし今回は赤ちゃんが固形食に移ったらすぐ、ヤナ、タマスカ、マッツィのほうが私よりうまくやるだろうと希望を持って彼らに預けた。

彼らにとっては赤ちゃんは迷惑だったろうが、みんなとても役に立ってくれた。BBCのテレビプロデューサーのバーナード・ウォルトンとは、『動物と話す』シリーズを制作して以来何年にもわたり連絡は取り合っていた。彼はこのときは自分の制作会社『アクァ・ヴァイタ・フィルムズ』を立ち上げていたが、私がクームマーティンで最初の赤ちゃんオオカミを苦労して育てた話を聞いており、そのことと私自身のこと、および私の経歴とポーランドで実施している研究をドキュメンタリー映画にしたいと言ってきた。今度の赤ちゃんたちはその物語の再現にはうってつけで、私たちは彼らを徹底的に撮影した。私たちはポーランド、フィンランド、アメリカにも渡りオオカミを撮影し、レビ・ホルトやオオカミ学者との対話を撮った。この映画はアメリカでは『オオカミの中の男』という題でナショナル・ジオグラフィック・チャネルで、イギリスではBBCチャネル5で『ウルフマン』という題で放映された。バーナードは、バランスを取るために——そして賛否両論を盛り上げるために——科学者の何人かを呼び、私の無手勝流の体当たり手法に関する意見を言わせた。

ほとんどの科学者は、あからさまに反対はしないまでも軽蔑的だったが、それには私は驚かなかった。若い研究者たちは、定説に疑問をはさみ自分の将来を危うくすることを恐れて——いつでもそうだったが——奥歯にものが挟まった感じだったが、私にとって最も収穫の多かった対話の一つは、イエローストーン・ナショナル・パークのオオカミ再導入プログラムの責任者で生物学者のダグ・スミスとの会話だった。私たちはブラックテイル・ディアプラトーの丘陵地に座り、素晴らしいパークの景色を見下ろしながら、初めて気持ちよく安心して話すことができ、中間の途があるかもしれないという希望を持った。私はそれまで生物学者と一対一で話して考えを自由にやりとりすることができなかった。それはただテレビ番組のためだったが、対談の終わりには互いに一縷《いちる》の望みが見え始めた、ダグの言葉を使えば、私たち双方が必死に発見しようとしている銀色の弾丸ならぬ特効薬が見つかるかもしれないと感じた。

彼は、遠吠えと匂いがオオカミの行動を解く鍵であること、この二つは研究が一番遅れている分野だと認めた。彼は、オオカミにはそれぞれ違う遠吠えがあることは知っていたが、オオカミ全体に共通する、意味が全く異なる違った遠吠えがいくつかあることは知らないようだった。

　イエローストーンは、アイダホを含むその他の再導入計画にとって基準となった素晴らしいプログラムを持っているが、私見ではいくつかの間違いを犯していた。彼らは、何千エーカーもある輝かしいパークの中の、絵のような森、谷、小川を見て、オオカミに必要なものは全て揃っていると—そして、オオカミが威風堂々と森林を動きまわる姿を大衆に見せれば金になると考えた。しかしここに八匹のオオカミを放つだけでは不十分だった。オオカミは餌となる動物をパークから追い出してしまったあとは、近隣の田園地帯に進出するしか他に手がなかった。その結果彼らは人間や家畜と接触することになった。オオカミが自然の荒野で行うことは、チェス盤上の棋士のように、ライバルの群れの中にバラバラになだれ込み、両者で餌となる動物を追い出したり呼び込んだりするのである。こうすることで彼らも縄張りのなかに戻り被食者もそこに確保できるのである。そして、もしそれがライバルの群れによってできないなら、群れの声をテープで流せば、被食者は方向を変えて退却するのでオオカミがパークの外に出る必要がなくなると私は信じている。しかし再導入計画を実施しているのは科学者たちであり、彼らは自分たちの専門分野を厳重に警戒して守り固めている。もっと他にやり方があるのではないかと資格のない一匹オオカミが吠えても聞く耳を持たない。

　ダグと私はまた犬とオオカミの、特に社会的ポジショニングにおける類似点について長い間しゃべった。これは私がアイダホで何度も話題にしたテーマだがその当時はタブーだった。私は、オオカミを解く鍵は犬であり、その逆もまた真なりと常々思っていた―つまり、人間にオオカミのことを理解させ敬意を払わせる方法は、人間が家の居間で飼っている犬に例えることである。しかし生物学者たちは私の意見を聞こうとしなかった。二つの動物は全く違う種類でそれを比較しても得るものは何もないと言われた。一〇年か十二年後になるが、世界で最も尊敬されているオオカミ学者の一人であるダグが、私が言っていたこととだいたい同じことを言っているのだ。彼の言うことは真剣に聞いてもらえた。とにかく考えてもらいたい、生物学者たちが一〇年前に聞く耳を持っていたら、なんと多くの問題が避けられただろうかと。

最後にアイダホのオオカミ教育研究センターに行ったとき、かつて私が長く付き合った飼育オオカミに大変な問題が発生していた。オオカミはたったの三匹に減っていたが、私はそのことには驚かなかった。群れのオオカミたちは名士になっており、一般大衆でさえ彼らの名前を知っていた。その昔、犬はオオカミに似ていたが、人間が彼らを家庭に招き入れ家畜化することにより彼らを変えてしまった。

人間は本来的に群れの動物ではない。家族は持ちたいが家族なしでも、必要なら一人でも、生き延びることができる。そして犬たちも、長い間私たちと付き合うことによって、人間の真似をするようになった。犬に起こったことが今飼育オオカミに起きようとしている。彼らはお互いを攻撃し始め、闘い、時には仲間を殺しており、飼育環境下では群れはだんだん頭数が縮小している。なぜなら縄張りを犯される恐れがなく、飢餓の可能性もないから、彼らは家族を必要としないのである。自然の荒野ではどの位のオオカミもその役目を十分に果たさないと群れは生き残れないから、家族がすべてである。しかし、自然の荒野でさえ、オオカミはますます人間に接近してきているので、彼らも変わりだしている。

オオカミは適応可能な動物である。ネズパース族がそのことを教えてくれた。彼らの部族自身何年も前に絶滅の危機に瀕《ひん》したことがあったが、それまでに何度もオオカミが彼らを救ってきていたから、彼らは危機から立ち上がるためのインスピレーションと導きをオオカミに求めた。大自然は—オオカミもその一部である—常に出口を発見する。ゆくゆくはバランスが回復され、人間はすべてを支配することを止め、耳を澄まし始めるだろうと信じたい。生物学者は名前の前につける肩書を得るためにオオカミを利用してきた。ネズパース族はいつもオオカミを生存と希望の象徴として見てきた。彼らの態度は、オオカミが大地に帰ってきたら、そのときは彼らも帰ってこられるというものである。ダグ・スミスとはただ丘陵に並んで座っているだけで私にとっては大きな飛躍だった。彼は科学を試し、科学にすべての答えはないことを発見した。彼は自分と違う人の考えも聞く姿勢があったが、残念ながら彼の同僚たちのなかにはそうでない人もいた。オオカミのために、もっと多くの人が彼の例に従うことを願わざるをえなかった。

『オオカミの中の男』と『ウルフマン』は二〇〇七年に放映され大評判になった。ほぼエミー賞を獲得するところまでいったが、惜しくも『ミーアキャット・マナー』にわずかの差で負けた。ナショナル・ジオグラフィックが私をアメリカに招待し、たっぷり放映の宣伝をさせたので、どこに行っても人々は私の顔に覚えがあるようだった。ヘレンも私と同行し、今まで見たことのない大きな浴槽がある素敵なホテルに滞在し、かつてない楽しい思いをした。私が一番長居したのは風呂の中だった。天国に来た感じだった。ある晩ヘレンと私は誰にも告げず街に出てみた。ブロードウェーのショーを見に行き、その後ホテルへの帰り道、私たちは陸にあがったカッパみたい全く勝手がわからずに歩いていたのだが、私たちの行く手に若いチンピラ風の連中がいて、大声で叫んだり通行人に手招きしたりしていた。彼らが私たちの方に向かってきたので、ニューヨークの街角で行われる強盗やレイプをテレビのドラマで見たことを思い出していた。私はヘレンに言った、「君を戸口の中に押しこむから、走ってくれ、あとは僕が何とか連中を食い止める」。彼らが目の前に来たとき、私の心臓は高鳴っていた。連中は四人か五人か六人だったと思う。その時に感じた恐怖に比べれば、野生のオオカミやクマは問題ではなかった。体が一番でかくて人相の悪いのが顔を私の目の前に突きだし、肩をついて叫んだ。「おい、兄弟よ！　あ、ウルフマンだ」。そして私にハイタッチをして調子はどうだと聞いた。私は思った、君は金曜の夜は、おとなしくナショナル・ジオグラフィック・チャネルを見てくれるよね？

ヘレンは私の人生にとってなくてはならない存在になり始めていた。彼女に会えば会うほど、私は今まで恋をしたことはなかったのだと悟った。恋をするという意味を私は理解していなかった。この気持ちの高ぶり、笑いあい、彼女と一緒にいなくては済まない気持ち、彼女のことを全部知りたいなど、こんな経験をしたことがない。私たちは共通点が多かった。子どもたちに対する彼女の情熱とオオカミに対する私の情熱は、一見別々の事柄のようだが、実は私たちの実現したい夢と将来への展望にはすごく多くの類似点があった。彼女は学習支援助手だったが、彼女の児童福祉、特に身障の児童に対する見解は、私のオオカミ研究に対するものと同様ほとんど反体制的なものだった。彼女が現在の教育界に立ち向かっているのは、私が科学者たちに立ち向かっているのと同じで、彼女は仕事にいくらかの行き詰まりを感じていたが、私も同様だった。彼女に会えば会うほど、私は彼女が私のソウルメイト、一緒にいたい人、オオカミと同じぐらい私が一緒に暮らしたいと思ったただ一人の人間だった。

数か月後、アランが家に帰って父と住みたいと言いだした。彼は感受性の強い子で、母には連れがいるが父は一人だと考えたのではないかと思う。ヘレンはがっくりきた。アランはまだ子どもだからどうしたらよいかわからないのだ、君が彼に代わって決心すべきだと、私は彼女に言った。しかし彼女はそうしなかった。彼女はこれまでもアランが言うことに耳を傾け、たとえ子どもでも彼の意見を尊重してきたので、さすが彼女だ、彼を手放した。しかし、その後数週間は彼女は悲嘆に暮れていた。これは一時の気まぐれで、アランは二週間もしたら帰ってくると私は思っていたが、そうならなかった。彼は今でもお父さんと住んでいるが、ヘレンはしょっちゅう彼と会っているし、皆とても幸せだ。

アランが帰ってこないことがはっきりした以上、私たちは二人で引っ越しをすることを考え始めた。テレビ番組の結果良かったことの一つは、ボブは私のみすぼらしいぼろトレーラーがパーク全体に不潔な印象を与えると考え、ツーベッドルームでシャワーとトイレ付きの大きなトレーラーを提供してくれた。決して贅沢なものではなかった―給湯設備は具合が悪くそのうち完全に故障してしまったし、何しろ炊事場もなかったのだから―が、スペースは広くなったし、少なくともパテ用ポリバケツと別れることができた。

ヘレンはしだいにオオカミと私の仕事に巻き込まれることが多くなり、だんだん彼女のそれまでの仕事から喜びを得ることが少なくなってきた。彼女は夕方と週末の空いている時間はすべて私と一緒に過ごしてくれたが、オオカミに対する接し方があまりに自然だったので、しばらくしたら私は彼女にフルタイムで加わってくれないかと頼んだ。それで彼女は台所も浴室もあり熱い湯も冷たい水も出るシャレー風の家を出ることにし、立派な安定した仕事を捨て、普通の生活を諦《あきら》め、ガスコンロしかなく、オオカミ臭い男のいるトレーラーに引っ越してきた。この女性に対して私は心から敬服している。

偶然――何事も偶然には起きないとヘレンはよく言っていたが――彼女が私の仕事に参加すると同意した日の朝、私は新しいテレビ番組について話し合う会議があった。BBCチャネル5の制作編集者であるベスン・コーニーは、それまでも有力な支援者だったが、さらに私とオオカミの暮らしの話を二回続きの一時間ドキュメンタリーで作りたいと模索していた。問題はどんな形のものにするか、だった。彼女は、新しく雇った私のエージェント、ヒラリー・ナイトと、映画を撮影するタイグレスという会社のチーフプロデューサーであるキャス・ムアを連れてクームマーティンまで車を飛ばしてきた。トレーラーのテーブルに座ってマグのコーヒーをちびちび飲んでいたとき、ヘレンがパークの仕事をスタッフとしてフルタイムで手伝ってくれる気持ちを固めたと私が話した。キャスはヘレンの仕事はどんな仕事かと聞いた。最初にオオカミとの接し方を私が教えなければならないでしょうと答えたとき、彼女の目が大きく見開き、その瞬間に『ミスター・アンド・ミスィズウルフ』というタイトルが決まった。チャネル5のために撮影が始まって三か月ほどして、アメリカのアニマルプラネットがプロジェクトに参加し、アメリカ市場向けの説明書をよこした。彼らは『ウルフマンと暮らす』というタイトルで三〇分ものを十二回分欲しいと言ってきた。

ヘレンはいつも自分の居場所は子どもたちと一緒にいることだと考えていた。彼女は今までずっと子どもたちの仕事をし、教室と遊び場で彼らのヒエラルキーを観察してきたが、私たちが話し合いをすればするほど、この点では何とオオカミに似ているかを実感した。私が彼女を訓練し群れの中にいても心地よくなるように育てれば、彼女は完璧なオオカミの乳母になると感じた。私は、オオカミは人間の男女の性別にこだわると思っていたが、はたしてそうかを発見することに興味を持った。私が一番親密な交流を結んだのはいつもオスだったので、シャイアンは私に接した態度と違って、ヘレンにはもう一匹のメスとして心を開くのではないかと期待した。シャイアンは二歳になりかけていた。もしシャイアンが妊娠したら、すごい映像になることは皆わかっていたが、問題はシャイアンの妊娠期間九週間の間に、オオカミについてヘレンに十分な教育ができるかどうかだった。そして、シャイアンに彼女の子どもたちの乳母にヘレンを選ぶよう説得できるかどうかだった。

30　オオカミという奇跡

撮影は、オス同士が自然の荒野でやったように、絶え間なく闘う求愛シーンから、二月末に始まった。私はシャイアンをヤナ、タマスカ、マッツィがいる一番柵に一緒に入れたが、彼女は交尾の相手としてまずアルファのオス、ヤナを選ぶだろうと期待していた。彼は彼女の異父兄であるが、野生の状態でも飼育下でも、オオカミは家族のメンバーとも交尾して子どもを産むし、それが血統に何か問題を引き起こしている証拠はない。彼女の実の兄弟は隣の柵にいて、必要なときには選別できるように両柵には接続ゲートがあったが、この時点では彼らは全部七匹が一緒に行き来していた。ナター、ナヌース、テハスはまだ番《つが》うには子ども過ぎていたし、仮に彼らが近づいてきても成体のオスオオカミのどれかに追い払われるだろう。

オオカミは番うときはものすごく臆病で、私が自然の荒野で発見したように、通常群れの仲間から離れた所か、夜陰に隠れてする。私は今までまともに交尾シーンを見たことがなかったが、今回はカメラに収められると期待した。それでシャイアンの行動から彼女が受け入れる態勢になったとわかったときから、私は常時彼女のそばにいて観察し、待っていた―ヤナが行動を起こすことを期待しながら。

ところがヤナはそんな動きは全然しなかった。午後のさかり、彼らが餌《えさ》を食べ終わってしばらくしたら、シャイアンは群れの中で位が一番下のマッツィを選んだ。私は目を疑った。それは本当にショックだった。私が今まで教えられた全てに反することだった。生物学者は皆、アルファのオスがその気になっている他のオスオオカミを全部押さえつけると言っている。私たちは極めて興味あるものを観ていたが、彼女が彼を選んだのには訳があるはずだと思った。翌朝早く彼女はまたマッツィと交尾した。その夜暗がりの木の下で、はっきりは見えなかったのだが、彼女はやっとヤナに順番を与えているように私には見えた。

次の朝、私は起きてトレーラーで撮影クルーらとコーヒー一杯でベーコンサンドイッチを流し込んでいたとき、パークの二人のスタッフ、リンダとロジャーが私の携帯に電話してきて、「急いできてください。信じられないことです」と言った。丘を走っておりると、シャイアンがベータのタマスカとつるんでいるところだった。二日の間に、シャイアンは可能性のある三匹全部と交尾していたのだ。

私が知る限り、こんなことは今まで観察されたことはなかったので、いずれ血液検査をしてどのオスがどの子の父親かを調べるつもりだ。犬が同じ腹から生まれた子犬の中に違う血統が混じっているという証拠はある。たとえば、ある子犬は純血のラブラドールで、ある子犬は明らかにラブラドール・コリーの混血だということがあるので、オオカミが同じことをする可能性はある。シャイアンは、生まれる子はその父と全く同じ地位を持つ——いわばデザイナーパップ——と本能的に知っているので、番いの相手をその地位で選んだのかもしれないと推測している。もちろん、単に世間知らずのメスだったためかもしれず、あるいはもっともっと奥深い理由があるのかもしれない。それなら現在の教えを根底から覆すだろう。

次の大きな問題はこれだけ交尾をしてシャイアンが妊娠したかどうかで、撮影の日程の都合でそれを知る必要があった。最も信頼できる探知方法は超音波を使うことだが、私はそれを受けさせることでシャイアンにストレスをかける気にはならなかったので、だいたい一四日後に二つの代替案を試した。排泄物の標本を試験所に送った。ここは通常ライオンとかネコ科の大型動物を調べるところだが、オオカミでどんな結果がでるかやってみましょうと言ってくれた。それから人間の妊娠チェックを試したが、これとて正確であるとは保証されていなかったが、何らかのヒントは出るだろうと感じた。ヘレンと私がクームマーティンのドラッグストアにそれを買いに出かけたら、皆が訳知り顔で私たち二人を見たので、私たちは急いでこれは二人のためじゃなくてオオカミのものだと説明しなければならなかった。

尿の標本を集めるのが次に難問だった。私は小さなポットを手に持って二つの柵を出入りするシャイアンの後を追って駆けずり回り、彼女が座りこむようなそぶりをみせるたびに地面に這《は》いつくばらざるをえなかった。まことに苦労はしたものの、私はやり遂げ、サンプルを大事にトレーラーにもって帰り、試験スティックを浸した。かすかに十字を認めたと思ったが、自信はなかった。

排泄物をチェックした試験所からの結果はさらに三週間待たねばならなかったが、その間、彼女は妊娠の兆候をいろいろ示していた。体重が増え始め、乳首が腫《は》れ始め、私が野生のオオカミのアルファのメスがやったのを見たように、巣穴と待ち合わせの穴を掘り始めた。試験結果が間違いなく彼女が出産に向けて進んでいることを最終的に証明したので、これで準備完了だった。あとはこれから何週間かのうちに、ヘレンが乳母になる経験を十分積んでいることをシャイアンに納得させなければならなかった。

それまでの何週間かヘレンは柵の中に入っていたが、今やすべてスピードアップしなければならなかった。私はヘレンを身ごもっている母オオカミのところに毎日連れていったが、そのとき彼女は口に噛《か》み砕いた生肉とこま切れ肉を含み、シャイアンが彼女の唇を咬《か》んだときは―これが子オオカミが乳母に要求する最初の仕草である―要求に応えて口の中のものを咀嚼して吐き出すようにした。私もヘレンのそばで同じことをしたが、シャイアンの食欲がすごくて私たちの唇を貪欲《どんよく》に咬むので、二人ともサボテンを吸い続けたあとのような顔になった。これを何週間か続けたら、二人とも唇が腫れあがりマグから熱いコーヒーを飲めなくなった。

ついに出産日が来た。巣穴の中にはすでに、シャイアンがどんな姿勢で寝てもあらゆる角度から映像を撮れる位置に赤外線カメラが装着されていた。柵の外の小さなスタジアムは観光シーズンに私の説明を聞くため客が座るところだったが、そこに撮影クルーがモニターを設置し、地下で起きていることを私たちが皆見られるようになっていた。シャイアンは巣穴に入り落ち着かなかったが、それ以外は特別に変な様子はなかった。私は、彼女の母は出産の二日前に巣穴に入ったことを知っていたので、あまり期待していなかった。ヘレンと霊長類部門から応援に来てくれたジュードが最初の当直にあたり、その間私は食べるものを何か口に入れていた。夜の十一時ごろ私は交代のため下に降りていくと、シャイアンは再びもじもじし始め、分娩用の窪《くぼ》みを引っかいて掘り始め、そのため一台のカメラは半分隠れてしまった。私はヘレンとジュードに電話した。それからすぐに彼女の陣痛が始まったことを示すうめき声が聞こえ始めたが、そのあと全く信じられない光景を目撃した。彼女は乳首の周りの和毛《にこげ》をむしり取り赤ちゃんが飲みやすいようにした。私はオオカミがこんなことをするなんて聞いたことも見たこともなかった。本当に衝撃的なことを目撃していたのだった。

朝の四時から四時半の間に最初の赤ちゃんが出てきた。黒っぽいオオカミだったが、母はどちらかといえば荒っぽくその子を歯で咥《くわ》えあげた。私は一瞬不安にかられ「シャイアン、優しくして」と大声で叫んだ。赤ちゃんがギャーと声をあげるとシャイアンはすぐに歯をゆるめ、優しく自分の腹の下に置くと、赤ちゃんは乳を吸い始めた。私たちは皆大きく安堵のため息を吐き、緊張を解いた。彼女は一匹の生きた健康な乳飲み子を得て、やるべきことがわかっているようだった。二匹目、三匹目、四匹目が同じように楽々と世に出たので、私たちは有頂天だった。成功だ。ヘレンは記録をつけているビデオ日誌のためにカメラでそのシーンを撮り始めた。シャイアンは赤ちゃんたちに乳を飲ませ、舐《な》めて体を拭いていた。これで皆引き揚げてひと眠りできる。かわいいわが子はでかした—私たちは四匹だと思っていたが、彼女はそのとおりに出産した。まさに教科書どおりの見事な出産だった。

そのときシャイアンがまた息み始めたが、何も出てこなかった。だいぶん苦しんでいた。彼女は泣きわめき、荒い声をあげ、呻《うめ》いた。彼女がこのときあげた声はヘレンと私は生きている限りおそらく頭から離れないだろう。彼女は一時間半の大半をそのような状態で過ごしたが、最後の赤ちゃんが生まれるにはそれだけの時間がかかることがあるので、私はつとめてパニックにならないようにした。二時間たってもまだ何の兆候も見えなかったので私は真剣に心配し始めた。夜が明けたらすぐ私は彼女を巣穴から出して少し歩かせ、それで状況が好転するかどうか見てみることにした。ヘレンとジュードが彼女を呼ぶと、彼女は出てきて斜面に四、五分座り尻を舐めていたが、それから地下にまた戻り、円を描くように回り、横になって、また息みだした。そうするうちにも困り果てだんだん苦しそうになった。彼女を失うかもしれない可能性がきわめて現実的になったと私は知った。おなかの子が死んでいれば、まもなく彼女の体に毒が回り始めるだろうから、私は獣医に電話した。彼が到着する時間が待ちきれないほど長かった。

獣医も、おなかの子はおそらく死んでいるだろうという意見で、彼女にダート麻酔をかけ中の子を引き出し、彼女を先に生まれた赤ちゃんのところに帰したいと言った。私たちはシャイアンをまた呼び出し、獣医がダートを投げたが、彼女がよろけた程度だった。彼は二度目のダートを投げたが、それでも彼女は倒れず、半分無意識の状態で彼女は私の手をいやというほど咬んだ。獣医は手で死んだ子を取り出すことができず、帝王切開をしなければだめだという。そうなると車で二十分かかる彼の病院までシャイアンを連れて行かねばならない。

進退窮まるジレンマに直面した。最悪のケースはシャイアンを失うことだろう。もし失わなくても、手術と病院への行き帰りの間彼女は赤ちゃんからかなり長い間離れていることになり、赤ちゃんを死なせることになる。また、もし彼女がいない間私たちが赤ちゃんを取り上げ餌を与えれば、彼女は帰ってきたとき恐らく子どもを拒絶するだろう。

私は巣穴に入り赤ちゃんを取り出し一緒に病院に連れて行く決心をした。そこで、ヘレンがシャイアンをバンの檻《おり》に乗せている間、私は巣穴に入った。シャイアンは、彼女の母が以前やったのとまさに同じように、私が作った巣穴からさらに六、七フィート先まで掘っており、彼女以上に大きな生き物が子どものところに入れないように用心していた。トンネルが狭くきわめて窮屈だったので、私は体をくねらせて進むしかなかった。あるところまで来ると、トンネルに排水溝のユーベンドのような窪《くぼ》みがあったが、たぶんそこに水を貯め分娩室が流水に浸されないように掘られたものと思われた。地面が下がっていくと、コンクリートかもしれないと思ったでっぱりが頭上にあった。私がトンネルの中を蛇のように蛇行しながら進んでいるとき間違ってそこにぶつかったが、それは彼女が掘削した地下の天井が薄くなっている部分だとわかった。そこで私の顔の周りが崩れた。私は息ができず身動きもできなかった。誰かに聞こえると思って大声で助けを求めたが、皆シャイアンを車に積み込むのに忙しく誰にも聞こえなかった―と思ったら、ヘレンの息子のアランだけは別だった。誰か巣穴に帰ってきてー、と叫ぶ彼の声がだんだんパニックになっていくのが私には聞こえた。ちょうど私は呼吸困難になり始めてもう出られないかなと思ったとき、ありがたや、飼育係の二人が駆けつけ、手で私の足を引っ張っているのがわかった。この時点では巣穴は完全に崩落しており、私は穴を掘って分娩室にいた赤ちゃんオオカミを救いだすしか手段はなかった。私は彼らを箱に入れ、体温を保つために彼らをセーターで包《くる》み、私の四輪駆動車の前部座席に乗せ、バナナの格好をしたベビー用のミルクボトルを手にして、ヘレンの後を追った。ヘレンはシャイアンが麻酔から覚め始めていたので私を残して出発せざるをえなかったのだ。

私が到着したときには、シャイアンは手術台に乗っていた。そこで私は赤ちゃんオオカミを協力者たちに預け、彼らに飲ませるミルクを探しに行き、それから彼らのお母さんの調子を見に行った。心配したとおりだった。シャイアンのおなかには死んだ大きなメスの赤ちゃんがいたが、どうみてもそれが自然に出てくるはずはなかった。幸い、私たちは間に合った――シャイアンは生きていたし、帝王切開は成功だった――しかし、赤ちゃんオオカミについてはまだまだ先が長かった。私はあと少なくとも二四時間は一睡もせず彼らを見守っていた。

私はなぜ次の行動を取ったかは説明できない。子オオカミたちが母親の乳を一度でも吸っていれば、どんなに小さい絆でも絆は築けていたはずだと、私は考えた。それをシャイアンに期待するのは酷ではある。彼女はとんでもない悪夢を経験した、想像される最悪の分娩《ぶんべん》を終わったばかりだし、彼女の巣穴は完全に破壊されていた。にもかかわらず、私はヘレンよりさきに、子たちを連れてパークに帰り、柵の中に入り、できるだけシャイアンが作ったのに似せて巣穴を作り始めた。そのころには私は完全に疲れ切っていた。純粋にアドレナリンだけで動いていたけれど、手伝いの申し出を受けるわけにはいかなかった。というのは、この計画を成功させるためには、シャイアンは私以外の人間の匂いを嗅ぐことはできないからだった。私は子たちをもう一度地下に戻し、彼らのところに行くようにシャイアンを励まそうと念じていた。成功確率は高くなかったが、まして巣穴に誰か他の人の匂いがしたら、彼女は近づかないことを私は知っていた。

丸まってギャーギャー鳴いている子を一匹ずつ新しくこしらえた分娩床に寝かせたが、そのころへレンはバンの後ろにシャイアンを乗せて帰路を急いでいた。その檻をなんとか柵の中に運び入れ戸を開いた。足元がふらつき血だらけになった、いかにも悲しげなオオカミがよろけながら外に出てきた。彼女は走ろうとしたが、すぐ池に落ちたので、私は飛び込んで彼女を引き上げた。私たちはどちらもとにかくずぶ濡《ぬ》れになった。オスたちは隣の柵に閉じ込めていたのだが、彼女はどうしても彼らのところに行きたがった。子たちのことや、麻酔をかけられた以前のことは何も覚えていないらしかった。ただふらふらしながら動き、フェンスラインのそばをあっち行きこっち行きしていた。私はどうしていいかわからなかった。あの接続ゲートを開ければ、シャイアンはふたたび子たちのことは絶対に見ないだろう。

それから私にある考えがひらめいた。私は彼女のところに行き、私が彼女と過ごしたころから彼女にはわかる高い声でクンクン鳴いたり、鼻を鳴らしたりした。二匹のオオカミが互いを必要としているとき行う方法で私は彼女に体をなすりつけ、絆を作り出そうとしたら、彼女は反応し始めた。私はゆっくりゆっくり後退しながら、その間ずっと彼女に呼びかけ、池の後ろ、巣穴まであと半分のところまで来た。ゆっくり、ゆっくり、前進し、だんだん巣穴に近づき、入り口からだいたい一〇メートル以内の地点に来たとき、彼女はくるりと向きを変えオスたちのほうに走って行った。

貴重な時間が一分一分過ぎていった。さきほどの過程をもういちど繰り返す余裕はない。子たちが地下で温《ぬく》もりと食事を求めて、もう待てないとばかりにギャーギャー鳴いているのが聞こえた。母を今すぐに彼らのところに連れて行かないと、子オオカミたちを死なせてしまう。彼女をもっと近くに呼び込みさえできれば、彼女に子たちの声が聞こえるだろう、そうすれば鳴き声が彼女の母性本能を目覚めさせるかもしれないというのが私の希望だった。そこで、私は巣穴のそばに残って、喉がおかしくなり始めるまでクンクンと鳴き、鼻を鳴らしつづけた。今日一日一切飲み食いしていなかったし、口の周りは泥だらけだった。四八時間近く立ちづめだったので、もう疲れ切っていた。やっと、彼女は私のほうに動き始め、どんどん進み、一メートル半のところまで進んできた。私は頭が入り口のすぐそばにくるまでなおクンクン鼻を鳴らしながら後退した。彼女は私のそばに来て食べ物を無心するかのように私の口に口をつけた、そしてその瞬間彼女は子たちの声を聞いたのがわかった。彼女は頭を片方に傾け、次に反対側に傾け、耳をピクピクさせた。よろけながらも彼女は頭と肩を入り口の中に入れたので、私はそのまま入れと念力をかけた—後押ししようかという誘惑さえ感じた—しかし、彼女はまた後退し、立ち去って木の下に座った。

私は二度目のクンクン鳴きを始めたら、またしても彼女はよろよろしながら入り口まで到着し、私の口を舐めたので、私が頭を入れると彼女も頭と肩を並んで入れた。私はゆっくり後ろに下がった。彼女は頭と首と肩を中に入れていたので、今度は私は彼女の背中に肩を寄せ、彼女が後退しないようにした。そのときには子オオカミたちの呼ぶ声が耳をつんざくまでになっていた。と、突然、私の肩の荷が軽くなった。私は前のめりになったが、彼女は地下に消えていた。

私は何秒間か待った。まだ子たちの呼び声が聞こえていたが、どんな状況なのか見当がつかなかった—彼女がまた出てくるのだろうか、あるいは彼らの上に寝て押しつぶしているのだろうか？　私は心臓が止まりそうで、指を重ねて祈った。私が柵を出ると、ヘレンが滂沱《ぼうだ》として涙を流しながら私に近寄ってきた。彼女はモニターを見ていたのだ。

「どうなった？」私は聞いた。「シャイアンがあの子たちを食べちゃったの？」

「お乳を与えているわよ」とヘレンは涙の中で笑った。

私はただ思った。「ああ、信じられない」。これぞ、まさしくオオカミという奇跡だ。

31——限界を突き破る

私がヘレンにオオカミとの触れ合いの方法を教え、彼女が私の世界の住人になれるという見通しに私は有頂天になっていた。それにドキュメンタリーの背後に流れる思想が気に入っていた。私たちが実施している調査研究を紹介するまたとない事例となるだろう。しかし、私は甘く見ていたわけではない。ヘレンと私は巨大な山を越えなければならないことを私は知っていた。私が何年もかかって覚えたことを彼女は何週間かのうちに覚えなければならなかった。私がオオカミとつきあって無事だったのは経験によるところが大きかった。これを成功させるためには——ヘレンが彼らの世界について彼ら自身より詳しいのだと群れをだまして信じ込ませるには——私は可能な限り彼女に無理をさせた。私自身今までの人生は限界を突破しながら常識的には馬鹿みたいなことをしてきたのだが、私はいつも自分の命を賭けてきた。こんどは私が愛する女の命だった——もし時間が逆戻りしてあの日々を迎えることができれば、私は二度とそんなことは繰り返さないだろう。

私たちが一緒にいた間にヘレンが初めて見せた苦悩を、撮影をしているあの何か月かにちらと垣間見たことがある。彼女は毎日、一日の終わりに私がどんな状態になっているか、私が切り傷を受けたり、咬《か》まれたり、あるいは血を流したりして、包帯を巻くか、緊急事故病院に連れていかれ縫合手術を受けているのではないかと心配で気が滅入《めい》っていた。実際私はしょっちゅう脳震盪《のうしんとう》を起こしていた。頭を本当に強く打たれると―私が吹っ飛ばされて目から星が出るような激しさで―一時間かそこらあとに私は意識を取り戻し、気がつくとヘレンが真っ青な顔をして上から覗き込んで、大丈夫なのかと聞く。一〇分ばかり意識を失っていたと言うのだった。血尿になったことは何度もあった。

今回私たちはその役目が逆になったので、二人ともこれは大変なことだとは思っていた。今度は私がうまくいかなかったときの恐怖を抱えて生きる側に立ち、彼女は日々オオカミとの触れ合いに直面する側に立った。私はほとんどの間彼女と一緒に柵の中に入っていて、危険はないよと落ち着かせていたが、嘘《うそ》を言っていることはわかっていた。彼女には地面に仰向けに寝て首と一番弱い下腹部を、彼らに見せなければならないと教えてきた。オオカミのどれかが間違って強く咬みすぎるとか、あるいは犬歯で血管を傷つけないという保証はなかった。もしオオカミが彼女の大静脈の一つを破裂させれば、彼女は何秒かで死んでしまうだろう。

始めたときは私はかなり自信があったし、最初はうまくいった。私の計画はヘレンをオオカミたちに段階を踏んで引き合わせることだった。シャイアンが彼女を受け入れなければ、そもそもこの実験は成り立たないのだから、一番先に彼女は一人でシャイアンに会った。彼らの一回目の顔合わせは先行きの見込みが良かった。彼女はシャイアンに対し群れの上位のメンバーとして敬意を表さなければならなかったが、彼女は私がそれまで叩きこんでおいたとおりをすべて実行した。彼女はそれから若いオオカミたち、ナヌース、ナター、およびテハスに会った。彼女は連中に対して彼らより自分のほうがランクは上だと納得させねばならなかったが、これはやや難問だった。彼らは育ちざかりのティーンエージャーみたいなもので喧嘩《けんか》したくてうずうずしていたので、ヘレンは非常に怖がったが彼らに対しても一歩もゆずらず、最後は互いの関係を固めるべく皆で遠吠えをした。彼女がこれから一番真剣に取り組まなければならないオオカミは父親になろうとしているヤナ、タマスカ、マッツィだった。彼女が成功するためには、群れの全メンバーから受け入れられねばならなかった。

そのときある事件が起きて、私は現実を直視しなおすことになった。私は柵にシカの死骸を持ち込んでいた。ヘレンは私がオオカミに食事をさせる手伝いはしてきたが、このときは私と一緒に柵内にいなかった。彼女は外でボランティアと話をしながら立っていた。群れ全体のエネルギーレベルが上昇していた。さかりのついたメス犬がどこかにいて柵に近寄ってきていたのに違いないと思う。原因は何であれ、彼らの雰囲気が極めて高ぶっていた——ほとんど爆発寸前だった。餌《えさ》の時間はいつでもオオカミは互いに唸《うな》り、咬みつきあい、死骸の中の自分の場所を守るため、猛烈に大きな声をあげる。このシーンに慣れていない人にとっては、彼らは互いに殺しあっているように見えるが、決してそうではない。それは、彼らの咬み合いは吠え方ほどひどくないという典型的な場面である。ところが、そうでない状況が発生した。

このシカの死骸を食べるとき私はいつものようにタマスカとヤナの間にいた。彼らは下毛と靭帯《じんたい》を引きちぎりながら猛烈な唸り声をあげていた。私も唸り声をあげながら自分の領分を食いちぎり、入り込もうとするオオカミにこれは俺のものだと宣言していた。そのとき突然私は一歩下がり頭をあげた。その瞬間タマスカとヤナが相手を攻撃し始めた。彼らは顎骨を互いに絡ませ、黒い褐色の体が横

さみになって今までで最も ひどい怪我《けが》をしただろう。

転し転げた。私があのとき一歩下がっていなかったら、私は彼らの間にはさまり、両方の攻撃の板ば
さみになって今までで最もひどい怪我《けが》をしただろう。

ヘレンはこれを見て恐れおののいた。彼女は、その凶暴な争いが勃発しようとしているのを私がどうやって察知したのか教えてほしいと、彼女が一人でそんな場に直面したときどうやってそれを察知できるのか教えてほしい、と私にせがんだ。私はどうしようもなく困惑した。私が取った行動をどうやったらできるのかまるで彼女に説明することができなかった。それは本能的で長年の経験の結果だった。それは私が彼女に教えられることではなく、彼女に代わってやってあげられることでもなかった。そしてその瞬間に、私は気がついた、私がヘレンにさせていることはあまりに危険すぎると。私は彼女の安全を守るすべを十分知っていると思っていたが、その瞬間知らないことに目覚めた。クロコダイル・ハンター（ワニの狩人）として知られたオーストラリアの野生動物の専門家スティーブ・アーウィンが殺されたのは、彼が専門外の領域に踏み込んだためとずっと信じている。彼はグレートバリアリーフで映画撮影中に猛毒エイの尾に刺されて死んだ。私はアーウィンをすごく敬愛していたが、彼の専門はワニだった。彼が自分の専門外に足を踏み出したのは、自分でその気になったのか説得されたのかは知らないが、いずれにしてもそれは危険だと思った。彼の奥さんがフレーザー島で野生犬のディンゴと遊んでいるとき彼が一緒にいて、それをテレビで見たことを思い出すが、私の知る限り彼は犬については何も知らなかったはずで、泳げない人間がいわば身の丈以上の深みにはまっていたのにテレビの要請でそうしていたのだ。一匹のディンゴが今にも咬みつきそうだったのが私はわかったが、案の定その直後に犬は奥さんに咬みついた。私と一緒に見ていたヘレンが、「どうして咬

みそうだとわかったの？」と聞いたが、私は答えられなかった。それはこの生き物と長年にわたる経験を積んだあとに伝わる直感というしかない。テレビのためであろうがなかろうが、今私が軽率に扱っていたのはヘレンの命だったから、安全第一にいく必要があった。

それから映画撮影の間に他にも大きな間違いを犯したと考えたときがあった。いいテレビ番組を作ることは大事なことだったが、そのために私がいいと思ったことと、ここまではヘレンは大丈夫だと私が思ったこととのギャップに私は常時引き裂かれた。ときどき私は彼女を闇討《やみう》ちにした。彼女は年長のオスたちに会うのを怖がっていた。その恐怖が彼女の頭の中でだんだん大きくなり実態をかけ離れるまでになっていた。私が何日後にマッツィに引き合せる計画だと事前に話していたら、彼女は食べ物が喉を通らないか一睡もできないことがわかっていた。そんな状態になって柵の中に入ると別人のような匂いになり、危険な信号を送ることになっただろう。マッツィの仕事はテスターとして弱点を暴くことだから次にどんな行動に出るかすべてのオオカミのなかで一番わかりにくいだろう。もし彼が他のオオカミや人間にちょっとでもためらいを感じ取ると、彼はアルファに警告を発し、アルファは用心棒のベータを向かわせ問題に対処させる。

だからわたしはぶっつけ本番でヘレンにやらせた。彼女は三匹のティーンエージャーを無難にこなしてきているから自信は最高に高まっており、マッツィも機嫌がよかった。その朝私は前もって彼と何時間か過ごしたので彼は穏やかでリラックスしていた。彼はそれまでにフェンスの反対側からヘレンに何度も会っており、すでに彼女に関する情報はたくさん持っていた。静かなきれいな日だった。さあ出会いがうまくいく条件は全部揃《そろ》っていた。あと必要なことは昔ながらのごまかしだけだった。さあこれからもう一度若造たちに会いに行くよと、私は彼女に言った。メインの柵の中に他のオオカミに交じってマッツィがいるのを認めると、彼女はびくつき始めた。私は、彼女はただ寝て匂いをかがせ、それによってマッツィにまず彼女を認識させればすむと言った。若干ヒステリックな声で彼女は聞いた、「でも、マッツィが私に向かってきたら?」。「来ないよ」、と私は嘘を言った。「カメラクルーも柵の中にいるし、あんな機械類があると、彼はナーバスになって向かってこないよ」。私はマッツィが彼女に向かって一直線にくることは知っていたが、私は賭けた。いったん中に入れば、彼女は何とか対応するだろう。今までも他の三匹とうまくやってきたのだ。私は過去の傾向から、彼女は事に臨む前は何時間かパニクるが、危機が実際に襲ってきたときには沈着冷静そのものになることに気づいていた。しかも、私が他の人たちと一緒に現場にいるのだから、危険な目には遭わせないと思った。

マッツィが彼女の方に向かってくると、彼女の目に涙が湧《わ》き出て、下唇が震え始めたのが見えた。彼は彼女が会うのを本当に怖がった初めてのオオカミだった。彼はただ大きくて重量があり完全に成体になりきったオスであるばかりでなく、マッツィにはある裏話があり、彼女はその話を聞いていたのだ。しばらく前に、ここのパークで事故があった。マッツィはある人の指の肉を噛《か》みちぎっていた。犠牲者はスタッフメンバーで彼女がやったことは完全に常識外れだった。もっと経験を積んだスタッフなら、たいていはオオカミを読むことができ間違った判断はしない。ところが、被害者はオオカミをもう一匹別の温和なのと間違えて、彼女はフェンスの金網から指を二本差し込み背中を掻《か》こうとした。

マッツィはテスターだからサッと振り返り女性の指を口にくわえた。彼女はマッツィに向かって悲鳴をあげ、指を引き離そうとしたから、彼は指を歯で締め付け彼女から引き下がった。肉はきれいに剥がれ骨がでた。私はこの話はヘレンを驚かすのでしていなかったが、ただ彼女に言ったのは、オオカミたちは柵の中にいるが彼らは依然として野生の動物だから彼らの周りで決して油断はできないということだった。彼らは今その時を生きており、何事も当たり前と思ってはいけない。前回はそれでよかったというだけだ。ミルクボトルで育てたこととは関係ない。そのときはそのときで、今は今だ。彼らに会ったらその都度彼らに価値あることを証明できないかぎり、問題が起きる。オオカミはセンチメンタルではないのだ。

彼女が平静さを失い始めたので、私は厳しく言った。「だめだ、落ち着け!」。彼女は私を睨《にら》みつけた。彼女が怒っているときによくするように歯を食いしばっていた。私は思った。結構だ、必要なら嫌われてもいい、ただマッツィの前でくじけさせてはいかん。私の勘は当たった。マッツィは彼女に飛びかかったが、彼女は全く平静でじっとこらえていた。彼女を徹底的に調査し終わると、群れのテスターは向きを変え離れて行った。ヘレンの顔には明らかに安堵《あんど》の表情があったが、私も大きく安堵のため息をついた。万事うまくいっているときでもギャンブルは嫌いだ。

その何秒かあと、三匹の若オオカミが私に突撃してきて、私は空に舞った。彼らは派手に取っ組みあいをやっていた最中で、私は気をつけて見ていなかった。いつもの姿勢で尻もちをついていたのだが、頭をまともにやられた。一瞬目の前が真っ暗になり、目から火が出て、列車に飛ばされたみたいな感じだった。この衝撃で私がノックアウトされたほかに、マイクロフォンが外れてしまっていたので、私は短時間柵の外に出て音響技師に取り付けをしてもらわざるをえなかった。私が外に出ている間に、マッツィがヘレンに近付いた。私は助けようにもどうしようもなかった。

マッツィの顎骨がヘレンの首の周りを抑えているのを見た瞬間は、間違いなく、私の人生で最も恐ろしい時間だった。マッツィを信じていないわけではなかった。私は彼に全幅の信頼を置いていた。私が信頼していなかったのは、ヘレンが冷静さを保てるかどうかだった。あのスタッフメンバーがマッツィに指をくわえられたとき、勇気を出してじっと静かにしていたら、彼は彼女を傷つけずに指を放していただろう。彼が与えた被害はひどかったが、それはただの指ですんだ。今は、マッツィはヘレンの首に歯を立てているのだ。もし彼女が悲鳴をあげたり逃れようともがいたりすれば—筋肉をピクリと動かしただけでも—彼はあのスタッフメンバーにしたとおりにやっただろうし、その場合結果は全く違ったものになっただろう。ヘレンは死んでいただろう。

この撮影で私が一番心配したのはヘレンの反応だった。ヘレンは私が今まで会った人間の中で最も感情に動かされやすいタイプだったから、彼女に感情を殺させることがその時期私が彼女に教えなければならない唯一最も重要でかつ一番難しい課題だった。柵の中では私は何度も警告の兆候を見ることができた。柵に至る二重のゲートの間には少し空間があり彼女はオオカミのところに行く前はそこで精神を統一するのだが、そこで彼女が感激派のヘレンからオオカミの群れのヘレンに変身するのをよく見ることができた。私はいつもその変身が彼女に来るまで待たねばならなかったが、彼女が「よし、行こう」と言うと二番目のゲートを開け、いつも彼女に言っていた。「人間を忘れるんだ、オオカミ思考だ」。それは彼女にとってはとても難しいことだったが、彼女が中に入ってうまく対処している姿に私は信じられないほどの誇りを感じた。しかし、一番目のゲートを出てくると彼女は突然涙にくずれるか、笑い出すか、あるいはそのごっちゃまぜだったが、彼女が抑えていた感情が滝のように流れ出てくるのだった。

彼女は身動きせず耐えた。それにしても彼女の顔のむき出しの恐怖の表情は今でも私の脳裏を去らない。彼女を助けるすべはなく、私は柵の外の金網のそばに立ち、冷静を装いながら動くなと彼女に言った。神の加護か、彼女は私の言うことを聞いた。彼女は私を信じパニックに陥らなかった。マッツィが彼女の首を抑えていたのは一分間もなかったろうが、その永遠の時間が経過すると、マッツィは彼女を許した。不思議なことに、あれほど怖かったはずなのに、ヘレンは私の顔の様子を見るまで、事態がどれほど深刻だったかはっきり認識していなかった。私の様子を見て初めて彼女はびっくりした。しかし、彼女はテストに合格した。マッツィは承認し、私の心配にかかわらず、彼とヘレンは信じられないほど緊密な絆を築いた。彼らは似た者同士だった――両方とも疑い深く、なかなか信頼しない。次のハードルはタマスカだった。

32
——崩壊

タマスカとヘレンの顔合わせは実現しなかった。撮影が終わる予定の二週間前にヘレンが倒れた。彼女はその前にすでに完全な疲労困憊の状態になっていた。撮影を始める前に、撮影は一週間に二日か三日にすることで合意していた。私たちの生活はそれ以外にもいろんな仕事があったので、それが限界だったが、時間がたつにつれて、アニマルプラネットが予定より早くシリーズを完了しろという圧力をかけてきた。タイグレスはその圧力をうけ、こんどは私たちに圧力をかけてきた。彼らは北米向けに三〇分ものを十二回分、BBCチャネル5向けには一時間ものの二回分のドキュメンタリーを収録していた。それはとりもなおさず何百時間もの撮影シーンを意味し、そのほとんどに私たちがかかわる必要があった。

私たちが撮影にかかわる時間が一週間に六回、場合によっては七回に増えた。ほとんど朝七時半から始め、夜の九時半まで張り付いていることが多かったが、もうそのときには私たちは疲れきっていた。撮影はヘレンに他の面でもストレスをかけていた。オオカミの乳母《うば》になるための特訓を受けるということは、彼女の生活を徹底的に変えなければならないことを意味していた。彼女はすでにあばら家暮らしには慣れていたが、今度は食事を変えねばならなかった。ほとんどの人がそうだが、彼女はピッツァとかパスタとかハンバーガーのようなファストフードが好きで、ケーキや甘いものに目がなかった。しかしレバーは好きでなかったし、腎臓《じんぞう》は喉を通らなかった。群れに受け入れられるためには、彼女は高位のオオカミが食べるもの—つまり、レバー、ハツ、腎臓の他に質のいい肉と生野菜—を食べなければならなかった。その上に、彼女は半分加熱した動物の臓器を噛《か》み砕き、シャイアンとその子たちのためにそれを飲み込んで吐き出すことをしなければならなかった。ヘレンは酒を飲んでも明るい気分になることさえできなかった。

もう一つ大きな変化があった。彼女の体力をつけるためにジムで体力づくりをしなければならなかった。私は彼女にトレッドミルのほかに重量挙げ、懸垂、腕立て伏せをさせた。彼女はこれが大嫌いだった。彼女は今までこんな肉体運動をしたことがなかったが、これをすることは絶対的に必要だった。彼女自身の安全のためにオオカミの攻勢を受けきらねばならなかった。私は頑健だったが、その私でさえトレーニングをし、スタミナを維持するために毎日走らねばならなかったし、それはそれまでにも現在でも続けていることだ。そのレベルの体力がなくては、全身牙《きば》と筋肉の塊である一三〇ポンド（約五九kg）のオオカミと揉《も》みあいすることはとてもできない。体力のある私でも、いつオオカミの一匹に首を折られるかもしれないのだ。

映画の撮影だけに注力していたとしても、スケジュールは十分に体力を消耗させられたが、仕事はそれだけではすまなかった。撮影は私たちの通常の仕事にかぶさって行われた。私はそれまでどおりたっぷり時間がかかるノルマを果たさなければならなかった。オオカミの世話をして、一日に二回フエンスの周辺をチェックし、彼ら全部と—映画の撮影には出ていないヨーロッパオオカミも含めて—絆を維持しなければならなかった。さらに、他のオオカミの群れの吠え声の録音を流して彼らの警戒心を維持し、三、四日おきには彼らに餌を与え、その餌となる動物の死骸の運搬を手配し、なおかつパークの所有者ボブ・ブッチャーとの約束を果たさなければならなかった。撮影はパークの最盛期を中断していたので、ボブは見物客—彼らの多くは私をテレビで見ており、私が説明に立ち通常のデモンストレーションをすることを期待して入場していた—をきちんと迎え挨拶するよう私にプレッシャーをかけていた。私は自分の子どもたちに十二か月も会っておらず、ますますいらだっていた。そのころジャンと私は子どもの養育権の問題で争っていた。一方、ヘレンと私は毎時一一〇マイル（約一八〇km）のスピードで毎日を生きていた。日に一六〜一七時間働き詰めだったが、明らかにやりすぎだった。その結果互いに向き合って話す時間がなくなった。互いから逃れることもできず、世間とも没交渉だった。このため私たち二人に、そして二人の関係に信じられないストレスがかかった。奈落《ならく》の底にだんだん滑り落ちていく感じがした。何かが崩れざるをえなかった。

そのひびが見え始めたのは撮影が始まって四分の三ぐらいにさしかかったときだったろう。ヘレンは次に対面する用心棒エンフォーサーのタマスカが巨大なオオカミだということを知っていたので神経が過敏になっていた。マッツィはテスターで油断がならなかったが、テスターは制裁は加えない。彼の仕事は単に相手の欠点を見つけそれを他のオオカミに注意することである。相手がパニックを起こしたときだけ彼は反応するので、そのときは危険が、そして生死を脅かされる状況が発生する。ヘレンが意思決定者のヤナと対面したときは、あとでヘレンがわかったように、それなりの問題はあって、彼女は彼にボスとして示すべき敬意を表さなければならなかったが、ヤナは一番危険な相手になるはずはなかった。彼はアルファのオスとして自己保存が第一で、ヘレンを脅すときはその声と体位で表すのが常で、仕事をさせるときは群れの他のメンバーを呼んでくるだろう。

タマスカがその仕事をするオオカミだった。彼の立場としては容赦することはありえなかったので、彼女は彼に対してミスを犯すことは許されなかった。オオカミの群れのルール上、彼にはどんなことでも必要な制裁を加える権利があったし、また間違いなくその力もあって、私は介入する権利がなかった。もし彼がヘレンを攻撃したら、彼女を救えるかもしれない唯一の方法は瞬間的にでも彼の気をそらし、私を攻撃するよう仕向けることだったろう。それで彼女は柵の外に逃れる何秒かの余裕ができるだろう。その場合は、このオオカミたちについて私のいだく信条のすべてに反するが、私はタマスカと対決し彼に咬《か》まれるしかないだろう。咬まれたら重傷でおそらく致命傷を受けるかもしれない。ヘレンを観察すればするほど、彼女がこの最後の対面にうまく対処できるかどうか、私はだんだん自信がなくなった。私は心配し始めた。日に日に彼女は疲れてプレッシャーを受けているように見えていた。食事制限、体のトレーニング、精神的なストレス、こうしたすべてのことが彼女を痛めつけその代償を払わせていた。

私はかつて経験した特殊部隊の訓練を思い出した。適度な体力がある人間なら誰でもあんなテストの一つぐらいなら楽に乗り越えられるだろうが、八〜一〇週間の間、それも来る日も来る日も、ときには一日に二回、私たちがやっているように、繰り返さなければならないとしたら、あちこちにひび割れが生じ始めるだろうし、それがまさにヘレンに起きていたことだった。オオカミとの日々により彼女が受けた肉体的、精神的な酷使は、私たち二人の間に生じていた感情的なしこりと相まって、耐えきれないもので、彼女がタマスカと対面することになっていた日のちょっと前に、全てが崩れ落ちた。

何が発火点になったかはっきりしたことは覚えていない。私がトイレの水を流したのか流していないのかとか、店でミルクを買うのを忘れたのかどうかとか、ちょっとしたつまらないことだったかもしれない。何が原因だったにせよ、ヘレンの言葉を借りれば、それが重荷を背負ったラクダの背中を潰《つぶ》した最後の一本の麦わらだった。あらゆることがだんだんと鬱積《うっせき》し、私たちはどうしても一休みが必要だった。二人ともそれが永久に続くとは考えていなかったと思う。オオカミとそれに関連するすべてから離れたいと彼女は言った。私たちは三年近く一緒にいて彼女は私の世界の一部になっていたけれども、まだ私たちのものの見方は大きく違っていた。この事態に対処する彼女の方法は普通の生活に戻ることだった。私の方法はオオカミのそばに行くことだった。二人ともそれぞれが知っている世界に戻ったわけだ。長く暗いトンネルに入り、出口の小さな明かりさえすべて遮られてしまったように私は感じた。私たちはそれまでにも今回以上の仲たがいはして、それを乗り越えてきていた。今度のいさかいは本格的な取っ組み合いの喧嘩《けんか》でさえなかった。どんなにしても解決できない議論でしかなかった。ヘレンはその晩ベッドに寝て、私はソファーに寝た。翌朝になっても事態は好転していなかったので、二人には小休止と別々の空間が必要だという結論に達した。

九月になっていた。撮影を始めてから七か月以上たっていたが、さらにあと数週間分撮り残しがあったし、もちろん私たちは契約に縛られていた。しかし、その日は撮影をすることなどできるわけがなかった。撮影クルーがいつものように準備を整えて到着したとき、私は、事態が悪化して二人は働けなくなったと彼らに告げた。私はトレーラーを出る必要があったので、彼らをそこに残して町へ出た。帰ってきたときには、クルーもヘレンも姿を消していた。

その間に、私は有名人たちの世界の恐ろしさを発見した。アメリカ人が私たちの破綻《はたん》を聞きつけると、彼らはなんとも素早く私たちの双方にカメラを向け、私たちの鼻の前にマイクを突き付け、どんな気分かと聞くのだった。もちろん、どんな気分もへったくれもないときに、最低の取材だった。そのときタイグレスが助け舟を出してくれた。彼らとはこのときまでに親友になっていて—そりゃ、本当にいろいろなことを共に潜《くぐ》り抜けてきたから—彼らは、アメリカではそれで通用するかもしれないけれども、ここイギリスではそんなことはしないのだ、という態度を取ってくれた。この人たちは二人で問題を整理する時間が必要だ、いったん整理出来たら、そのときまた撮影を始めよう。アメリカのアニマルプラネットはそんな話を聞きたくはなかった—彼らは私たちの生活の中からメロドラマ的な要素を拾いたかったようだ—が、あの息抜きがなかったら、全く続行は無理だったと思う。私たちに一週間の息抜きが与えられた。

ヘレンは、あのころが彼女の人生で最悪の日々だったと後で私に話した。彼女はどうやってそれを克服できるか全くわからなかった。私は暗闇《くらやみ》の帳《とばり》のもとでオオカミと一緒にいれば気分が安らぐと思って、オオカミの中に慰めを見出したのだから、その時期は私にとっても耐えられなかった。私は彼女がいなくなった後毎晩柵の中で彼らと一緒に過ごしたが、彼らは彼女がいないのを寂しがった。それは私とて同じだった。彼らは一晩中彼女を求めて遠吠えをした。肺腑《はいふ》をえぐられるような、亡くなった群れのメンバーを恋うその声は、家路を教える招集の呼び声で一度聞いたら忘れることはできない。かつて彼女がしたように、谷間の向こうから彼女が返事の遠吠えをするのを私は待ったが、何も返ってこなかった。ただ静寂しかなかった。彼らはこのような叫び声を五晩続けたが、それが私の悲しみを少しずつ増幅した。彼女に帰ってきてもらいたかった。彼女なしの将来に直面することができなかった。彼女は私がこの世で知らなかった世界、愛と笑いの世界、ヘレンが住まっていた世界を教えてくれた。それは私がその中に住みたいと思っていた世界だったが、彼女はそこに至るドアを閉めてしまった。

その間ヘレンと私は互いに話はしなかったが、キャス・ムアが我々と別々に接触していたので、私たちは二人の仲たがいの修復をタイグレスに任せることに合意した。彼らはアニマルプラネットのシリーズを、新しい生活に向けたヘレンを追い、私の生活と私が再び一人でオオカミと暮らす姿を追うことで終わらせようとした。それだけでも私にとっては耐えがたいことだったが、さらに困ったのは「ナンパ」のシーンを二人で撮影しなければならないことだった。撮影は常に時系列的に撮られるとは限らず、すでに撮られた破綻前の私たちの生活シーンに追加するため、二人で一緒に演技しなければならない場面があった。カメラのためにわざと夫婦を装うことは私が今まで経験した中で最も難しいことだった。それは私たち両方にとって苦痛そのものだった。

私たちが何より必要としたのは、それまで起きたことに対して折り合いをつけるため別々にいる時間だった。ひょっとしたらいつの日か私たちは二人の関係から何かを拾い上げることができるだろうし、あるいは友達でいられるかもしれないが、時間を十分とって傷が治るのを待つまでそれはわからないだろう。しかし現実はそれを許さなかった。最初はあれほど魅惑的に思えた撮影の契約書が最悪の悪夢に変わってしまい、私たち二人を無理に一緒の席にいさせようとしていた。

しかもそれだけでは済まなかった。契約書に基づき履行しなければならなかったのは宣伝だった。『ウルフマンと暮らす』の発売をプロモートするために私たちはアメリカ合衆国に一緒に旅行しなければならなかった。だから最終的に幸せな夫婦として出た撮影から解放されて二、三週間の休みがあったのだが、その後ニューヨークで主なトークショーにすべて出て、互いにソファーに並んで座って笑いながらジョークを言うことになった。今度も全部芝居だった。ヘレンはウルフマンと暮らすことの喜びをほがらかに話さなければならなかったし、私は聴衆を面白がらせるために唸ったり遠吠えをしたりしなければならなかった。アニマルプラネットは私たちの関係が破綻したことを隠しておきたかった。最終的には破綻がはっきりするのだが、二回目の放映まで結末をサスペンス的につなぎたかったのだ。破綻は永久に続くのか、あるいは二人は意見の相違を修復できるのだろうか？　私たちの悲劇が視聴率を上げるために利用されている感じだった。

私たちの前回のニューヨーク旅行は本当に楽しかった。楽しくないはずがなかった。今回は、二人にとってわけがわからない、頭が混乱した時期だった。二人とも決して相手なしで生きていきたいと考えてはいないと思ったが、一緒になってそれを成功させる方法が見つからなかったのだ。二人の住まいはわずか二、三マイル（約四、五㎞）しか離れていないのに、別々の車が迎えに来て空港まで送ってくれた。飛行機も別々に乗り、ホテルのベッドルームも別だったので、全く別の生活を送っていたのだが、テレビのスタジオではあたかもおしどり夫婦のようにおしゃべりをするのだった。前回訪問した懐かしい思い出の場所に戻り、あのときの笑いや楽しみを思い出すのは信じられないほどつらかった。これは私が野生の原野で対処しなければならなかった何よりつらかった。生き残りのための闘い、肉体の痛み、咬まれ傷、頭や体のあちこちに受けた体当たりなどは、私が今受けている傷に比べたら何でもなかった。あのころ私は人間の感傷を全て隠していた。それが今は全部むきだしになっている。前に進む道が見えなかった。

毎日、朝起きるのが一苦労で、息を吸って吐くのだと自分に言い聞かせるしかなかった。こんなに落ち込んだ状態になったことがなかったので、私の気分がオオカミたちにものすごく影響した。彼らは私がそんな情動に動かされるのを見たことがなかったので、彼らの反応が心配になった。しかし、私を奈落から引き上げてくれたのは彼らだった。彼らはいく晩も遠吠えをあげ続けたが、もはや返事がくる希望がないと悟ったとき、彼らは吠えるのを止め群れの再構築を始めた。失ったもの、ヘレンに対する葬送の遠吠えをあげ終わると、生き続けなければならなかった。群れの回復ができないなら、再構築するしかなかった。私たちは皆前に進んでいくしかなかった。

ニューヨークから帰国後間もなくして、ある朝、私の携帯電話にヘレンが電話してきたのだが、彼女の話に驚いた。彼女の犬を散歩させてくれないかと言うのだ。「どうして？　どうしたの？」と聞くと、普段と違う声で、ベッドから起き上がれないのだと言う。私はすぐ駆けつけたが、彼女を見てショックを受けた。彼女はまるで魂が抜けたみたいで、会話をしても彼女の話題が定まらず、一瞬私の話に乗ったかと思うと次の瞬間は彼女自身の世界に遠ざかっていた。どうなっているのか、どうしたらいいのかわからなかった。こんな状況に出会ったことはなかった。このベッドに寝ているのは私が知っているヘレンではなかった。完全に別人で、見ていて恐ろしくなった。私は犬の世話をして、それから映画のクルーに電話した。私たちはまだアメリカの映画シリーズの最後のエピソードを作っていた。「ヘレンは、今日は映画に出るのは逆立ちしても無理だ」と私は言った。明日の様子はまた連絡すると私が言うと、「こんな調子で撮影を延ばし続けることはできない」と彼らは答えた。金がかかるのだ。アニマルプラネットに追い立てられているのだ。エピソードの最初の二つはすでに放映済みで、もう時間がなくなろうとしていた。私がなにか代案を出すか医者を呼ぶか、どっちかにしてくれと彼らは言った。

今から考えると、それが彼らの言える最高の言葉だった。私はやっとヘレンを一般の診療所に連れていった。医者は彼女を一目見るなり、専門医のいる病院に運んでくれた。診断結果は、完全な肉体的精神的疲憊《ひはい》だった。彼女の体のシステムが作動休止になっていた。

ヘレンは次の二か月間ベッドから出られなかった。どんなささいな活動でも彼女を疲労させた。私は彼女のため雑事はしてあげたが他の点では遠ざかっていた。私は彼女の看護ができる人間ではなかった。私がそばにいればかえって彼女の病状を悪化させることを知っていた。その上、私はまだ撮影の仕事が残っていたし、オオカミの世話をしなければならなかった。それで、急場の助けにジュードが乗り出してくれた。二人は仲良しになっていたし、彼女はパークで働いていたので、ヘレンと私の間のつなぎとして適任で、ヘレンに必要なものがあれば私に連絡してくれた。

撮影の最後の何日かは困難を極めた。ヘレンは最後の出演を終えたが、彼女は仰向けに寝ていて何の役にもたたなかったので、最後の番組を成功させるためタイグレスがそれまでに撮影していた彼女のフィルムを使わざるをえなかった。私はヘレンが心配だったが、自分の部分に関してはただ頑張りとおし、どうにか生き続けた。とにかく今や時間が勝負だった。タイグレスとアニマルプラネットには感情的にも財政的にもぎりぎり無理をさせたが、皆が団結して頑張り、最悪の状態を乗り切る私を助けてくれたおかげで、私たちはやりおおせた―シリーズものとイギリスで放送する一時間もの二本を放映に間に合わせた。長い一日が続き、カメラ道具にトレーラーを占拠された一〇か月の緊張の後、突然全てが終わった。クリスマスが近づいてきていたが、私は一人ぼっちだった。

地元でパブを経営している友達たちから一緒に食事をしないかと誘われていたのだが、最初にまずオオカミたちと祝った。七面鳥の取り扱い業者が売れ残った質の悪い七面鳥をどっさり届けてくれていたので、これが彼らのクリスマスのご馳走だった。問題は、鳥はまだ毛がむしってなくて、柵の中はその日非常にぬかるみが多かった。子オオカミたちはそれまで七面鳥を見たことがなく、もう夢中で粉々に引きちぎり、白い毛をあたり一面にまき散らした。私が外に出たときは、パブの予定時間にあと三、四〇分しかなくて、私の格好たるやあまりに汚く、まるでタールをかけられ羽を植えられたかのようだった。

トレーラーでは熱い湯が何か月も出ていなくて仕方がないから、ホースの下に立ち、出かけるのにふさわしい身づくろいだけはしながら、四三歳になったクリスマスの日に、自分の生活を変えないといけないなと考えていた。

出かける決心をしたのは間違いだった。行くよと同意したのは、トレーラーを抜け出せば気分が晴れるだろうと思ったからだが、それはとんでもなかった。そのパブにはヘレンと私はそれまでに何度も行っていたので、思い出が蘇《よみがえ》ってきて心を締めつけられた。それに、他のテーブルは皆二人連れだった。彼らは皆笑いながら、ジョークを言い合い、クラッカーを引き割って楽しく過ごしていた。私は一人だけのテーブルに座って、かつてないほどの孤独を味わっていた。

33——私には夢がある

セラピストの助けで、私は次の二、三か月に自分のことをたくさん学んだ。ネズパース族は、私は二つの世界の間に生きていると言ったことがあるが、私はオオカミと一緒に彼らの世界にあまりに長く住んでいたので、ほとんど人間としての在り方を忘れていたということに、私はやっと気がついた。私の目標はこの二つの世界のギャップを埋めることで、オオカミを嫌悪する人間社会に、自然の世界にバランスと繁栄をもたらす上でオオカミが持っている力の価値を理解しようとしないこの社会に、オオカミを受け入れさせようと探ることだった。しかし、北米のネイティブアメリカンが言ったように、オオカミのために弁ずることができるためには、その意見を聞く人間とコミュニケーションを図れなければ意味がない。私はそれをどうやって実行するかを忘れていた。あまりにオオカミに近寄りすぎて、なぜこんなことをしているのかを見失っていた。彼らの世界に大きな変化を生じさせるためには、私はこちらの世界に足場を取り戻す必要があった。

ヘレンと私は撮影で無理をしすぎて、それが私たち二人に耐えがたいプレッシャーとなったのだが、破綻の本当の原因は、それからおそらくヘレンが病気になった原因は、私にあることはわかっていた。

彼女はオオカミを愛していた。ほとんど私と同じぐらい彼らに情熱を注いでいた。動物の死骸を引きずり回し、食肉処理場から送られてきた子牛の頭や足をぶった切るときでも眉毛一つ動かさなかった(今は餌《えさ》のヒツジやシカをまるごと与えることはできるのだが、八〇年代のBSE〈牛海綿状脳症〉危機以来、オオカミに子牛の頭とヒヅメの足を与えることはできなくなった)。そんなヘレンを私は愛した。気味悪がって嫌がったりせず、体が汚れても気にしないそんな彼女を愛《いと》しく思った。食肉処理場のデレックが夜ランプの明かりで捕ったウサギの死骸を真夜中にトレーラーの屋根の上に放り投げていっても、その屋根の下で暮らすことさえ気にしなかったと思う。私がなぜそんなことをするのかとデレックに聞くと、彼はいつもこう言った。パジャマ姿のヘレンがいつかは外に飛び出してくるのを待っているのさ。彼女がそれまで享受していた衣食住の快適さを諦《あきら》めることも気にしなかったと思う。彼女が気にしたのは、私が完全には彼女に没頭できなかったことである。

私たちは一緒にいた何年間かは肉体的にも一緒だったが、精神的には私は柵の中でオオカミと共にあった。こちらは情緒の欠落した世界であるが、他方はそれにあふれた世界だった。私はオオカミの世界にいるときは情緒のスイッチを切っていることは知っていたが、トレーラーへの道を上がるときはその情緒のスイッチを元に戻しているとずっと思っていた。しかし、実はそうしていなかったことが今は明らかにわかった。私はちっとも森の中から出ていなかった。将来私が人間的関係を持とうとすれば、相手がヘレンであれ、私の子どもたちであれ誰であれ、私は人間の世界に戻ってこなければならないことがよくわかった。

私はまた強迫観念に取り憑《つ》かれていた。オオカミの世界は常時生き抜くためのバトルであるから、そこに存在すると私が知っている危険と、人間の世界で私の目に映る危険とを分別することができなかった。私は心的外傷後ストレス障害を患っているベトナム戦争の退役軍人か誰かみたいだった。ヘレンと私がある日アランと外出したとすると、私は自分の群れを守るオスのオオカミみたいに振る舞った。地元の市場町バーンステーブルの街を歩いていても、私の目には至る所に危険が潜んでいた。彼らが安全地帯の家に帰り着くまで、私はちっとも気が抜けなかった。パークであれ、動物園であれ、あるいは海岸に行っても、私はいつも神経を研ぎ澄ましており、二人のうちどっちかが私のいないときにふらりと波打ち際に行ったのではないか、走って砂浜で遊んでいるのではないかと恐れたので、外出は楽しめなかった。私は、コリー犬が勘違いして、ヒツジの安全を確認するためには、彼らを全部常時一緒に集めておかねばならないと思っているようなものだった。私は危険が迫ったときそこにいないことを病的に恐れていた。オオカミの世界なら、それは群れ全体の安全を脅かすのだから保護役が犯す最大の罪ではある。もしヘレンが外出するときは、私はいつでも彼女がどこに行くのか、そしていつ帰ってくるのかを知る必要があったが、彼女はそのことをもはや我慢できなくなったのだと思う。

　私の世界はオオカミで、私は彼女をそこへ連れ込み、ほとんど窒息させた。私は人生でそれ以外に欲しいものはなかったが、ヘレンにはあった。しかし私はそのことを認識できなかった。彼女は私と違ってもっと普通の生活を送りたかった。彼女はときには外出し、友達と会い、買い物をして、美容院に行って眉をそろえ爪にマニキュアをしたかった。彼女はたまにはゆっくり寝たかったが、私は毎日夜明け前に起き、ネズパース族と同じように走って朝日を拝んでいた。ヘレンはわが人生の命だった。私は大人になる前、いつの日か私をあっと言わせる人が現れるだろうとロマンチックな夢を見ていた。そんなことにはならなかったが、そのときは何かほかのところで手を打っていた。ついにヘレンが現れた、私は彼女を手元におき保護したい一心で、二人の関係をほとんど殺してしまったのだ。

彼女が療養しながら新しい年が進行していくうちに、彼女は徐々に体力がつき、たまにメールをくれるようになった。私たちは話し合ってけりをつけたいことがいろいろあった。金銭的なこともあったし、彼女がトレーラーに残した服やその他返さなければならないものや、一緒に最後に出かけたときに私のものを彼女のスーツケースに入れたままにしてあるものなどもあった。ある日、彼女が電話をかけてきた。彼女の犬の一匹に問題があり、私にアドバイスを求めてきた。電話の終わりに、「また二四時間仕える犬の相談役が欲しかったら、すぐ声をかけてくれよ」と私は言って、隠されたメッセージを読み取ってほしいと思った。彼女は読み取ってくれて、それから彼女の母親と長い間話し合い、彼女がまだ私に対して持っている感情を詳しく説明し、私たちの問題を解決する何らかの方法があるのではないかと言った。彼女はアランにも話をしたが、彼はすごく激励してくれた。

私たちはまた二月の初めに落ち合い、一緒にコーヒーを飲んだ。ヘレンも精神療法を受けていた。二人の会話はどこで歯車が狂ったのかの分析に終始し、何が原因で圧力釜が爆発したのかを解明した。私たちはオオカミに対する共通の興味を持ち、彼らを理解し助けたいという熱望は共有していたが、私たち個人のニーズに対して時間を割いていなかったという結論に達した。次に何回か会ったときにも話題はこのことで、私たちの生活は普通ではないが、私たちは普通の人間だ──私よりヘレンのほうがもっと普通だが──そして普通のニーズを持っているということを確認しあった。

その年の夏の間はほとんど、私たちの愛は救われたかのように見えた。ヘレンは国民保険サービスに職を得て、バーンステーブルに小さな家を借り、私たちが一緒だったときよりたくさんの友達と会っていた。私たちは毎日話し、会いたいときにはいつでも会っていたが、以前のような生活に戻るのは間違いだと二人とも知っていた。私はひそかに、また夫婦として元に戻れるのではないかと期待していたが、今のところその希望は消えた。私は人間関係があまりうまくない、おそらくこれからも変わらないだろうという事実を認めるようになったと思う――あるいはヘレンとはうまくいかないのかもしれない。今まで何人もの素晴らしい女性を知っているし、かわいい子どもたちもいるが、おそらく彼ら全部を失望させた。そのことは悔いている。

私も一人で小さな田舎家を借りた。子どもの養育権裁判で長い間争った結果、隔週末に子どもたちと会える権利を勝ち取ったので、彼らを迎えるのにトレーラー以外のちゃんとした場所が欲しかった。それにトレーラー生活も長すぎた。オオカミはこれからも私の仕事の中心だろうが、群れも年を取ってきているし、彼らの中における私の役目も変わりつつある。将来私はオオカミ大使として、彼らの世界の不思議さを知りたい人たちに教えていくことで、もっと彼らの役に立つだろう。

私はまた母とも連絡を取った。いつの日か、彼女をデボンに引き取りたい。私は最近生地ノーフォークに帰り、恐れていたことに対面したが、人々は私が思っていたほど意地悪ではないことがわかった。それからグレートマッシンガムの教会にある祖父母の墓にも詣でて、彼らが亡くなったときの私の記憶がいかに間違っていたかを知った。旧友にも会ったが、生まれて初めて私は自分の幼年時代を母の目を通して眺めることができ、彼女の生活がどれだけ厳しいものだったか、そしてあの当時、あの環境下でシングルマザーとして私を育てることがどんなに勇気がいったかを、まざまざと思い返すことができた。私の振る舞いは彼女をどれほど困らせ傷つけたことだろうか。父親が誰かは今でも言ってくれないが、それには理由があるのだろう。いつか子どものカイラ、ベス、ジャック、サムを彼らの異母姉妹のジェンマに引きあわせたい。今まで子どもたちは姉妹がいたことさえ知らなかった。私自身、大きくなった娘をもっと知りたい。

一方、私の長期的な計画はオオカミの居住スペースを持った敷地を買い——理想的には一匹のオオカミに対し一エーカー（約四千㎡）の自然林——そこで教育研究センターを経営することである。私の夢は、オオカミが森林を闊歩《かっぽ》すれば自然環境にとって、ひいては人類のためになるということを証明することである。私は動植物学者に呼びかけて、オオカミが森林にやってくる前の動物と植物の生態を調べてもらい、三年か四年の後にまた彼らに来てもらい、環境がどう変わったかを明らかにしてもらいたいと思っている。被食者となる動物がもっと健全になっており、数も増えていることがわかると信じている。ある地域に捕食動物を入れると被食動物のメスはより健康な子孫をもっと多く産むよう刺激を受ける。

追いかけられいつも移動させられると、今あちこちで起きているように特定の一か所を食い荒らすことができなくなる。植物は繁茂し、鳥やいろいろな種の野生動物をその地に呼び込むだろう。

イヌイットの伝承に、祖先が最初にカリブーを狩りで殺し始めたときにまつわる話がある。カリブーは不思議なことに海から彼らの所にやってきた、と彼らは信じた。カリブーのおかげで彼らは十分に生存できたが、ある時期彼らはカリブーを狩猟しすぎた。するとカリブーの群れは体が弱り病気になった。そこでイヌイットは創造主にカリブーを守護し健康を維持してくれるよう祈ったところ、今度海からやって来たのはオオカミだった。オオカミが老体、病躯、怪我を負ったカリブーを駆除すると、イヌイットの狩猟用に残ったのは強くて健康なカリブーだけで、しかも数が増えていた。もちろんどちらの動物も海から来たわけではない。カリブーは移住性の集団動物だったから、被食者が行くところはどこでも捕食者のオオカミも行くので、その後、イヌイットの目にはオオカミは魔力があると見えた。

まだ研究しなければならないことが今日たくさん残っている。イギリスの自然の原野にオオカミを放ったらどんなことになるか誰にもわからない。もしオオカミが仕留められる以上の数の動物を作ることを証明できれば—私はできると信じているが—オオカミだけを放しても意味がない。放すならもっと大きなプログラムの一環として他の捕食動物と一緒に放すしかないだろう。食べ物についても、食物の種類が彼らにどんな影響を与えるのか、ポーランドのオオカミが森林の被食者から得られない何を求めて家畜を襲うのかの根本問題を調べ、その原因を突き止めるためもっと研究が必要である。そして、人間はもう一度オオカミが森林を歩き回る状態を受け入れる覚悟をしなければならない。おそらくこれが一番高いハードルだろう。人間の恐怖は、何世紀もの間頭に叩き込まれた神話や迷信によるものだ。私たちがジャーマンシェパードを連れて浜辺を歩くと、多くの人はそれがオオカミに似ているからすぐに怖いと思う。もし小型のテリア犬、ジャックラッセルを連れて行けば、誰も、まあかわいい！と思う。実際はジャーマンシェパードよりジャックラッセルの方がずっと人を咬《か》むことが多い。

私はクームマーティンでお客に行ったすべての講話の中で、人々がオオカミについて信じている間違った考えを払拭するようにした。子どもたちには、オオカミがいるときはどう振る舞うべきか、じっと静かにしていること、決して後ろを向いて走ったりしないこと、それは犬に対しても全く同じだと教えなければならない。デボンにチャーリー・リチャードソンという友達がいて、彼はオオカミとジャーマンシェパードの雑種でサールースという名の犬種を繁殖させている。この犬はオオカミそっくりでオオカミの特徴をたくさん受け継いでいるが、人間のそばにいることに最もよく適応している。いろいろな施設で子どもを彼らに接触させてオオカミのことを教えるのに利用できる。

オオカミはときによって人間にはできない形で人間とつながることができることを私たちは知っている。一度も感情を表したことがない身障者の子どもの心をザーネスティが揺さぶったのが好い例だ。過去類似のシーンをいくつか見てきた。スパークウエルのオオカミの柵に背の高い体格のがっしりした男が来たことがある。彼は妻と三人の子どもと一緒だったのだが、一見彼らが同じ連れだとは思えなかった。私が彼らに話しかけている間、彼は皆から遠く離れていたが、彼とメスオオカミのダコタがつながったことに私は気づいた。彼女はフェンス越しに彼を見つめており、男がする仕草のすべてをダコタは真似した。男が屈《かが》むとダコタは屈み込みの遊びの姿勢をとった。彼が片方に跳ぶと、彼女も跳んだ—オオカミがこんなことをするのを私は初めて見た。私たちは皆話を止め見守った。そのとき私は別のところに呼ばれたが、帰ってきてみると、家族が互いにハグして涙を流していた。その男は、あとでわかったのだが、健康なアスリートのラグビー選手だったのだが、最近背中に怪我を負い、二度と走れない体になった。彼の選手生活は終わり、彼が生きがいとしたすべてが失われたと彼は感じた。彼は深く落ち込み、彼の家族やその他すべてのことから遠ざかった。彼はそれまでも動物が好きだったので、家族はここに来れば彼の心が晴れるのではないかと思い彼をパークに連れてきたのだった。その日の午後彼とダコタの間に何が通じたのかわからないが、そのオオカミは彼を甦《よみがえ》らせた。彼は涙を流しながら奥さんと子どもたちに謝りつつ、僕の人生は君たちしかないというように彼らにもたれかかっていた。

そして、今まで長い間そうではないかと思われていたが、オオカミが人間の病を感知できるということも私たちは学び始めている。ここ何年間か普通の観光客以上にオオカミと近くなりたいと希望する人たちに、パークでオオカミとの出会いコースを実施してきた。イントロダクションの前に私はいつも、誰か慢性の病気を持っている人はいますか、妊娠している女性はいますか、生理中の人はいますかと聞くことにしている。これらの状態はオオカミに大きな影響を与えるからだ。もしあるボランティアが風邪とか傷を負って柵に入ると、オオカミはすぐに察知し、彼らの行動は普通以上に挑戦的になる。人間生活に適応したオオカミを飼っているセンターがオオカミを一般客と一緒に歩かせると同様の行動を報告している。オオカミはどんなことでも弱点を持った人間はたちどころに選び出す。

ヘレンがある日全く健全に見える中年の男性を、定例の質問を全部聞いた後で、柵に連れてきた。彼がフェンスに近づくと、一匹のオオカミが金網を通して彼の手をしゃぶったり舐《な》めたりし始めた。攻撃的にではないがしつこく、まだまだ舐めたりないかのようだった。これは、異常だとは言えないが、とても珍しいので、私はヘレンを見て声を殺して聞いた。「このひとは、全部大丈夫だったの?」。自分には何も問題はないと彼は言っていたとヘレンは答えた。それで私はそのことは忘れることにしたが、ただ、このオオカミにしては奇妙な日だなと思った。彼が見学を終わったとき、私はまだオオカミたちのところに残っていたが、ヘレンは彼を連れて坂道を登りながら別れた。途中で男は息を切らし、喘《あえ》ぎぜいぜい言い始めた。大丈夫ですかと彼女が聞くと、彼は、これは関係ないと思ったので言わなかったが、血液の病気がありそのためときどきすぐ息切れすると言ったそうだ。オオカミのこのような第六感は何かに利用できるかもしれない。

私の夢のもう一つは、ネズパース族を支援することである。アメリカ政府は彼らが土地を管理できるとは信じていない。私は彼らの何人かをイギリスに連れてきて彼らにそれができることを証明する機会を与えたい。すなわち、彼らの土地浄化法がちゃんと機能し、それによっていつの日か、かつては彼らのものであったものの一部でも取り返せればいいと思っている。サマーキャンプを開いて子どもたち――未来の世代――に、土地をいかに尊敬して使用するか、自然の貴さをいかに学ぶか、汚染された川を植物や岩や動物を使って飲めるような清らかな流れにいかにして変えるかを示せるかもしれない。人々は再び土地にじかに触れ、地球を癒《い》やす自然の方法を見つけることをますます渇望してきていると思う。私はその力の一部になりたい。

それからもう一つ大事な夢は、犬の訓練コースで、生涯の友である彼らを人々に理解してもらうことだ。古い諺《ことわざ》にあるように、悪い犬というのはいない、悪いしつけがあるだけだ。不適切な犬を買い、誤解することにより何と幾多の悲劇が起きていることか。私は危険なオオカミが救護センターから送られてくるのを何匹も見ている。人間により間違った育てられ方をしたオオカミを手にすると、まさに満月の夜に狼に変身するという現代版の狼人間をもらったようなものだ。オオカミの姿はしているが、しつけの悪い、ろくな教育を受けていない犯罪者の特徴を全部揃《そろ》えている。

以上が私の夢である。皆さんと分かち合えたらありがたい。

多くの科学者たちが私のやってきたことに異を唱えているのは残念だ。私が野生の群れに紛れ込むことによりオオカミの命をさらに危険にすると恐れた彼らの考えは根拠がなかったと信じている。オオカミが私を知っているということは彼らが警戒心を解くことを意味しないということが、アイダホの山中で過ごしたあの二年間に何度も明らかになった。彼らはすべてのオオカミを柔和だと思っていないようにすべての人間を無害だとは思っていなかった。子オオカミは家族の中にいるオオカミだけを信頼するように教えられる。彼らは他の群れのオオカミを怖がったが、同じように人間を怖がった。私が行なったことのメリットはその群れの危険をはるかに大きく凌《しの》いでいると言いたい。野生のオオカミの生態とコミュニケーションについては、仮に私がきわめて高性能の双眼鏡を使って何らかの発見ができたとしても、私がロッキー山脈の中であのオオカミたちと一緒に食べ、眠り、そばで暮らしたことにより発見したことのほうが多い。私の希望は私たちが発見したことを互いに出しあい、科学者と私が共同戦線を張ることとである。

私がつきあったオオカミたちはみんな人間と接触する可能性の高いオオカミであったから、彼らは私たちの世界について何がしかを知る必要があった。私は、北極圏やロシアの原野にいる野生の群れに入り込もうとは思わない。それは、そこには近くに農場も村落もないし、家畜が襲われることもないし、全然接触がないからだ。彼らに介入する理由もないし、その正当性がない。そこのオオカミたちは私たちを必要としないし私たちも彼らを必要としない。その言葉を他の誰も理解していないと思われるこの気高い生き物のためにどうしたら代弁できるかという私の関心は、二つの世界が衝突するところにある。私たち人間はいろんな面で道に迷ってしまったが、いつの日か、かつては私たちのそばを歩いていて、私たちが知ってはいたが忘れてしまったらしい生存の方法、忠義心と家族について多くのことを教えてくれたオオカミから学ぶことがあればいいと思う。

謝辞

ネイティブアメリカンの私の家族は、私たちが呼吸する息は神聖だと信じている。息が私たちを大いなるスピリット（創造主）に結びつける。だから、私たちの言葉は同じように神聖であり軽々しく用いてはならない。言葉を注意深く選び賢く使うことが大事だ、と。

ネイティブアメリカンの私の家族とこの本に貢献した多くの人に敬意を表して、私は言葉を賢明に使ったつもりである。

最初に、ヒラリーナイト・マネジメントのヒラリーとケイティに、あなた方の支援と職責に対する忠誠心、さらにエージェントの責務をはるかに超えた献身に対して、お礼を申し上げる。

ジェイン・ターンブルとダニエル・コナウエイには適切な出版社を見つけるさいの支援と助力に対して、ハーモニーブックスのジュリア・パストアに対して、さらにハーパーコリンズのキャロル・トンキンソンとケイト・ラサムに対して、彼らが本書に絶大な信頼を寄せてくれたことに対しお礼を申し上げる。

ウルフパック・マネジメントの献身的で無私無欲のスタッフ、ロジャー・クック、リンダ・コウエン、ジュード・クロス、およびウエンディ・ジャミスンバトラー、わが友よ、あなた方の終わることのない支援に対して、お礼を申し上げる。いつも簡単なことばかりではなかったはずだが、あなた方の支援はまことに価値あるものだった。

私の心の奥に秘めた考えを紙面に写し取ってくれたペニー・ジューノに対して。私は自分の人生を言葉で表現すること、オオカミと暮らした奇跡を人間の目を通した言葉で甦《よみがえ》らせることはほぼ不可能といつも思っていた。あなたは作家仲間の間で受けている評判に真にふさわしい方だ。

私の子ども時代を形成し今日ある私を作ってくれた私の家族と友達に対して。おじいちゃん、あなたは天国から私を見守ってくれていると思う、そして私があなたを誇りに思っていたように、私のことを誇りに思ってくれていると思う。

お母さんに対して。これまでの疑いに対して、怒りっぽくて強情な少年を育てることがどんなに辛いことだったか知らなかったことに対して、いやそれだけでなくあなたがずっと払ってきた犠牲に対して、済まなく思う。父のことは話せないことはわかっているが、二人が一緒にいた時間は短くてもあなたは生涯価値ある愛を経験したのだと思う。

旅をする父へ。一度も会ったことはないけれど、心の中ではあなたは放浪の魂だと感じている、そして母はあなたの不在に耐えられる強さを見つけたからこそあなたを愛したのだと私は知っている。あなたの英知に感謝する。

家族に対して。子どもに対しては、私の人生を完成させてくれたことに感謝している。君たちが成長しこの世で立派な人間になるのを見ながら、君たちが世界のバランスを取り戻すことに力を貸すことを知っている。私がいないクリスマスや誕生日を多くは自家製のプレゼントで笑って過ごしてくれたことに対して。君たちが文句を言ったのを聞いたことがない、一度も。君たちが私の命だ。

私のオオカミの家族に対して。私はいつでも言っていた、毎日が奇跡で始まり、奇跡で終わると。

君たちが辛抱強く教えてくれたこと、家族の秘密を私に教えてくれたことに対して。君たちをがっかりさせたことはないと思いたい。君たちの子どもたちがこの世で平和に生きていけるよう私が手助けできるように、君たちの英知を授けてくれたまえ。

最後に、ヘレンに。私の天使よ、君の強さに対して感謝する。君はいつも僕を信じ僕のそばに立つ力を持っていた。君の勇気がなければ、私が今まで歩んだ道は絶対歩けなかった。君の期待に沿えなかったとしたら申し訳ない。君と若武者（アラン）はずっと私の、それから子どもたちの心に永遠に残るだろう。

著者紹介

著者ショーン・エリス（Shaun Ellis 一九六四年一〇月十二日〜）は英国イングランド、ノーフォーク州の草深い片田舎に生まれ育つ。幼少時代から林野に親しみ、狩猟犬ほか多くの野生の動物と遊んだ。育ての親である祖父母との別れが若い著者の生活を暗転させた。農家の家禽を襲うキツネを偏愛したため住民の反感を買い孤独が深まった。環境にも培われた生得的な動物愛と、動物園で目にして心を奪われたオオカミに対する傾倒が、著者の運命を決定づけた。

各種の肉体労働や数年に及ぶ軍隊生活の後、軍用犬の訓練で生活を支えながら動物園で飼育されているオオカミとの型破りな交流を経験した後、単身アメリカのアイダホ州に渡り、ネイティブアメリカンのネズパース族が飼育するオオカミの群れに交じり仲間として受け入れられた。それにも飽き足らず、ついに野生のオオカミとの接触を求めてロッキー山脈に単身、決死的な探検に出かける。長い期間飢餓と恐怖、孤独感にさいなまれながら、ついに野生の群れに接触し、仲間として受け入れられ、人間として初めて二年に及ぶオオカミとの共棲を経験した。

その後は故国イギリスの自然動物園を本拠にして、飼育オオカミの養育に没頭しながらも、私生活では紆余曲折に富む生活を送る。著者が信じるオオカミの生態学的発見は、必ずしも学会の全面的な支持を得ていないが、オオカミ自身およびオオカミと犬の共通性に関する知見は直接的な観察に基づいており説得力がある。

著者とパートナーのヘレンが出演した記録映画でＢＢＣ放送の『ウルフマン』や、米国の動物チャネルであるアニマルプラネット制作の『ウルフマンと暮らす』、および同じく米国のテレビ局ナショナル・ジオグラフィック・チャネルで放送された『オオカミの中の男』は高い評価を受けた。著者は、その他数多くのテレビ出演をしており、世界の多くの国から調査を依頼されたり講演をしたりしている。著者はイングランドの南西部にあるクームマーティン自然動物パークに非営利団体の「ショーン・エリス・ウルフパック財団」を設立したが、現在は「ウルフ・センター」(www.thewolfcentre.co.uk)に発展的に解消している。

以前の結婚相手およびパートナーとの間に五人の子どもがいる。新しい妻となった保全生物学者のイスラ・フィッシュバーン博士と共同で、社会がオオカミといかにつきあっていくべきか、自然界における多様な種の保存がいかに大切であるか、などの啓蒙教育に力を注いでいる。

共著者ペニー・ジュノ(Penny Junor 一九四九〜)はイギリスの女性ジャーナリスト、作家で、チャールズ皇太子やダイアナ元妃および有名芸能人の伝記ものなどをいくつか単著として発表している。

訳者紹介　小牟田康彦(こむた　やすひこ)

翻訳家。一九四〇年宮崎県生まれ。同県立高鍋高等学校、東京外国語大学卒業。東燃㈱中途退職後アルスター大学留学(MBA)。元広島国際大学教授。翻訳書に『マザーズ　アンド　ドーターズ』(エリン・ケイ著、五曜書房、二〇〇九年)、『一葉の震え』(W・サマセット・モーム著、近代文藝社、二〇一五年)、編・訳・解説に『S・モームが薦めた米国短篇』(未知谷、二〇一七年)がある。

狼の群れと暮らした男

二〇一二年　九月　三日　初版発行
二〇二〇年　十月　十六日　十一刷発行

著者――ショーン・エリス、ペニー・ジューノ
訳者――小牟田康彦
発行者――土井二郎
発行所――築地書館株式会社
東京都中央区築地七-四-四-二〇一　〒一〇四-〇〇四五
TEL 〇三-三五四二-三七三一
FAX 〇三-三五四一-五七九九
ホームページ=http://www.tsukiji-shokan.co.jp/
振替 〇〇一一〇-五-一九〇五七
印刷・製本――シナノ印刷株式会社
装幀――吉野愛

ISBN 978-4-8067-1447-7 C0045